■ 国家级一流专业(软件工程)建设成果教材
■ 普通高等院校软件工程专业系列精品教材

软件工程

◎ 主　编　吴俊杰　张　淼
◎ 副主编　钟黎明　潘长安　刘爱萍　胡小琴
◎ 参　编　雷纹馨　李梦玲　吴宗波　郭　俊
　　　　　苏乐辉

北京理工大学出版社
BEIJING INSTITUTE OF TECHNOLOGY PRESS

内 容 简 介

全书按照软件开发过程组织编写内容，介绍了软件系统开发应具备的基本原理和基本概念，旨在培养读者的软件工程思想及实际软件开发过程中的分析、设计、测试及项目管理能力。全书共11章，内容包括软件工程概述、可行性分析、需求分析、总体设计、详细设计、面向对象分析、面向对象设计、软件实现、软件测试、软件维护和软件项目管理。并以一个具体的案例介绍软件系统开发和测试全过程。本书理论与实践相结合，内容详实，可操作性强。每章配有习题，以指导读者深入地进行学习。

本书既可作为高等学校计算机科学、软件工程及相关专业"软件工程"的教材，也可作为软件系统开发人员或对软件工程感兴趣人员的参考用书。

图书在版编目（CIP）数据

软件工程 / 吴俊杰，张淼主编. -- 北京：北京理
工大学出版社，2025.1（2025.2 重印）.
ISBN 978-7-5763-4668-8

Ⅰ. TP311.5
中国国家版本馆 CIP 数据核字第 2025568MM4 号

责任编辑：时京京　　　文案编辑：时京京
责任校对：刘亚男　　　责任印制：李志强

出版发行 / 北京理工大学出版社有限责任公司
社　　址 / 北京市丰台区四合庄路 6 号
邮　　编 / 100070
电　　话 / (010) 68914026（教材售后服务热线）
　　　　　　 (010) 63726648（课件资源服务热线）
网　　址 / http://www.bitpress.com.cn

版 印 次 / 2025 年 2 月第 1 版第 2 次印刷
印　　刷 / 河北盛世彩捷印刷有限公司
开　　本 / 787 mm×1092 mm　1/16
印　　张 / 17
字　　数 / 389 千字
定　　价 / 49.80 元

前　言

随着信息化技术的不断发展，各国都极为重视并加快信息化的建设和软件产品的研发和应用，软件系统被广泛应用在各行各业。为了提升软件产品开发质量和管理水平，相关工作人员必须深入学习和应用软件工程的基本理论和技术，这不仅能推动我国信息化建设和技术应用，还有助于提高我国软件产品在国际上的竞争力。软件工程是一门指导软件系统研发、运行、维护和管理的课程，强调理论与实践结合，对推动整个软件产业和社会技术发展具有重要意义。

本书的内容借鉴传统软件工程的原则和方法，总结了软件系统开发的结构化和面向对象两种模式，把软件工程学基本原理和软件设计模式有机地结合起来，充分利用它们的优点，规避缺点，以求高效地开发高质量软件，弘扬精益求精的工匠精神。本书是软件开发方法体系比较完整的体现，书中阐述理论的同时，添加很多案例，将理论知识融入案例之中，增强读者对软件工程知识的理解和应用。

本书内容分为 11 章，包括软件工程概述、可行性分析、需求分析、总体设计、详细设计、面向对象分析、面向对象设计、软件实现、软件测试、软件维护和软件项目管理。本书从实用的角度出发，吸收了国内外软件工程的实用技术、新方法、新成果、新应用和新标准规范，同时本书增加了一些实际的教学案例，以方便读者实际应用。本书将知识传授、能力培养和素质教育融为一体，实现理论教学与实践教学相结合，激发学生的创新思想意识，并在部分章节加入了素养提升的内容。本书主要是针对高校计算机专业人才培养要求编写的。其主要特点如下。

（1）知识结构新颖，内容丰富易懂。吸收了国内教材的精华，遵守国际通用准则，系统地介绍了软件工程研发、运行、测试和维护的基础知识。同时，注重科学性、先进性、操作性、实用性，图文并茂。本书内容的叙述通俗易懂、简明扼要，这样更有利于教学和读者的自学。为了让读者能够在较短的时间内掌握教材的内容，及时地检查自己的学习效果，巩固和加深对所学知识的理解，每章后面均附有习题。

（2）注重实用性、案例导向。坚持"实用、特色、规范、可操作性"的原则，特别注重理论和实践相结合，在系统介绍软件工程基本理论同时，提供了丰富的软件开发案例，突出"教、学、练、做、用"一体化。

（3）提供了丰富的教学资源。为了方便师生教学，编者准备了教学辅导资源，包括各章的电子教案（PPT 文档）、教学大纲、课后习题答案等，需要者可从北京理工大学出版社官方网站（http://www.bitpress.com.cn）的下载区下载。

　　本书由吴俊杰统稿，并编写了第 3、4、11 章、目录及前言等。其余内容均由经验丰富的一线教师编写完成，其中，刘爱萍老师编写第 1、2 章，胡小琴老师编写第 5 章，钟黎明老师编写第 6、7、8 章，潘长安老师编写第 9、10 章。在本书的编写过程中吴宗波、郭俊、苏乐辉、杨岚、雷纹馨、李梦玲老师参加了审校工作，同时得到张淼教授的大力支持，并提供了宝贵的意见，在此一并表示感谢。另外，还要感谢北京理工大学出版社有限责任公司编辑的悉心策划和指导。

　　由于编者水平有限，书中难免存在疏漏和不妥之处，恳请读者提出宝贵意见和建议，以便本书的修改和完善。如有问题，可以通过 E-mail：704597752@ qq.com 与编者联系。

编　者

目　录

目 录

目录

第1章　软件工程概述

　　随着计算机应用的日益普遍，计算机软件的开发、维护工作越来越重要。如何以较低的成本开发出高质量的软件？如何开发出用户满意的软件？怎样使所开发的软件易于维护，以延长软件的使用时间？这些就是软件工程研究的问题。软件工程是指导计算机软件开发和维护工作的工程学科。

　　本章将介绍软件与软件危机的相关概念及特点、软件工程的定义及软件工程的内容、软件工程的基本原理、软件生命周期、软件开发模型。

学习目标

　　(1) 掌握软件的定义、特性及软件的分类。

　　(2) 掌握软件危机产生的原因、表现形式和消除软件危机的途径。

　　(3) 熟悉软件工程的形成和发展。

　　(4) 理解软件工程的定义、目标和原则；了解软件工程的知识体系及知识域。

　　(5) 理解软件生命周期的概念，熟悉常见的软件过程模型。

　　(6) 掌握软件生命周期各个阶段的任务。

　　(7) 了解敏捷过程和极限编程。

1.1　软件与软件危机

1.1.1　软件的概念及特点

　　计算机软件是由专业人员开发并长期维护的软件产品，是计算机系统中与硬件相互依存的一部分，是包括程序、数据以及相关文档的完整集合。其中，程序是按事先设计的功能和性能要求执行的指令序列；数据是使程序能正常操纵信息的数据结构；相关文档是与程序开发、维护和使用有关的图文材料。

　　软件有以下 8 个特点。

　　(1) 具有抽象性。软件是一种逻辑实体，而不是具体的物理实体，因而它具有抽象性。

　　(2) 无明显的制造过程。软件的生产与硬件不同，它没有明显的制造过程，对软件的

质量控制，必须着重在软件开发方面下功夫。

（3）存在退化问题。在软件的运行和使用期间，虽然没有硬件那样的机械磨损和老化问题，然而它也存在退化问题，必须要对其进行多次的修改与维护。

（4）对计算机系统有着不同程度的依赖性。软件的开发和运行常常受到计算机系统的制约，对计算机系统有着不同程度的依赖性。为了解除这种依赖性，在软件开发中提出了软件移植的问题。

（5）软件的开发至今尚未完全摆脱手工艺的开发方式。

（6）具有复杂性。软件的复杂性可能来自它所反映的实际问题的复杂性，也可能来自程序逻辑结构的复杂性。

（7）成本相当昂贵。软件的研制工作需要投入大量的、复杂的、高强度的脑力劳动，它的成本是比较高的。

（8）相关工作涉及社会因素。许多软件的开发和运行涉及机构、体制及管理方式等问题，这些问题会直接影响项目的成败。

1.1.2　软件的发展历程

自从 20 世纪 40 年代电子计算机问世以来，计算机软件即随着计算机硬件的发展而逐步发展，软件和硬件一起构成计算机系统。最初只有程序的概念，后来才出现软件的概念。软件的发展，大体经历了程序设计阶段、程序系统阶段、软件工程阶段及第四阶段。

1. 程序设计阶段

20 世纪 40 年代中期到 60 年代中期为程序设计阶段，此期间，电子计算机价格昂贵，运算速度低，存储量小，计算机程序主要是描述计算任务的处理对象、处理规则和处理过程。早期的程序规模小，程序往往是个人设计、自己使用。在进行程序设计时，通常要注意如何节省存储单元，提高运算速度，除了程序清单之外，没有其他任何文档资料。

2. 程序系统阶段

20 世纪 60 年代中期到 70 年代中期为程序系统阶段，此时采用集成电路制造的电子计算机的运算速度和内存容量大大提高。随着程序数量的增加，人们把程序区分为系统程序和应用程序，并把它们称为软件。随着计算机技术的发展，计算机软件的应用范围也越来越广泛，当软件需求量大大增加后，许多用户去"软件作坊"购买软件。人们把软件视为产品，确定了软件生产的各个阶段必须完成的，为描述计算机程序的功能、设计和使用而编制的文字或图形资料，并把这些资料称为"文档"。软件是程序以及描述程序的功能、设计和使用的文档的总称，没有文档的软件，用户是无法使用的。

软件产品交付给用户使用之后，为了纠正错误或适应用户需求的改变，设计者通常会对软件进行修改，这就是软件维护。以前，由于软件开发过程中很少考虑到将来的维护问题，软件维护费用以惊人的速度增长，软件功能不能及时满足用户要求，软件质量得不到保证，所谓的软件危机就是由此开始的。人们由此开始重视软件的"可维护性"问题，软件开发采用结构化程序设计技术，规定软件开发时必须编写各种需求规格说明书、设计说明书、用户手册等文档。

1968 年，北大西洋公约组织（NATO）的计算机科学家在联邦德国召开国际会议，讨论软件危机问题，正式提出了"软件工程"这一术语，从此一门新兴的工程学科诞生了。

3. 软件工程阶段

20 世纪 70 年代中期到 90 年代为软件工程阶段，采用大规模集成电路制作的计算机，功能和性能不断提高，个人计算机已经成为大众化商品，计算机应用空前普及。软件生产率提高的速度远远跟不上计算机应用迅速普及的速度，软件产品供不应求，维护软件要耗费大量的资金，软件危机日益严重。美国当时的统计数据表明，对计算机软件的投资占计算机软件、硬件总投资的 70%，到 1985 年，软件成本大约占总成本的 90%。为了对付不断增长的软件危机，软件工程把软件作为一种产品进行批量生产，运用工程学的基本原理和方法来组织和管理软件生产，以保证软件产品的质量并提高软件生产率。软件生产使用数据库、软件开发工具等，软件开发技术有了很大的进步，开始采用工程化开发方法、标准和规范以及面向对象技术。

4. 第四阶段

软件发展的第四阶段不再是针对单台计算机和计算机程序，而是面向计算机和软件的综合影响，由复杂的操作系统控制的强大的桌面系统，连接局域网和互联网，同时高带宽的数字通信与先进的应用软件相互配合，最终产生了综合的效果。计算机体系结构从主机环境转变为分布式的客户机、服务器环境。

随着移动通信技术的快速发展和智能终端的普及，人们进入了移动互联网时代。移动通信是指利用无线通信技术，完成移动终端与移动终端之间或移动终端与固定终端之间的信息传送，即通信双方至少有一方处于运动中。在移动互联网时代，智能移动终端采用无线通信的方式获取网络服务，该过程主要涉及三个层面，分别是终端、软件和应用。终端包括智能手机、平板电脑、电子书等；软件包括操作系统、中间件、数据库和安全软件等；应用包括休闲娱乐类、工具媒体类、商务财经类等不同应用与服务。移动互联网阶段的软件开发和维护工作有新的特点，光计算机、化学计算机、生物计算机和量子计算机等新一代计算机的研制发展，必将给软件工程技术带来一场革命。

1.1.3 软件的分类

随着计算机软件复杂性的增加，在某种程度上人们很难对软件给出通用的分类，但是人们可以按照不同的角度对软件进行划分。

按照功能的不同，软件可以划分为系统软件、支撑软件和应用软件 3 类。系统软件是计算机系统中最靠近硬件的一层，为其他程序提供最底层的系统服务，它与具体的应用领域无关，如编译程序和操作系统等。支撑软件以系统软件为基础，以提高系统性能为主要目标，支撑应用软件的开发与运行，支撑软件主要包括环境数据库、各种接口软件和工具组。应用软件是提供特定应用服务的软件，如文字处理程序。系统软件、支撑软件和应用软件之间既有分工，又有合作，是不可以截然分开的。

按照规模的不同，软件可以划分为微型、小型、中型、大型和超大型软件。一般情况下，微型软件只需要一名开发人员，在 4 周以内完成开发，并且代码量不超过 500 行。这类软件一般仅供个人使用，没有严格的分析、设计和测试资料。例如，某个学生为完成软件工程课程的作业而编制的程序，就属于微型软件；小型软件开发周期可以持续到半年，代码量一般控制在 5 000 行以内。这类软件通常没有预留与其他软件的接口，但是需要遵循一定的标准，附有正规的文档资料。例如，某个学生团队为完成软件工程课程的大作业

（学期项目）而编制的程序，就属于小型软件；中型软件的开发人员控制在 10 人以内，要求在 2 年以内开发 5 000~50 000 行代码。这种软件的开发不仅需要完整的计划、文档及审查，还需要开发人员之间、开发人员和用户之间的交流与合作。例如，某个软件公司为某个客户开发的办公自动化（OA）系统，就属于中型软件；大型软件是指 10~100 名开发人员在 1~3 年的时间内开发的，具有 50 000~100 000 行（甚至上百万行）代码的软件产品。在这种规模的软件开发中，统一的标准、严格的审查制度及有效的项目管理都是必需的。例如，某个软件公司开发的某款多人在线的网络游戏，就属于大型软件；超大型软件往往涉及上百名甚至上千名成员的开发团队，开发周期可以持续到 3 年以上，甚至 5 年。这种大规模的软件项目通常被划分为若干小的子项目，由不同的团队开发。例如，微软公司开发的 Windows 10 操作系统，就属于超大型软件。

按照软件服务对象的不同，软件还可以划分为通用软件和定制软件。通用软件是由特定的软件开发机构开发，面向市场公开销售的独立运行的软件，如操作系统、文档处理系统和图片处理系统等；定制软件通常是面向特定的用户，由软件开发机构在合同的约束下开发的软件，如为企业定制的办公系统、交通管理系统和飞机导航系统等。

按照工作方式的不同，计算机软件还可以划分为实时软件、分时软件、交互式软件和批处理软件。

软件的分类如图 1-1 所示。

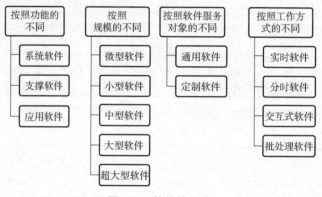

图 1-1　软件的分类

1.1.4　软件危机的概念及表现

20 世纪 60 年代以前，计算机刚刚投入实际使用，软件设计往往只是为了一个特定的应用而在指定的计算机上设计和编制，采用密切依赖于计算机的机器代码或汇编语言，软件的规模比较小，文档资料通常也不存在，很少使用系统化的开发方法，设计软件往往等同于编制程序，基本上是个人设计、个人使用、个人操作、自给自足的私人化的软件生产方式。

20 世纪 60 年代中期，大存储容量、高运算速度计算机的出现，使计算机的应用范围迅速扩大，软件开发急剧增长。高级语言开始出现；操作系统的发展引起了计算机应用方式的变化；大量数据处理导致第一代数据库管理系统的诞生。软件系统的规模越来越大，复杂程度越来越高，软件可靠性问题也越来越突出。原来的个人设计、个人使用的方式不再能满足要求，迫切需要改变软件生产方式，提高软件生产率，软件危机开始爆发。

1968 年，北大西洋公约组织在联邦德国的国际学术会议上创造了软件危机一词。

软件危机泛指在计算机软件的开发和维护过程中所遇到的一系列严重问题。主要表现如下。

（1）软件开发进度难以预测。拖延工期几个月甚至几年的现象并不罕见，这种现象降低了软件开发组织的信誉。

（2）软件开发成本难以控制。软件开发的投资一再追加，令人难以置信。往往是实际成本比预算成本高出一个数量级。而为了赶进度和节约成本所采取的一些权宜之计又往往损害了软件产品的质量，从而不可避免地会引起用户的不满。

（3）产品功能难以满足用户需求。开发人员和用户之间很难沟通、矛盾很难解决。往往是软件开发人员不能真正了解用户的需求，而用户又不了解计算机求解问题的模式和能力，双方无法用共同熟悉的语言进行交流和描述。在双方互不充分了解的情况下，就仓促上阵设计系统、匆忙着手编写程序，这种开发方式必然导致最终的产品不符合用户的实际需要。

（4）软件产品质量无法保证，软件系统中的错误难以发现。软件是逻辑产品，质量问题难以有统一的标准度量，因而造成质量控制困难。软件产品并不是没有错误，而是盲目检测很难发现错误，而隐藏下来的错误往往是造成重大事故的隐患。

（5）软件产品难以维护。软件产品本质上是开发人员的代码化的逻辑思维活动，他人难以替代。除非是开发者本人，否则很难及时检测、排除系统故障。后续开发人员为使系统适应新的硬件环境，或根据用户的需要在原系统中增加一些新的功能，又有可能增加系统中的错误。

（6）软件缺少适当的文档资料。文档资料是软件必不可少的重要组成部分。实际上，软件的文档资料是开发组织和用户之间的权利和义务的合同书，是系统管理者、总体设计者向开发人员下达的任务书，是系统维护人员的技术指导手册，是用户的操作说明书。缺乏必要的文档资料或者文档资料不合格，将给软件开发和维护带来许多严重的问题。

以上列举的仅仅是软件危机的一些明显的表现，与软件开发和维护有关的问题远远不止这些。

1.1.5 软件危机的原因分析

1. 用户需求不明确

在软件开发过程中，用户需求不明确主要体现在以下四个方面：在软件开发出来之前，用户也不清楚自己的具体需求；用户对需求的描述不精确，可能有遗漏、有二义性，甚至有错误；在软件开发过程中，用户提出修改软件功能、界面、支撑环境等方面的要求；软件开发人员对用户需求的理解与用户本来愿望有差异。

2. 缺乏统一正确的理论指导

缺乏统一规范的方法学和工具方面的支持。由于软件开发不同于大多数其他工业产品，其开发过程是复杂的逻辑思维过程，其产品极大程度地依赖于开发人员高度的智力投入。过分地依靠程序设计人员在软件开发过程中的技巧和创造性，加剧软件开发产品的个性化，也是发生软件危机的一个重要原因。

3. 软件开发规模越来越大

随着软件开发应用范围的增广，软件开发规模愈来愈大。大型软件开发项目需要组织一定的人力共同完成，而多数管理人员缺乏开发大型软件系统的经验，多数软件开发人员又缺乏管理方面的经验。各类人员的信息交流不及时、不准确、有时还会产生误解。软件开发项目开发人员不能有效地、独立自主地处理大型软件开发的全部关系和各个分支，因此容易产生疏漏和错误。

4. 软件开发复杂度越来越高

软件开发不仅在规模上快速地发展扩大，而且其复杂性也急剧地增加。软件开发产品的特殊性和人类智力的局限性，导致人们无力处理"复杂问题"。"复杂问题"的概念是相对的，一旦人们采用先进的组织形式、开发方法和工具提高了软件开发效率和能力，新的、更大的、更复杂的问题又摆在人们的面前。

1.1.6 软件危机的解决途径

20 世纪 60 年代中期开始爆发众所周知的软件危机，为了解决问题，在 1968、1969 年连续召开两次著名的 NATO 会议，并同时提出软件工程的概念。软件工程诞生于 20 世纪 60 年代末期，它作为一个新兴的工程学科，主要研究软件生产的客观规律性，建立与系统化软件生产有关的概念、原则、方法、技术和工具，指导和支持软件系统的生产活动，以期达到降低软件生产成本 、改进软件产品质量、提高软件生产率的目标。软件工程从硬件工程和其他人类工程中吸收了许多成功的经验，明确提出了软件生命周期的模型，发展了许多软件开发与维护阶段适用的技术和方法，并应用于软件工程实践，取得了良好的效果。

在软件开发过程中人们开始研制和使用软件工具，用以辅助软件项目管理与技术生产，人们还将软件生命周期各阶段使用的软件工具有机地集合成为一个整体，形成能够支持软件开发与维护全过程的集成化软件支撑环境，以期从管理和技术两个方面解决软件危机问题。

此外，人工智能与软件工程的结合成为 20 世纪 80 年代末期活跃的研究领域。程序变换、自动生成和可重用软件等软件新技术研究也已取得一定的进展，把程序设计自动化的进程向前推进了一步。在软件工程理论的指导下，发达国家已经建立起较为完备的软件工业化生产体系，形成了强大的软件生产能力 。软件标准化与可重用性得到了工业界的高度重视，在避免重用劳动、缓解软件危机方面起到了重要作用。

1.2　软件工程

1.2.1　软件工程的定义

软件工程是指导计算机软件开发和维护的一门工程学科。软件工程采用工程的概念、原理、技术和方法来开发和维护软件。

软件工程一直以来都缺乏一个统一的定义，很多学者、组织机构都分别给出了自己认可的定义，下面给出两种比较典型的定义。

1968 年，在第一届 NATO 会议上曾经给出了软件工程的一种早期定义："软件工程就是为了经济地获得可靠的且能在实际机器上有效地运行的软件，而建立和使用完善的工程原理。"这个定义不仅指出了软件工程的目标是经济地开发出高质量的软件，而且强调了软件工程是一门工程学科，它应该建立并使用完善的工程原理。

1993 年，电气与电子工程师协会（IEEE）进一步给出了一个更全面更具体的定义，"软件工程是：（1）把系统的、规范的、可度量的途径应用于软件开发、运行和维护过程，也就是把工程应用于软件开发；（2）研究（1）中提到的途径。"

虽然软件工程的不同定义使用了不同的词句，强调的重点也有所差异，但是它的中心思想是把软件当作一种工业产品，要求采用工程化的原理和方法对软件进行设计、开发和维护，旨在提高软件生产率、降低生产成本，以较小的代价获得高质量的软件产品。

1.2.2 软件工程的内容

软件工程的主要内容包括软件开发技术和软件工程管理。

软件开发技术包含软件工程方法学和软件工程环境；软件工程管理包含费用管理、人员组织、工程计划管理、软件配制管理和软件开发风险管理等。

1. 软件开发技术

1）软件工程方法学

最初，程序设计是个人进行的，个人设计通常只注意如何节省存储单元和提高运算速度。后来，兴起了结构化程序设计，人们采用结构化的方法来编写程序。结构化程序设计只采用顺序结构、条件分支结构和循环结构 3 种基本结构，用并且仅用这 3 种结构可以组成任何一个复杂的程序。软件工程的设计过程就是用这 3 种基本结构的有限次组合或嵌套来描述软件功能的实现算法。这样不仅改善了程序的清晰度，而且能提高软件的可靠性和软件生产率。

后来，人们逐步认识到编写程序仅是软件开发过程中的一个环节。典型的软件开发工作中，编写程序的工作量只占软件开发全部工作量的 10%~20%。软件开发工作应包括需求分析、软件设计、编写程序等几个阶段，于是形成了结构化方法、面向数据结构的 Jackson 方法、Warnier 方法等传统软件工程方法，20 世纪 80 年代得以广泛应用的是面向对象设计方法。

软件工程方法学是编制软件的系统方法，它确定软件开发的各个阶段，规定每一阶段的活动、产品、验收的步骤和完成准则。

软件工程方法学有 3 个要素，包括软件工程方法、软件开发工具和软件工程过程。

（1）软件工程方法。

软件工程方法是完成软件开发任务的技术方法。各种软件工程方法的适用范围不尽相同，目前使用得最广泛的软件工程方法是传统方法学和面向对象方法学。

传统方法学也称结构化方法，采用结构化技术，包括结构化分析、结构化设计和结构化程序设计，来完成软件开发任务。传统方法学把软件开发工作划分成若干个阶段，顺序完成各阶段的任务；每个阶段的开始和结束都有严格的标准；每个阶段结束时要进行严格的技术审查和管理复审。传统方法学先确定软件功能，再对功能进行分解，确定怎样开发软件，然后实现软件功能。

面向对象方法学把对象作为数据和在数据上的操作（服务）相结合的软件构件，用对象分解取代了传统方法的功能分解。面向对象方法学把所有对象都划分成类，把若干个相关的类组织成具有层次结构的系统，下层的类继承上层的类所定义的属性和服务。对象之间通过发送消息相互联系。使用面向对象方法开发软件时，可以重复使用对象和类等软件构件，从而降低了软件开发成本。

（2）软件开发工具。

软件开发工具是指为了支持计算机软件的开发和维护而研制的程序系统。使用软件开发工具的目的是提高软件设计的质量和生产效率，降低软件开发和维护的成本。

软件开发工具可用于软件开发的整个过程。软件开发人员在软件开发的各个阶段可根据不同的需要选用合适的开发工具。例如，需求分析工具使用类生成需求说明；设计阶段需要使用编辑程序、编译程序、连接程序等，有的软件能自动生成程序；在测试阶段可使用排错程序、跟踪程序、静态分析工具和监视工具等；软件维护阶段有版本管理、文档分析工具等；软件管理阶段也有许多可以使用的软件开发工具。目前，软件开发工具发展迅速，其目标是实现软件生产各阶段的自动化。

（3）软件工程过程。

国际标准化组织（International Standards Organization，ISO）是世界性的标准化专门机构。ISO 9000把软件工程过程定义为："把输入转化为输出的一组彼此相关的资源和活动。"

软件工程过程是为了获得高质量软件所需要完成的一系列任务的框架，它规定了完成各项任务的工作步骤。

软件工程过程简称软件过程，是把用户要求转化为软件需求，把软件需求转化为设计，用代码来实现设计，对代码进行测试，完成文档编制，并确认软件可以投入运行使用的全部过程。

软件工程过程定义了运用方法的顺序、应该交付的文档、开发软件的管理措施和各阶段任务完成的标志。软件过程必须科学、合理，才能获得高质量的软件产品。

2）软件工程环境

软件工程方法提出了明确的工作步骤和标准的文档格式，这是设计软件工具的基础。而软件工程环境（Software Engineering Environment，SEE）是方法和工具的结合。软件工程环境的设计目标是提高软件生产率和改善软件质量。

计算机辅助软件工程（Computer Aided Software Engineering，CASE）是一组工具和方法的集合，可以辅助软件工程生命周期各阶段进行软件开发活动。CASE是多年来在软件工程管理、软件工程方法、软件工程环境和软件工具等方面研究和发展的产物。CASE吸收了CAD（计算机辅助设计）软件工程、操作系统、数据库、网络和许多其他计算机领域的原理和技术。因此，CASE领域是一个应用、集成和综合的领域。其中，软件工具不是对任何软件工程方法的取代，而是对方法的辅助，它旨在提高软件工程的效率和软件产品的质量。

2. 软件工程管理

软件工程管理就是对软件工程各阶段的活动进行管理。软件工程管理的目的是能按预定的时间和费用，成功地生产出软件产品。软件工程管理的任务是有效地组织人员，按照适当的技术、方法，利用好的工具来完成预定的软件项目。

（1）费用管理。

一般来讲，开发一个软件是一种投资，人们总是期望开发的软件将来能够获得较大的经济效益。从经济角度分析，开发一个软件系统是否划算，是软件使用方决定是否开发这个项目的主要依据。软件使用方通常需要从软件开发成本、运行费用、经济效益等方面来估算整个系统的投资和回报情况。

软件开发成本主要包括开发人员的工资报酬、开发阶段的各项支出。软件运行费用取决于系统的操作费用和维护费用，其中操作费用包括操作人员的人数、工作时间、消耗的各类物资等开支。系统的经济效益是指因使用新系统而节省的费用和增加的收入。

由于运行费用和经济效益两者在软件的整个使用期内都存在，总的效益和软件使用时间的长短有关，所以，应合理地估算软件的寿命。在进行成本/效益分析时，一般假设软件使用期为 5 年。

（2）人员组织。

软件开发不是个体劳动，需要各类人员协助配合，共同完成工程任务，因而应该有良好的组织和周密的管理。

（3）工程计划管理。

软件工程计划是在软件开发的早期确定的。在软件工程计划实施过程中，需要应对工程进度作适当的调整。在软件开发结束后应写出软件开发总结，以便今后能制订出更切实际的软件工程计划。

（4）软件配置管理。

软件工程各阶段所产生的全部文档和软件本身构成软件配置。每完成一个软件工程步骤，都涉及软件配置，必须使软件配置始终保持其精确性。软件配置管理就是在系统的整个开发、运行和维护阶段内控制软件配置的状态和变动，验证配置项的完全性和正确性。

（5）软件开发风险管理。

软件开发总会存在某些风险，对付风险应该采取主动的策略。早在技术工作开始之前软件开发人员就应该启动风险管理活动，标识出潜在的风险，评估它们出现的概率和影响，并且按重要性把风险排序，然后制订计划来管理风险。软件开发风险管理的主要目标是预防风险，但并非所有风险都能预防。因此，软件开发人员还必须制定处理意外事件的计划，以便一旦风险变成现实，能以可控和有效的方式做出反应。

1.2.3 软件工程的基本原理

著名的软件工程专家巴利·玻姆（Barry Willian Boehm）综合相关专家和学者的意见，并总结自己多年来开发软件的经验，于 1983 年提出了软件工程的七条基本原理。

1. 用分阶段的生命周期计划严格管理

统计表明，50%以上的失败项目是计划不周造成的。在软件开发与维护的漫长生命周期中，需要完成许多性质各异的工作。这条原理意味着，应该把软件生命周期分成若干阶段，并制订出相应切实可行的计划，然后严格按照计划对软件的开发和维护进行管理。

玻姆认为，在整个软件生命周期中应制订并严格执行 6 类计划：项目概要计划、里程碑计划、项目控制计划、产品控制计划、验证计划、运行维护计划。

2. 坚持进行阶段评审

统计结果显示：大部分错误是在编码之前造成的，大约占 63%。错误发现的越晚，改正它要付出的代价就越大。因此，软件的质量评审工作不能等到编码结束之后再进行，应坚持进行严格的阶段评审，以便尽早发现错误。

3. 实行严格的产品控制

在软件开发过程中不应随意改变需求，因为改变一项需求往往需要付出较高的代价。但是实践告诉我们，需求的改动往往是不可避免的。由于外部环境的改变，相应地改变用户需求是一种客观需要，这就要求我们要采用科学的产品控制技术来顺应这种要求，也就是要采用变动控制，又叫基准配置管理。基准配置管理：一切有关修改软件的建议，特别是涉及对基准配置的修改建议，都必须按照严格的规程进行评审，获得批准以后才能实施修改。当需求变动时，其他各个阶段的文档或代码要随之变动，以保证软件的一致性。

4. 采纳现代程序设计技术

从二十世纪六七十年代的结构化软件开发技术，到最近的面向对象技术，从第一、第二代语言，到第四代语言，人们已经充分认识到方法大于气力。采用先进的技术既可以提高软件开发的效率，又可以减少软件维护的成本。

5. 结果应能清楚地审查

软件是一种看不见、摸不着的逻辑产品。软件开发小组的工作进展情况可见性差，难以评价和管理。为更好地进行管理，应根据软件开发的总目标及完成期限，尽量明确地规定开发小组的责任和产品标准，从而使所得到的结果能清楚地审查。

6. 开发小组的人员应少而精

开发人员的素质和数量是影响软件质量和开发效率的重要因素，应该少而精。这一条基于两点原因：高素质开发人员的效率比低素质开发人员的效率要高几倍到几十倍，开发工作中犯的错误也要少得多；当开发小组为 N 人时，可能的通信路径有 $N(N-1)/2$ 条，可见随着人数的增大，通信开销将急剧增大。

7. 承认不断改进软件工程实践的必要性

遵从上述六条基本原理，就能够较好地实现软件的工程化生产。但是，它们只是对现有的经验的总结和归纳，并不能保证生产的软件能赶上技术不断前进发展的步伐。因此，玻姆提出应把承认不断改进软件工程实践的必要性作为软件工程的第七条基本原理。根据这条原理，开发人员不仅要积极采纳新的软件开发技术，还要不断总结经验，收集进度和消耗等数据，进行出错类型和问题报告统计。这些数据既可以用来评估新的软件技术的效果，也可以用来指明必须着重注意的问题和应该优先进行研究的工具和技术。

1.2.4 软件工程知识体系

IEEE 在 2014 年发布的《软件工程知识体系指南》第 3 版中将软件工程知识体系划分为以下 15 个知识领域。

1. 软件需求

软件需求描述解决现实世界某个问题的软件产品，以及对软件产品的约束。软件需求涉及需求抽取、需求分析、建立需求规格说明和确认，还涉及建模、软件开发的技术、经济、时间可行性分析。软件需求直接影响软件设计、软件测试、软件维护、软件配置管理、软件工程管理、软件工程过程和软件质量等。

2. 软件设计

软件设计是软件工程最核心的内容。设计既是"过程"，也是这个"过程"的"结果"。软件设计由软件体系结构设计、软件详细设计两种活动组成。它涉及软件体系结构、构件、接口，以及系统或构件的其他特征，还涉及软件设计质量分析和评估、软件设计的符号、软件设计策略和方法等。

3. 软件构建

软件构建是通过编码、验证、单元测试、集成测试和调试等活动生成可用的、有意义的软件。软件构建除要求程序符合设计功能外，还要求控制和降低程序复杂性、进行程序验证和制定软件构造标准。软件构建与软件配置管理、软件开发工具、软件工程方法、软件质量密切相关。

4. 软件测试

软件测试是软件生命周期的重要部分，涉及测试标准、测试技术、测试度量和测试过程。测试不是编码完成后才开始的活动，测试的目的是标识缺陷和问题，改善产品质量。软件测试应该围绕整个开发和维护过程。测试在需求阶段就应该开始，测试计划和规程必须系统，并随着开发的进展不断求精。正确的软件工程质量观是预防，避免缺陷和问题比改正好。代码生成前的主要测试手段是静态技术（检查），代码生成后采用动态技术（执行代码）进行测试。测试的重点手段是动态技术，从程序无限的执行域中选择一个有限的测试用例集，动态地验证程序是否达到预期行为。

5. 软件维护

软件维护是软件生命周期的组成部分，是指由于解决问题或改进的需要而修改软件程序代码和相关文档，进而修正现有的软件产品并保留其完整性的过程。软件产品交付后，需要改正软件的缺陷、提高软件性能或其他属性，使软件产品适应新的环境。软件维护是软件的继续进化，要支持软件快速地、便捷地满足新的需求。基于服务的软件维护越来越受到重视。

6. 软件配置管理

软件配置管理是为了系统地控制配置变更，维护整个系统生命周期中配置的一致性和可追踪性，按时间来管理软件的不同配置的过程。软件配置管理包括配置过程管理、软件配置鉴别、配置管理控制、配置管理状态记录、配置管理审计、软件发布和交付管理等。

7. 软件工程管理

软件工程管理是运用管理活动，如计划、协调、度量、监控、控制和报告，确保软件开发和维护是系统的、规范的、可度量的。它涉及基础设施管理、项目管理、度量和控制计划三个层次。近年来软件度量的标准、测度、方法、规范发展较快。

8. 软件工程过程

管理软件工程过程是为了实现一个新的或者更好的过程。软件工程过程关注软件的定义、实现、评估、测量、管理、变更、改进，以及过程和产品的度量。软件工程过程分为：(1)围绕软件生命周期过程的技术和管理活动，即需求获取、软件开发、维护和退役的各种活动；(2)对软件生命周期的定义、实现、评估、度量、管理、变更和改进。

9. 软件开发工具和软件工程方法

软件开发工具以计算机为基础，用于辅助软件整个生命周期。软件开发工具是为特定的软件工程方法设计的，以减少开发者手工操作的负担、使软件工程更加系统化。软件开发工具的种类很多，可分为：需求工具、设计工具、构造工具、测试工具、维护工具、配置管理工具、工程管理工具、工程过程工具、软件质量工具等。

软件工程方法支持软件工程活动，使软件开发更加系统。软件工程方法不断发展。当前，软件工程方法分为：（1）启发式方法，包括结构化方法、面向数据方法、面向对象方法和特定域方法；（2）基于数学的形式化方法；（3）用软件工程多种途径实现的原型方法，原型方法帮助确定软件需求、软件体系结构和用户界面等。

10. 软件质量

软件质量贯穿整个软件生命周期，保证软件产品的质量是软件工程的重要目标，主要涉及软件质量需求、软件质量度量、软件属性检测、软件质量管理技术和过程等。

11. 软件工程职业实践

软件工程职业实践是指软件工程师应履行其实践承诺，使软件的需求分析、规格说明、设计、开发、测试和维护等工作成为有益和受人尊敬的职业的内容；还包括团队精神和沟通技巧等内容。

12. 软件工程经济学

软件工程经济学是研究为实现特定功能需求的软件工程项目而提出的在技术方案、生产（开发）过程、产品和服务等方面所做的经济服务与论证、计算与比较的一门系统方法论学科。

13. 计算基础

计算基础涉及解决问题的技巧、抽象、编程基础、调试工具和技术、数据结构和表示、算法和复杂度、系统的基本概念、计算机的组织结构、编译基础知识、操作系统基础知识、数据库基础知识和数据管理、网络通信基础知识、并行和分布式计算、基本的用户人为因素、基本的开发人员人为因素和安全的软件开发和维护等方面的内容。

14. 数学基础

数学基础涉及集合、关系和函数、基本的逻辑、证明技巧、计算的基础知识、图和树、离散概率、有限状态机、数值精度、数论和代数结构等方面的内容。

15. 工程基础

工程基础涉及实验方法和实验技术、统计分析、度量、工程设计、建模、标准和影响因素分析等方面的内容。

软件工程知识体系的提出，让软件工程的内容更加清晰，也使其作为一个学科的定义和界限更加分明。

1.3 软件生命周期与软件开发

1.3.1 软件生命周期

本节介绍什么是软件生命周期，在传统软件工程方法中如何将软件生命周期划分为若干个阶段以及各阶段的基本任务是什么。

1. 软件生命周期简介

软件生命周期是软件工程的一个重要概念。软件生命周期是从设计软件产品开始，到产品不能使用为止的时间周期。软件生命周期通常包括软件计划阶段、需求分析阶段、设计阶段、实现阶段、测试阶段、安装阶段和验收阶段以及使用和维护阶段，有时还包括软件引退阶段。

软件产品从软件设计开始，经过开发、使用和维护，直到最后被淘汰的整个过程就是软件生命周期。

软件生命周期有时与软件开发周期作为同义词使用。一个软件产品的生命周期可划分为若干个互相区别而又有联系的阶段。把整个软件生命周期划分为若干个阶段，赋予每个阶段相对独立的任务，逐步完成每个阶段的任务。这样，既能够简化每个阶段的工作，便于确立系统开发计划，还可明确软件工程各类开发人员的职责范围，以便分工协作，共同保证软件质量。

每一阶段的工作均以前一阶段的结果为依据，并作为下一阶段的前提。每个阶段结束时都要有技术审查和管理复审，从技术和管理两方面对这个阶段的开发成果进行检查，及时决定软件开发是继续进行，还是停工或返工，以防止到开发结束时，才发现前期工作中存在的问题，造成不可挽回的损失和浪费。每个阶段都进行的复审主要检查该阶段工作是否有高质量的文档资料，前一个阶段复审通过了，后一个阶段才能开始。开发方的技术人员可根据所开发软件的性质、用途及规模等因素，决定在软件生命周期中增加或减少相应的阶段。

2. 软件生命周期划分阶段的原则

把一个软件产品的生命周期划分为若干个阶段，是实现软件生产工程化的重要步骤。划分软件生命周期的方法有许多种，可按软件的规模、种类、开发方式、开发环境等来划分生命周期。不管用哪种方法划分生命周期，划分阶段的原则是相同的，具体如下所述。

（1）各阶段的任务彼此间尽可能相对独立。这样便于逐步完成每个阶段的任务，能够简化每个阶段的工作，容易确立系统开发计划。

（2）同一阶段的工作任务性质尽可能相同。这样有利于软件工程的开发和组织管理，明确系统各方面开发人员的分工与职责范围，以便协同工作，保证软件质量。

3. 软件生命周期的阶段划分

软件生命周期一般由软件计划、软件开发和软件运行维护3个时期组成。软件计划时期分为软件定义、可行性分析、需求分析3个阶段。软件开发时期可分为总体设计、详细设计、软件实现、综合测试等阶段。软件运行维护时期需要对运行的软件进行不断地维护，才能使软件持久地满足用户的需要，软件生命周期各阶段如图1-2所示。

软件生命周期各阶段的主要任务简述如下。

1）软件定义

软件定义主要是确定开发的软件系统的目标、规模和基本任务。软件项目往往开始于任务立项，并需要针对项目的名称、性质、目标、意义和规模等做出回答，以此获得对准备着手开发的软件系统的最高层描述。

2）可行性分析

可行性分析是为后续的软件开发做必要的准备工作。从经济、技术、法律及软件开发风险等方面分析确定系统是否值得开发，及时停止不值得开发的项目，避免人力、物力和

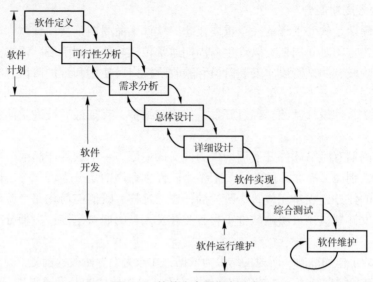

图 1-2　软件生命周期各阶段

时间的浪费。在该阶段要完成的工作有：确定待开发的软件产品所要解决的问题，使软件开发人员和用户对待开发软件产品的目标达成一致；确定总体的开发策略与开发方式，并对开发所需要的资金、时间和各种资源做出合理的估计；对开发软件产品进行可行性分析，并制订初步的开发计划，最后完成可行性分析报告。

3）需求分析

需求分析是要确定开发的软件系统需要做什么的问题，也就是确定软件系统应具备的具体功能。它是一个很复杂的过程，其成功与否直接关系到后续的软件开发的成败。通常用数据流图、数据字典和简明算法描述表示软件系统的逻辑模型，以防止产生软件系统设计与用户的实际需求不相符的后果。在需求分析阶段，开发人员与用户之间的交流与沟通是非常重要的。需求分析的结果最终要反映到软件需求规格说明书中。

4）总体设计

软件设计阶段就是要把需求文档中描述的功能可操作化。总体设计（也称概要设计）是针对软件系统的结构设计，用于从总体上对软件给出设计说明。软件开发团队有开发人员、高层管理者、安装配置人员、运行维护人员、软件系统实际操作者（用户），不同的人员对于软件系统有不同的观察角度，所关心的软件系统构成元素有所不同。开发人员关心软件系统的构造、接口、全局数据结构和数据环境等，高层管理者关心软件开发整体的构造，安装配置人员、运行维护人员关心硬件系统和相关软件配置，软件系统实际操作者关心功能模块结构。总体设计的结果将成为详细设计与系统集成的基本依据。

5）详细设计

设计工作的第二步是详细设计，它以总体设计为依据，用于确定软件结构中每个模块的内部细节，为编写程序提供最直接的依据。详细设计需要在实现每个模块功能的程序算法和模块内部的局部数据结构等细节内容上给出设计说明。

6）软件实现

软件实现阶段也就是编码阶段，编码就是编写代码，即把详细设计文档中对每个模块实现过程的算法描述转换为能用某种程序设计语言来实现的代码。在规范的软件开发过程中，编码必须遵守一定的标准，这样有助于团队开发，同时能够提高代码的质量。

7）综合测试

软件实现阶段过后需要进行系统集成，所谓系统集成就是根据概要设计中的软件结构，按照某种选定的集成策略，例如渐增集成策略，把经过测试的模块组装起来。在组装过程中，需要对整个软件系统进行集成测试，以确保软件系统在技术上符合设计要求，在应用上满足需求规格要求。综合测试阶段就是通过集成测试，找出软件设计中的错误并改正，确保软件的质量；还要在用户的参与下进行验收，最终将软件交付使用。

8）软件维护

软件系统的运行是一个比较长久的过程，跟软件开发机构有关的主要任务是对软件系统进行经常性的有效维护。软件的维护过程，也就是修正软件错误，完善软件功能，由此使软件不断进化升级的过程，以使软件系统更加持久地满足用户的需要。因此，对软件的维护也可以看成对软件的再一次开发。在这个时期，对软件的维护主要有三种，即改正性维护、适应性维护和完善性维护。每次维护的要求及修改步骤都应详细准确地记录下来，作为文档加以保存。通过各种必要的维护改正系统的错误或修改扩充其功能，使软件适应环境变化，延长软件的使用寿命，提高软件的效益。

1.3.2 软件开发过程模型

随着软件的规模和复杂性不断增大，以开发人员的经验和技术来保证软件产品质量，单纯对结果进行检验以评估软件系统质量已经成为不可能的任务。更多情况下，必须将质量保证的观点贯穿于整个软件开发过程。这要求软件开发必须从管理和技术两个方面着手，既要有良好的技术措施（方法、工具和过程），又要有必要的组织管理措施。从技术角度来说，过程设计是影响软件产品质量的决定性因素，方法和工具只有在合理设计的开发过程中，才能发挥最大功效。软件开发过程模型是人们在软件开发实践中总结出来的，适用于具有某一类特征项目的标准开发过程。软件开发过程模型提供了一个框架并把必要活动映射在这个框架中，包括软件开发各个阶段要完成的主要任务和活动、各个阶段的输入输出。

常见的软件开发过程模型很多，包括瀑布模型、演化模型（包括快速原型模型、增量模型和螺旋模型）、喷泉模型、统一软件开发过程模型等。在实践中，软件项目开发团队必须依据拟开发项目的特点以及对用户需求的把握程度，选择某一开发过程模型做一定的剪裁，设计出适合具体项目的软件开发过程模型。

1. 瀑布模型

瀑布模型遵循软件生命周期阶段的划分，明确规定每个阶段的任务，各个阶段的工作以线性顺序展开。

瀑布模型把软件生命周期划分为计划时期、开发时期和运行维护时期。这3个时期又可细分为若干个阶段，计划时期可分为问题定义、可行性分析、需求分析3个阶段；开发时期分为概要设计、详细设计、软件实现、软件测试阶段；运行维护时期则需要对运行的软件进行不断地维护，以延长软件的使用寿命，如图1-3所示。瀑布模型要求开发过程的每个阶段结束时都进行复审，复审通过了才能进入下一阶段，复审不通过则要进行修改或回到前面的阶段进行返工。软件维护时可能需要修改错误和排除故障；如果是因为用户的需求或软件的运行环境有所改变而需要修改软件的结构或功能，维护工作可能要从修改需求分析或修改概要设计，或从修改软件实现开始。图 1-3 中的实线箭头表示开发工作的流程方向，每个阶段顺序进行，有时会返工；虚线箭头表示维护工作的流程方向，表示根据不同情况返回不同的阶段进行维护。

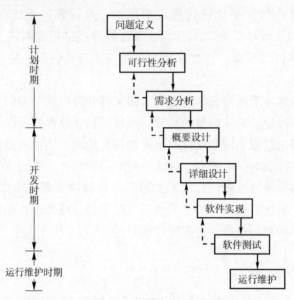

图 1-3　瀑布模型

瀑布模型软件开发有以下几个特点。

1）软件生命周期的顺序性

顺序性是指只有前一阶段工作完成以后，后一阶段的工作才能开始；前一阶段输出的文档就是后一阶段输入的文档，只有在前一阶段有正确的输出，后一阶段才可能有正确的结果。因而，如果瀑布模型的生命周期的某一阶段出现了错误，要进行修改往往要追溯到在它之前的一些阶段。

瀑布模型开发适合在软件需求比较明确、开发技术比较成熟、软件工程管理比较严格的场合下使用。

2）尽可能推迟软件的编码

软件实现也称为软件编码。实践表明，大、中型软件的编码阶段开始得越早，完成所需功能的时间反而越长。瀑布模型在软件编码之前安排了需求分析、概要设计、详细设计等阶段，从而把逻辑设计和编码清楚地划分开来，尽可能推迟软件编码。

3）保证质量

为了保证质量，瀑布模型软件开发规定了每个阶段需要完成的文档，每个阶段都要对已完成的文档进行复审，以便及早发现隐患，排除故障。这种规定保证了其开发出的软件的质量。

2. 快速原型模型

快速原型模型的主要思想是：首先快速建立一个能够反映用户主要需求的原型系统，

让用户在计算机上试用它，通过实践让用户了解未来目标系统的概貌，以便判断哪些功能是符合需要的，哪些方面是需要改进的。用户会提出许多改进意见，开发人员按照用户的意见快速地修改原型系统，修改后再次请用户试用，重复以上过程并反复改进，最终建立完全符合用户需求的软件系统。

开发原型模型的目的是增进软件开发人员和用户对系统服务的理解，如果每开发一个软件都要先建立一个原型系统，成本就会成倍增加，因为它不像硬件或其他有形产品，先制造出一台"样机"，成功后可以成批生产，而软件属于单件生产。为此，在建立原型系统时应采取如下方法。

（1）为了减少建立原型系统的开销，可以采用一些特殊的有别于通常软件开发时使用的技术和工具，可以采用功能很强的高级语言实现原型系统，如 UNIX 支持的 SHELL 语言就是一种功能很强的高级语言，它执行速度比较慢，但用它开发所需的成本比用普通程序设计语言开发低得多。在建立原型系统时这个优点是非常重要的。

（2）考虑到原型系统的界面是开发人员与用户通信的"窗口"部分，通过这个"窗口"用户最容易获取信息和发表自己的意见。原型系统的界面要设计得简单易学，且最好与最终软件系统的界面相容。通过补充与修改原型系统获得最终的软件系统。但在实际中由于开发原型系统使用的语言效率低，除了少数简单的事务系统外，大多数原型系统都废弃不用，大多数开发人员仅把建立原型系统的过程当作帮助定义软件需求的一种手段。

图 1-4 显示了简洁的快速原型模型。可以看出它是一种循环进化的过程，用户的参与和反馈，使这种方法开发出来的系统能够更好地满足用户的需求。

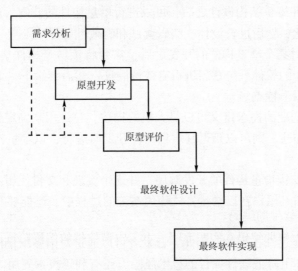

图 1-4　快速原型模型

3. 增量模型

瀑布模型较难适应用户的需求变更，开发速度慢。但是，瀑布模型提供了一套工程化的里程碑管理模式，能够有效保证软件质量，并使软件容易维护。相反地，快速原型模型则可以使对软件需求的详细定义延迟到软件实现时进行，并能够使软件开发进程加速。但是，快速原型模型不便于工业化流程管理，也不利于软件结构的优化，并可能使软件难以理解和维护。基于以上因素的考虑，增量模型对这两种模型的优点进行了结合。

　　增量模型在整体上按照瀑布模型的流程实施项目开发，以方便对项目的管理；但在软件的实际创建中，则将软件系统按功能分解为许多增量构件，并以增量构件为单位逐个地创建与交付，直到全部增量构件创建完毕，并都被集成到系统之中。

　　如同快速原型模型一样，增量模型逐步地向用户交付软件产品，但不同于原型进化模型的是，增量模型在开发过程中所交付的不是完整的新版软件，而只是增量构件增量模型的工作流程如图 1-5 所示。

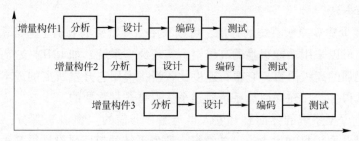

图 1-5　增量模型的工作流程

　　增量模型的软件开发流程主要分为以下 3 个阶段。

　　(1) 在软件系统开发的前期阶段，为了确保软件系统具有优良的结构，需要针对整个软件系统进行需求分析和概要设计，需要确定软件系统的基于增量构件的需求框架，并以需求框架中增量构件的组成及关系为依据，完成对软件系统的体系结构设计。

　　(2) 在完成软件体系结构设计之后，可以进行增量构件的开发。这个时候，需要对增量构件进行需求细化，然后进行设计、编码测试和有效性验证。

　　(3) 在完成了对某个增量构件的开发之后，需要将该增量构件集成到软件系统中去，并对已经发生了改变的软件系统重新进行有效性验证，然后继续下一个增量构件的开发。

　　增量模型具有以下特点。

　　(1) 软件开发初期的需求定义可以是大概的描述，只是用来确定软件的基本结构。而对于需求的细节性描述，则可以延迟到增量构件开发时进行，以增量构件为单位逐个地进行需求补充。

　　(2) 可以灵活安排增量构件的开发顺序，并逐个实现和交付使用。这不仅有利于用户尽早地用上系统，而且用户在以增量方式使用系统的过程中，还能够获得对软件系统后续构件的需求经验。

　　(3) 软件系统是逐渐扩展的，因此，开发者可以通过对诸多增量构件的开发，逐步积累开发经验，从总体上降低软件项目的技术风险，还有利于技术复用。

　　(4) 核心增量构件具有最高优先权，将会被最先交付，而随着后续增量构件不断被集成进软件系统，核心增量构件将会受到最多次数的测试从而具有最高的可靠性。

　　增量模型主要适用于有以下特点的项目：

　　(1) 待开发系统能够被模块化；

　　(2) 软件产品可以分批次交付；

　　(3) 软件开发人员对应用领域不熟悉，或一次性开发的难度很大；

　　(4) 项目管理人员把握全局的水平很高。

相较于瀑布模型、快速原型模型，增量模型具有非常显著的优越性。但是，增量模型对软件设计有更高的技术要求，特别是对软件体系结构，要求它具有很好的开放性与稳定性，能够顺利地实现增量构件的集成。在把每个新的增量构件集成到已建软件系统的结构中的时候，一般要求这个增量构件应该尽量少地改变原来已建的软件结构。因此增量构件要求具有相当好的功能独立性，其接口应该简单，以方便集成时与软件系统的连接。

4. 螺旋模型

螺旋模型是目前实际软件开发中比较常用的一种软件开发过程模型。对于一些复杂的大型软件开发时存在的一些风险，螺旋模型加入了瀑布模型与增量模型都忽略了的风险分析，即将两种模型结合起来，并弥补了两种模型的不足。在软件开发中，普遍存在着各种各样的风险，对于不同的软件项目，其开发风险有大有小。在制订项目开发计划时，对项目的预算、进度与人力，对用户的需求、设计中采用的技术及存在的问题，都要仔细分析与估算。实践证明，项目越大，软件越复杂，估算中的不确定因素就越多，承担的风险也就越大。软件风险可能在不同程度上损害了软件开发过程和软件产品的质量，严重时可能导致软件开发的失败。因此，在软件开发过程中必须及时识别和分析风险，并且采取一定的措施，消除或降低风险的危害。

螺旋模型是一种迭代模型，它把开发过程分为几个螺旋周期，每迭代一次，螺旋线就前进一周，如图 1-6 所示。

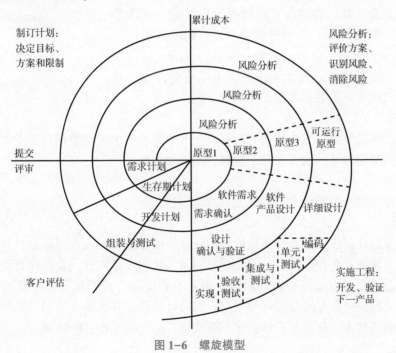

图 1-6 螺旋模型

它的基本思想是，使用建立原型及其他方法来尽量降低风险，当项目按照顺时针方向沿螺旋移动时，每一个螺旋周期均包含了风险分析，可以把它看作是在每一个阶段之前都增加了风险分析的快速原型模型。

螺旋模型将开发过程分为几个螺旋周期，每个螺旋周期可分为 4 个步骤来进行。首先，确定该阶段的目标，选择方案并设定这些方案的约束条件；其次，从风险角度分析、评估方案，通常用建立原型的方法来消除风险；再次，如果成功地消除了所有风险，则实施本周期的软件开发；最后，评价该阶段的开发工作，并计划下一阶段的工作。

螺旋模型适合于大规模高风险的软件开发项目，它吸收了软件工程"演化"的概念。当软件随着过程的进展而演化时，开发人员和用户都能更好地了解每个螺旋周期演化存在的风险，从而做出相应的对策。螺旋模型的优势在于它是风险驱动的，如果一个大的风险未被发现和控制，其后果是很严重的。因而使用该模型需要有相当丰富的风险评估经验和这方面的专门技术，这使该模型的应用受到一定限制。

5. 喷泉模型

按传统的瀑布模型开发和管理软件需要有两个前提，一是用户能清楚地提供软件系统的需求，开发人员能完整地理解用户的需求；二是软件生命周期各阶段能明确地划分，每个阶段结束时要复审，复审通过了后一阶段才能开始。

然而，在实际开发软件时，用户往往事先难以说清需求，开发人员也由于主客观的原因，缺乏与用户交流的机会，其结果是软件系统开发完成后修改和维护的开销及难度过大。

应用面向对象方法开发软件的喷泉模型着重强调不同阶段之间的重叠，其认为软件开发过程不需要或不应该严格区分不同的开发阶段。基于喷泉模型，我们可以将软件开发过程划分为分析、设计、编程、测试、集成、运行维护或进一步开发等阶段，每个阶段之间可以重叠，也就是分析和设计之间可以重叠，如图 1-7 所示。

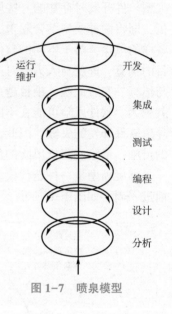

图 1-7　喷泉模型

1) 分析

在系统分析阶段建立对象模型和过程模型。系统模型中的对象是现实世界中的客观对象的抽象，模型应当结构清晰，易于理解，易于规范地描述。

2) 设计

系统设计给出对象模型和过程模型的规范描述。

3) 编程

面向对象设计方法强调软件模块的再用和软件的合成，因而在对象设计和实现时，并不要求所有对象都从头开始设计，而是充分利用以前的设计工作。在软件开发时，先检索对象库，若是对象库中已经存在的对象，则可不必设计，只要重复使用或加以修改后使用；否则定义新的对象并进行设计和实现。面向对象设计方法要求与用户充分沟通，在用户试用软件的基础上，根据用户的需求不断改进、扩充和完善系统功能。

4) 测试

测试所有对象相互之间的关系是否符合系统需求。

5) 集成

面向对象的软件特点之一是软件重用和组装技术。对象是数据和操作的封装载体，组装在一起才构成完整的系统。模块组装也称为模块集成、系统集成。软件设计是将对象模块集成，构造其生成所需的系统。

6）运行维护或进一步开发

由于喷泉模型主张分析和设计过程的重叠，不严格加以区分，所以模块集成的过程就是要反复经过分析、设计、测试、集成，再经过反复测试。得到用户认可的软件才可以运行，软件运行过程中还需要不断地对其进行维护，使软件适应不断变化的硬件、软件环境。另外，在现有软件的基础上，还可以进一步开发新的软件。

6. 统一软件开发过程模型

统一软件开发过程（Rational Unified Process，RUP）模型是 Rational 公司提出的基于统一建模语言（Unified Modeling Language，UML）的一种面向对象软件开发过程模型。它解决了螺旋模型的可操作性问题，采用迭代和增量的开发策略，以用例为驱动，集成了多种软件开发过程模型的特点。

RUP 模型使用 UML，采用用例驱动和架构优先的策略，采取迭代增量建造方法。

UML 采用了面向对象的概念，引入了各种独立于语言的表示符号。UML 建立了用例模型、静态模型和动态模型，所定义的概念和符号可用于软件开发过程的分析、设计和实现。软件开发人员不必在开发过程的不同阶段进行概念和符号的转换。

RUP 所构造的软件系统是由软件构件建造而成的。软件构件是可重用的软件组件，它们具有明确的接口定义，使不同的构件可以相互交互和集成，连接成整个系统。这种方法的优点在于可以提高软件开发的效率和质量，因为构件可以重复使用，并且通过明确的接口进行交互，减少了重复开发和错误的可能性。

为了管理、监控软件开发过程，RUP 把软件开发过程划分为多个循环，每个循环生成产品的一个新版本。每个循环都由初始阶段、细化阶段、构造阶段和提交阶段组成。每个阶段是一个小的瀑布模型，要经过计划时期、开发时期、运行维护时期 3 个阶段。RUP 模型通过反复多次的循环迭代，来达到预定的目的或完成确定的任务。每次迭代增加尚未实现的用例，所有用例建造完成，系统也就建造完成了。

以上就是对于几种软件开发过程模型的介绍，在具体的软件项目开发过程中，要选用合适的软件开发过程模型，按照某种开发方法，使用相应的工具进行开发；要把各种模型有机地结合起来，充分利用各种模型的优点。

通常，结构化方法和面向数据结构方法可使用瀑布模型、增量模型进行开发；面向对象方法可采用快速原型模型、喷泉模型或统一软件开发过程模型进行开发。

1.4　敏捷过程和极限编程

1.4.1　敏捷过程

随着计算机技术的迅猛发展和全球化进程的加快，软件需求常常发生变化，激烈的市场竞争要求更快速地开发软件，同时也要求软件能够以更快的速度更新。传统的方法在开发时效上时常面临挑战，因此，强调快捷、小文档、轻量级的敏捷过程开发方法开始流行。为了使软件开发团队具有高效工作和快速响应变化的能力，17 位著名的软件专家于2001 年 2 月联合起草了敏捷软件开发宣言。敏捷软件开发宣言的 4 个核心价值观如下。

1. 个体和交互高于过程和工具

优秀的团队成员是软件开发项目获得成功的最重要因素；当然，不好的过程和工具也会使最优秀的团队成员无法发挥作用。团队成员的合作、沟通以及交互能力要比单纯的软件编程能力更重要。

正确的做法是，首先致力于构建优秀的软件开发团队（包括成员和成员之间的交互方式等），然后根据需要为团队配置项目环境（包括过程和工具）。

2. 可以工作的软件高于面面俱到的文档

软件开发的主要目标是向用户提供可以工作的软件而不是文档；但是，完全没有文档的软件也是种灾难。开发人员应该把主要精力放在创建可工作的软件上面，仅当迫切需要并且具有重大意义时，才进行文档编制工作，而且所编制的内部文档应该尽量简明扼要、主题突出。

3. 客户合作高于合同谈判

客户通常不可能做到一次性地把他们的需求完整准确地表述在合同中。因此，能够满足客户不断变化的需求的切实可行的途径是，开发团队与客户密切协作。

4. 响应变化高于遵循计划

软件开发过程中总会有变化，这是客观存在的现实。一个软件开发过程必须反映现实，因此，软件开发过程应该有足够的能力及时响应变化。然而没有计划的项目也会因陷入混乱而失败。因此设计的计划必须有足够的灵活性和可塑性，在形势发生变化时能迅速调整，以适应业务和技术等方面发生的变化。

在理解上述4个价值观时应该注意，这些声明只不过是对不同因素在保证软件开发成功方面所起作用的大小做了比较，说一个因素更重要并不是说其他因素不重要，更不是说某个因素可以被其他因素代替。

1.4.2 极限编程

敏捷模型包括多种实践方法，比如极限编程、自适应软件开发、动态系统开发方法和特征驱动开发等。下面重点介绍极限编程的相关内容。

极限编程（Extreme Programming，XP）是由肯特·贝克（Kent Beck）在1996年提出的，是一种软件工程方法学，是敏捷软件开发中最富有成效的几种方法学之一。如同其他敏捷方法学，极限编程和传统方法学的本质不同在于它更强调可适应性而不是可预测性。与传统方法学相比，极限编程更注重于如何在变化的环境中保持项目的灵活性和效率，而不是试图在项目开始阶段就精确预测和规划所有的需求和变化。适用于小团队开发。

极限编程是一个轻量级的、灵巧的软件开发方法，同时它也是一个非常严谨和周密的方法。它的基础和价值观是交流、简单、反馈和勇气，即任何一个软件项目都可以从这四个方面入手进行改善：加强交流；从简单做起；寻求反馈；勇于实事求是。

极限编程是一种近螺旋式的软件开发方法，它将复杂的软件开发过程分解为一个个相对比较简单的小周期；通过积极的交流、反馈以及其他一系列的方法，开发人员和客户可以非常清楚开发进度、变化、待解决的问题和潜在的困难等，并根据实际情况及时地调整开发过程。

极限编程的主要目标在于降低因需求变更而带来的变更成本。在传统软件系统开发方法中，软件系统需求是在项目开发的开始阶段就确定下来，并在之后的开发过程中保持不变。这意味着项目开发进入到之后的阶段若出现的需求变更（而这样的需求变更在一些发展极快的领域中是不可避免的）将导致开发成本急速增加。极限编程通过引入基本价值、原则、方法等概念来达到降低变更成本的目的。一个应用了极限编程方法的软件系统开发项目在应对需求变更时将显得更为灵活。

极限编程方法的主要特征是：

（1）简单的分析设计：极限编程在初期进行简单的分析设计后，迅速进入编码阶段，强调在编码过程中对已有代码的测试和开发人员与客户的交互。

（2）频繁的客户交流：极限编程鼓励开发团队与客户的频繁沟通，以确保软件开发的方向始终符合客户需求。

（3）增量式开发方式：通过短周期的迭代开发模式，每个迭代通常持续 1～2 周，集中精力完成一小部分功能的开发，并及时获得反馈。

（4）连续的测试：极限编程非常重视测试，采用测试驱动开发的方式，先编写测试用例，再编写代码以满足测试要求，确保代码质量和功能的正确性。

此外，极限编程还强调高度迭代开发、高度沟通和协作、快速反馈和持续集成，以及编写简单和可读的代码。这些特征共同确保了软件开发过程的灵活性、高效性和高质量。

1.5 "高校小型图书管理系统" 案例介绍

图书管理系统可以有效地管理图书资源，控制图书借阅的流程，对图书馆的管理有很大的帮助，是一种高质量、快捷、方便的借书方式。本书的"高校小型图书管理系统"是专门为高校设计的，其中包括登录、浏览图书、图书借阅、用户管理、图书管理等功能。在接下来的相关章节将讲述"高校小型图书管理系统"的软件开发计划书、总体设计说明书、详细设计说明书、需求规格说明书、软件设计说明书、测试分析报告等文档，以便于读者模仿撰写相应的文档（针对特定的项目）。还会以这个案例为出发点，使用相关工具，来绘制一些相应的图例，以及实现和测试相应的模块。

1.6 本章小结

本章对软件工程学做了一个简短的概述，使读者对软件工程的基本原理和方法有了概括的认识。软件工程自 1968 年提出至今，正式发展成为用于指导软件生产工程化，覆盖软件工程方法学、软件工具和环境、软件工程管理学等内容的一门学科。随着编程语言从结构化程序设计发展到面向对象程序设计，软件工程也由传统的软件工程演变为面向对象的软件工程。

本章主要介绍了软件工程的基本内容，包括软件工程的学科背景、软件生命周期理论、软件开发过程模型、软件工程方法论等，这些知识都是后续章节的基础。

 **习题一**

1. 什么是软件？软件的特点是什么？

2. 什么是软件危机？软件危机的主要表现是什么？软件危机的解决途径是什么？

3. 什么是软件工程？软件工程的研究内容是什么？

4. 软件工程的基本原理是什么？可划分为哪些知识领域？

5. 什么是软件生命周期？软件生命周期为什么要划分阶段？划分阶段的原则是什么？

6. 常见的软件开发过程模型有哪些？这些模型有什么特点？

7. 如何正确选择软件开发过程模型？

第 2 章　可行性分析

软件可行性分析是从技术、经济、工程等角度对项目进行调查研究和分析比较，并对项目建成以后可能取得的经济效益及社会环境影响进行科学预测，为软件项目决策提供公正、可靠、科学的咨询意见与解决方案。当解决方案可行并有一定的经济效益和社会效益时才开始真正的基于计算机的系统的开发。

本章将介绍软件问题定义，可行性分析的目的和任务，步骤，系统流程图，成本与效益分析和软件可行性分析报告概述。

📖 学习目标

（1）理解问题定义、可行性分析的目的和任务。

（2）掌握可行性分析的步骤。

（3）掌握系统流程图的画法。

（4）掌握可行性分析的成本及效益分析。

（5）掌握可行性分析报告的撰写。

2.1　问题定义与可行性分析

在软件工程项目开始时，往往先进行系统定义。确定系统硬件、软件的功能和接口。系统定义涉及的问题不完全属于软件工程范畴，它为系统提供总体概述，根据对需求的初步理解，把功能分配给硬件、软件及系统的其他部分，系统各部分定义的目的如下所述。

（1）描述系统的接口、功能和性能。

（2）进行初步的系统分析和设计。

（3）把功能分配给硬件、软件和系统的其他部分，确定各部分费用限额和进度期限。

（4）针对可行性、经济利益、单位需要等方面评价系统。

系统定义是整个工程的基础，其任务如下所述。

（1）充分理解所涉及的问题，对问题的解决办法进行论证。

（2）评价问题解决办法的不同实现方案。

（3）表达解决方案，以便进行复审。

系统定义后，软件的功能也就初步确定了，接下来要进行问题定义、可行性分析、软件工程开发计划制订和复审等工作。

2.1.1　问题定义

在问题定义阶段，开发人员通过对用户需求进行详细的调查研究，仔细阅读和分析有关的资料，确定所开发的软件系统的名称以及该软件系统同其他系统之间的关系；明确要开发的系统的目标规模、基本要求，并对现有系统进行分析，设计新系统可能的解决方案。

1. 明确系统目标规模和基本要求

在调查研究的基础上，明确准备开发的软件系统的基本要求、目标规模、条件和限制、可行性分析的方法、评价尺度等。

1）基本要求

（1）软件的功能。

（2）性能。

（3）输入：数据的来源、类型、数量、组织以及提供的频度。

（4）输出：报告、文件或数据，说明其用途、产生频度、接口及分发对象。

（5）处理流程和数据流程。

（6）安全和保密方面的要求。

（7）与本系统相连接的其他系统。

2）目标规模

（1）人力与设备费用的减少。

（2）处理速度的提高。

（3）控制精度或生产能力的提高。

（4）管理信息服务的改进。

（5）人员利用率的改进等。

3）条件和限制

（1）系统运行寿命的最小值。

（2）经费、投资的来源和限制。

（3）法律和政策的限制。

（4）硬件、软件、运行环境和开发环境的条件和限制。

（5）可利用的信息和资源。

（6）完成期限等。

4）可行性分析的方法

开发人员可采用调查、加权、确定模型、建立基准点、仿真等方法进行可行性分析。

5）评价尺度

如经费的多少、各项功能的优先次序、开发时间的长短以及使用的难易程度等。

2. 对现有软件系统的分析

通过对现有软件系统及其存在的问题进行简单描述，阐明开发新软件系统或修改现有软件系统的必要性。对现有软件系统的分析内容如下。

（1）基本的处理流程和数据流程。

（2）所承担的工作和工作量。

（3）费用开支。

（4）各种人员的专业技术类别和数量。

（5）各种设备类型和数量。

（6）现有系统存在的问题和开发新系统时的限制条件。

3. 设计新系统可能的解决方案

系统分析员在分析现有系统的基础上，针对新系统的开发目标设计出新系统的若干种高层次的可能解决方法，可以用高层数据流图和数据字典来描述系统的基本功能和处理流程。先从技术的角度出发提出不同的解决方案；再从经济可行性和操作可行性方面优化和推荐方案；最后将上述分析结果整理成清晰的文档，供用户方的决策者选择。注意：现在尚未进入需求分析阶段，对系统的描述不是完整、详细的，只是概括、高层的。

2.1.2 可行性分析的目的和任务

可行性分析的目的就是用最小的代价在尽可能短的时间内确定问题是否能够解决。但是，这个阶段的目的不是解决用户提出的问题，而是确定这个问题是否值得去解决。其主要任务是，首先需要进行概要的分析研究，初步确定项目的规模和目标，确定项目的约束和限制，分析几种可能解法的利弊，从而判定原定系统的目标和规模是否现实，系统完成后带来的效益是否大到值得投资开发这个系统的程度。因此，可行性分析实际上就是一次大大简化了的系统分析和系统设计的过程，即以抽象的方式进行分析和研究。

首先需要进一步分析和澄清前一步的问题定义。之后，分析员进行简要的需求分析，导出该系统的逻辑模型，然后从系统逻辑模型出发，探索出若干种主要解法。对每种解法都要仔细、认真研究它的可行性，一般都要从经济、技术、操作和法律4个方面来研究每种解法的可行性，做出明确结论来供用户参考。

1. 经济可行性

经济可行性分析是指成本与效益分析。从开发所需的成本和资源，潜在的市场前景等方面进行估算，确定要开发的项目是否值得投资开发，即要分析在整个软件生命周期中所花费的代价与得到的效益之间的度量。

2. 技术可行性

技术可行性分析是指对要开发项目的功能、性能和限制条件进行分析，评价系统所采用的技术是否先进，使用现在的技术能否实现系统达到的目标，现在技术人员的技术水平是否具备等。

3. 操作可行性

操作可行性分析是指分析系统的操作方式在这个应用范围内是否行得通。

4. 法律可行性

法律可行性分析是指分析新系统的开发会不会在社会上或政治上引起侵权，可能导致的责任，有无违法问题。这应从合同的责任、专利权、版权等一系列权益方面予以考虑。

2.1.3 可行性分析的步骤

比较典型的可行性分析一般要经过下述一些步骤。

1. 复查并确定系统规模和目标

分析员对关键人员进行调查访问，仔细阅读和分析有关材料，以便对问题定义阶段书写的关于系统的规模和目标的报告书进行进一步的复查和确认，清晰地描述对目标系统的一切限制和约束，改正模糊或不确切的叙述，分析员要确保正在解决的问题确实是用户要求解决的问题，这是这一步的关键。

2. 研究目前正在使用的系统

目前正在使用的系统可能是一个人工操作系统，也可能是旧的计算机系统，旧的系统必然有某些缺陷，因而需要开发一个新的系统且必须能解决旧系统中存在的问题，那么现有的系统就是信息的重要来源。人们需要研究现有系统的基本功能，存在哪些问题，运行现有系统需要多少费用，对新系统有什么新要求，新系统运行时能否减少使用费用等。

应该仔细收集、阅读、研究和分析现有系统的文档资料和使用手册，实地考察现有系统。观察现有系统可以做什么，为什么这样做，有何缺点，使用代价及与其他系统的联系等。分析员在考察的基础上，访问有关人员，画出描绘现有系统的高层系统流程图，与有关人员一起审查该系统流程图是否正确，为新系统的实现提供参考。

3. 建立新系统的高层逻辑模型

比较理想的设计通常总是从现有的系统出发，推导出现有系统的逻辑模型，由此再设想新系统的逻辑模型，从而构造新的系统，然后使用建立逻辑模型的工具——数据流图和数据字典来描绘数据在系统中的流动和处理情况。数据流图和数据字典共同定义了新系统的逻辑模型，为新系统的设计打下了基础。但要注意，现在还不是软件需求分析阶段，因此只需概括地描绘高层的数据处理和流动。

4. 导出和评价各种方案

分析员建立了新系统的高层逻辑模型之后，分析员和用户有必要一起再复查问题定义、工程规模和目标，如有疑义，应予以修改，直到提出的逻辑模型完全符合新系统目标为止。在此基础上分析员从他建立的系统高层逻辑模型出发，进一步导出若干个较高层次（较抽象）的物理解法，根据经济可行性、技术可行性、操作可行性、法律可行性对各种方案进行评价，去掉行不通的解法，得到可行的解法。

5. 推荐可行方案

根据可行性分析结果，分析员应做出关键性的决定，即这项工程是否值得去开发。如果值得开发，应该选择一种最好的方案，并说明该方案是可行的原因和理由。特别是对所推荐的可行方案要进行比较详细的成本与效益分析。

6. 草拟初步的开发计划

开发计划中除工程进度表之外，还应对各种开发人员和各种软、硬件资源的需要情况进行估计，初步估计软件生命周期每个阶段的成本，给出需求分析阶段的详细进度表和成本估计。

7. 编写可行性分析报告提交审查

分析员应该把上述可行性分析各个步骤的结果写成可行性分析报告，提请用户和使用部门仔细审查，由用户和使用部门决定该项目是否进行开发，若决定开发是否接受分析员推荐的方案。

2.2　成本与效益分析

成本与效益分析的目的是从经济角度评价开发一个新的软件项目是否可行。通过评估新的软件项目所需要的成本和可能产生的效益，便可以从经济上衡量这个项目的开发价值。这一分析在可行性分析报告中占有重要的地位。

2.2.1　成本估算

系统成本主要包括开发成本和运行维护成本。

对于一个大型的软件项目，由于项目的复杂性，成本的估算不是一件简单的事，要进行一系列的估算处理。主要靠分解和类推的手段进行。基本估算方法分为以下几类。

1. 专家估算法

专家估算法是根据已有的类似项目经验以及该领域的专家经验知识进行估算，由多位专家进行估算后取平均值。该种方法估算的结果比较准确，目前应用得最为广泛。专家估算技术包括从毫无辅助的直觉到有历史数据、过程指引、清单等支持的专家判断，常用的专家估算技术有 Delphi 技术和工作分解结构（Work Breakdown Structure，WBS）技术。专家估算法的优点是简便，缺点是对专家水平太过依赖，易造成较大误差。专家估算法是一个非常普遍的方法，其主要特点是，估算工作由一个被认为是该任务专家的人来控制，并且估算过程的很大一部分是基于不清晰、不可重复的推理过程。

2. 算法模型法

基于模型估算技术大多数是采用经验公式来预测软件项目计划所需的成本、工作量和进度，算法模型法直接利用经验模型（如 Putnam 模型和 COCOMO 模型）预测工作量、进度数据和成本。但目前没有一种估算模型能够适用于所有的软件类型和开发环境，这些模型对每个不同的环境都需要进行校正，而且即使校验后，还存有大量的可变精度级别差异。因此最好慎用此法的估算结果。

3. 类比估算法

类比估算法通过对一个或多个已完成的类似项目与当前项目的对比来预测当前项目的成本与进度。通过将当前项目与已完成的类似项目进行比较，找到对应处的差别，并估算各个差别造成的影响，从而导出当前项目的总成本。该方法的优点是可以提高估算的准确度，缺点是差别难以界定。

4. 自顶向下估算法

这种方法的主要思想是从项目的整体出发进行类推。即估算人员根据以前已完成项目所消耗的总成本（或总工作量），来推算将当前项目的总成本（或总工作量），然后按比例将它分配到各开发任务单元中去，再来检验它是否能满足要求。这种方法的优点是估算工作量小，速度快，缺点是对项目中的特殊困难估计不足，估算出来的成本盲目性大，有时会遗漏项目的某些部分。

5. 自底向上估算法

这种方法的主要思想是把当前项目细分，直到每一个子任务都已经明确所需要的开发工作量，然后把它们加起来，得到软件开发的总工作量。这是一种常见的估算方法。它的优点是估算各个部分的准确性高，缺点是估算结果缺少各项子任务之间相互联系所需要的工作量，还缺少许多与软件开发有关的系统级工作量（配置管理、质量管理、项目管理）。所以往往估算值偏低，必须用其他方法进行检验和校正。

由于软件成本估算中诸多因素相互影响，并且这些因素对成本作用的机理和定量关系无法给出，因此成本估算存在不确定性。

2.2.2　效益分析

系统效益包括有形的经济效益和无形的社会效益两种。有形效益可以用货币的时间价值、投资回收期、纯收入等指标进行度量；无形效益主要从性质上、心理上进行衡量，很难直接进行量的比较。下面主要介绍有形效益的分析。

1. 货币的时间价值

经过成本估算后，得到项目开发时需要的费用，该费用就是项目的投资。项目完成后，应取得相应的效益。有多少效益才划算？这就应该考虑货币的时间价值。因为投资是现在进行的，而效益是将来获得的。

通常用利率的形式表示货币的时间价值。假设年利率为 i，如果现在存入 P 元，则 n 年后可得到的 F 元，若不记复利则：

$$F = P \cdot (1 + n \cdot i)$$

这也就是 P 元在 n 年后的价值。反之，如果 n 年后能得到 F 元，那么这些钱的现在价值 P 是：

$$P = F / (1 + n \cdot i)$$

【例2-1】某库存管理系统，它每天能产生一份订货报告给采购员，假定开发该系统共需要投资 5 000 元，系统建成后能及时订货，消除零件器材短缺问题，大约每年能节省 2 500 元，5 年共节省 12 500 元。假定年利率为 8%，利用上面计算货币现在价值的公式，可以算出建立库存管理系统后，每年预计节省的费用的现在价值，见表 2-1。

表 2-1　将来价值折算成现在价值

n/年	将来价值/元	$(1 + n \cdot i)$	现在价值/元	累计的现在价值/元
1	2 500	1.08	2 314.81	2 314.81
2	2 500	1.16	2 155.17	4 469.98
3	2 500	1.24	2 016.13	6 486.11
4	2 500	1.32	1 893.94	8 380.05
5	2 500	1.40	1 785.71	10 165.76

2. 投资回收期

通常用投资回收期衡量一个项目的价值。所谓投资回收期，就是使累计的经济效益等于最初的投资费用所需要的时间。显然，投资回收期越短，就可以越快获得利润，因此该项目就越值得投资开发。

例 2-1 中开发库存管理系统两年后就可以节省 4 469.98 元，比最初的投资（5 000

元）还少 530.02 元，第三年以后再节省 2 016.13 元。530.02/2016.13＝0.26，因此，投资回收期是 2.26 年。

投资回收期仅仅是一项经济指标，为了衡量一个开发工程项目的价值，还应考虑其他经济指标。

3. 纯收入

衡量项目价值的另一项经济指标是项目的纯收入，也就是在整个生命周期之内系统的累计经济效益（折合成现在价值）与投资之差。这相当于把投资开发一个软件系统和把钱存入银行中（或做其他用）两种方案进行比较。如果纯收入为零，则项目的预期效益和存银行一样，但是开发一个系统要冒风险，因此，从经济观点看这个项目，可能是不值得投资开发的。如果纯收入小于零，那么这项工程项目根本不值得投资开发。

2.3　系统流程图

在可行性分析阶段和以后的一些阶段常常要描绘现有系统和新系统的概貌，其使用的传统工具就是系统流程图。系统流程图是描述物理系统的工具。所谓物理系统，就是一个具体实现的系统。一个系统可以包含人员、硬件、软件等多个子系统。系统流程图的作用就是用图形符号以黑盒子形式描述组成系统的主要成分（硬件设备、程序、文档及各类人工过程等）。在系统流程图中，某些符号和程序流程图的符号形式相同，但是它却是系统流程图而不是程序流程图。程序流程图表示对信息进行加工处理的控制过程，而系统流程图表达的是信息在系统各部件之间的流动情况。要注意区分它们之间的差别。

2.3.1　系统流程图的符号

系统流程图符号中有 5 种基本符号是从程序流程图中借用来的（表 2-2），当以概括方式抽象描绘一个实际系统时，仅用此 5 种基本符号就足够了。

表 2-2　基本的系统流程图符号

符号	名称	说明
□	加工/处理	能改变数据值或数据位置的加工部件，如程序、处理机等
▱	输入/输出	表示输入或输出（或既输入又输出），是一个广义的不指明具体设备的符号
○	连接/汇合	指出转到图的另一部分或从图的另一部分转来，通常是同一页上
⬠	换页连接	指出转到另一页图上或由另一页图转来
→	控制流向	用来连接其他符号，指明数据流动方向

但如果需要更具体地描绘一个物理系统时，还需要使用表 2-3 中列出的 11 种系统流程图符号。

表 2-3　系统流程图符号

符号	名称	说明
	卡片	表示用穿孔卡片输入或输出，也可表示一个穿孔卡片文件（目前用得较少）
	文档	通常表示打印输出，也可表示用打印终端输入数据
	磁带	磁带输入/输出，也可表示一个磁带文件（用得较少）
	联机存储	表示任何种类联机存储，包括软盘、磁鼓和海量存储器件等
	软盘	软盘输入/输出，也可表示存储在软盘上的文件或数据库
	磁鼓	磁鼓输入/输出，也可表示存储在磁鼓上的文件或数据库（用得较少）
	显示	CRT 终端或类似的显示部件，可用于输入或输出，也可既输入又输出
	人工输入	人工输入的脱机处理，例如填写表格
	人工操作	人工完成的处理，例如会计在工资与票上签名

续表

符号	名称	说明
	辅助操作	使用设备进行的脱机操作
	通信链路	通过远程通信线路或链路传送数据

2.3.2 系统流程图示例

下面通过一个简单的具体例子来说明系统流程图的用法。

【例2-2】 某校办工厂有一个库房存放该厂生产需要的各种零件器材。库房中的各种零件器材的数量及其库存量临界值等数据记录在库存主文件上,当库房中零件器材数量发生变化时,应更改库存文件。若某种零件器材的库存量少于库存临界值,则立即报告采购部门以便订货,规定每天向采购部门送一份采购报告。

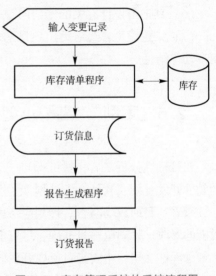

该校办工厂使用一台小型计算机处理更新库存文件和产生订货报告的任务。零件器材的发放和接受称为变更记录,由键盘输入到计算机中。系统中库存清单程序对变更记录进行处理,更新存储在软盘上的库存清单主文件,并且把必要的订货信息记录写在联机存储上。最后,每天由报告生成程序读一次联机存储,并且打印出订货报告。图2-1给出了该库存管理系统的系统流程图。

图 2-1 库存管理系统的系统流程图

系统流程图信息流动顺序的习惯画法是自顶向下或从左向右。

2.4 可行性分析报告概述

可行性分析结束后要提交的文档是可行性分析报告,尽管可行性分析报告的格式各有不同,但主要内容应该包括以下几项。

(1)引言:说明编写本文档的目的,项目的名称、背景,本文档用到的专门术语和参考资料。

(2)可行性分析前提:说明开发项目的功能、性能和基本要求,应达到的目标,各种限制条件,可行性分析的方法和决定可行性的主要因素。

（3）对现有系统的分析：说明现有系统的系统流程，工作负荷，各种费用，所需各类专业技术人员和数量，所需要的各种设备，现有系统存在的问题。

（4）对所建设系统的分析

① 经济可行性分析：说明所建设系统在经济方面的合理性。

② 技术可行性分析：包括技术实力、设备条件和已有工作基础，同时也要考虑所建设系统采用技术对用户的影响，对各种设备、现有软件、开发环境和运行环境的影响等。

③ 操作可行性分析：说明系统操作方式在这个应用范围内的可行性，评估系统在实施过程中能否被有效地完成并达到预期的效果。

④ 法律可行性分析：说明法律因素对合同责任、侵犯专利权和侵犯版权等问题的分析。

（5）其他与设计有关的供选方案：可以说明其他几个供选方案未被推荐的理由，并列出选定最终方案的准则。

（6）其他与设计有关的专门问题。

（7）结论意见：最后得出项目是否能开发，还需要什么条件才能开发，对项目目标有何变动等结论。

2.5 案例："高校小型图书管理系统"的软件开发计划书

在可行性分析之后，就可得知一个项目是否值得开发。如果值得开发，则应制订相应的软件开发计划。软件开发计划涉及所要开发项目的各个环节。计划的合理性和准确性往往关系着项目的成功与否。计划应考虑周全，要考虑未知因素和不确定因素，以及要考虑可能的修改。计划应尽量准确，尽可能提高数据的可靠性。软件开发计划是软件工程中的一种管理性文档，主要是对所要开发软件的人员、进度、费用、软件开发环境和运行环境的配置，以及硬件设备的配置等进行说明和规划，是项目管理人员对项目进行管理的依据。

软件开发计划书的主要内容如下。

（1）项目概述：说明项目的各项主要工作；说明软件的功能和性能；为完成项目应具备的条件；甲方和乙方应承担的工作、完成期限和其他限制条件；应交付的软件名称、所使用的开发语言及存储形式；应交付的文档等。

（2）实施计划：说明任务的划分，各项任务的责任人；说明项目开发进度，按阶段应完成的任务，用图表说明每项任务的开始时间和完成时间；说明项目，各阶段的费用支出预算等。

（3）人员组织及分工：说明开发该项目所需人员的类型、组成结构和数量等。

（4）交付期限：说明项目应交付的日期等。

下面是"高校小型图书管理系统"的软件开发计划书的示例。

"高校小型图书管理系统"的软件开发计划书

1 引言

1.1 编写目的

项目开发的目的是对问题进行研究，以最小的代价在最短的时间内确定问题是否可解。

团队对此项目进行详细调查研究，初拟系统实现报告，对软件开发中将要面临的问题及其解决方案进行初步设计及合理安排。明确开发风险及其所带来的经济效益。

1.2 背景

开发软件名称：图书管理系统。

项目任务提出者：×××。

项目开发者：×××。

用户：图书馆管理人员与师生。

实现软件的单位：×××。

项目与其他软件系统的关系：该系统属于客户端形式的应用程序，以方便师生前来寻找自己喜爱的书籍。为达到统一性、标准化，数据的定义、组织也要与数据库系统等底层支持系统相统一。

1.3 定义

图书管理系统是用户寻找书籍的理想平台，此系统能更为简单、方便地供借书的朋友使用。

1.4 参考文献

×××。

2 项目概述

2.1 工作内容

图书管理系统，根据用户的不同，需要实现如下功能。

(1) 提供采编人员进行书籍采集。

(2) 为用户提供图书检索服务。

(3) 用户的资料记录与用户归还图书的功能。

(4) 系统维护功能：图书类别、图书信息。

2.2 主要参加人员

×××。

2.3 产品及成果

2.3.1 程序

图书管理系统程序包和 SQL Server 数据库。

2.3.2 文档

(1) 可行性分析报告内部保存。

(2) 项目开发计划书内部保存。

(3) 需求规格说明书内部保存/客户评审。

(4) 概要设计说明书内部保存/发布。

(5) 详细设计说明书内部保存/发布。

(6) 测试计划书内部保存。

2.4 验收标准

各个功能测试通过并均能正常使用。

2.5 本计划的审核者与批准者

×××。

3 实施计划

3.1 工作任务的分解与人员的分工

组长：×× （项目经理）。

组员：××× （工程师）、×× （技术经理）、××× （程序员）。

在项目开发中，所有成员各有特长，担任不同角色，发挥了必不可缺的作用。任务分配如下。

可行性分析报告：×××。

项目开发计划书：×××。

需求规格说明书：×××。

概要设计说明书：×××。

详细设计说明书：×××。

其他工作由全体组员每人承担部分任务，共同完成。

3.2 预算

（1） 基本建设投资 30 000 元。

（2） 其他一次性支出 10 000 元。

（3） 非一次性支出 12 000 元。

综上共计 52 000 元。

3.3 关键问题

参与人员的团结精神、积极的态度和系统分析设计实现的技术能力。

4 支持条件

4.1 计算机系统支持

本软件开发需求的工作平台是：PC 主机。

运行环境：Windows。

编程语言：C#。

数据库：Microsoft SQL Server。

4.2 需要用户承担的工作

提出对旧系统的意见，并对新系统进行测试。

5 交付期限

×年×月×日。

2.6 本章小结

在软件工程项目开始时，往往先进行系统定义。系统定义后，软件的功能也初步确定，接下来要进行问题定义、可行性分析。本章首先介绍了问题定义阶段的主要任务，再介绍可行性分析。可行性分析阶段是进一步探讨问题定义阶段所确定的问题是否有可行的解。尤其对于大型软件的开发，可行性分析是必需的。这个阶段主要是从经济可行性、技术可行性、操作可行性和法律可行性 4 个方面来讨论该项目是否能够完成及是否值得去完成。通过可行性分析可以减少技术风险和投资风险，成本与效益分析是可行性分析的一项主要内容，它主要是从经济角度判断该项目是否有必要继续下去。在可行性分析中常用到系统流程图作为分析工具，系统流程图是用来表达分析员对现有系统的认识和描绘他对未来物理系统的设想的。

 **习题二**

1. 问题定义阶段的主要任务是什么？

2. 在软件开发早期阶段为什么要进行可行性分析？可行性分析的任务是什么？应该从哪几个方面研究目标系统的可行性？

3. 可行性分析的步骤是什么？

4. 成本与效益分析可用哪些指标进行度量？

5. 有人认为，只懂技术的分析员不一定能圆满完成可行性分析的任务。你同意这种看法吗？为什么？

第 3 章 需求分析

软件的需求分析是整个软件研发工作的首要任务和重要基础，是软件设计和整体目标实验与验收等后续工作的重要依据。有效的需求分析可以发现并避免出现错误，提高软件质量和开发效率、降低成本，起到事半功倍的作用。

📖 学习目标

(1) 理解软件需求分析的概念和任务、目的及原则。
(2) 熟悉软件系统需求的类型和需求分析的任务及步骤。
(3) 掌握需求分析描述工具、方法和需求规格说明书编写。

3.1　需求分析的概念和任务

3.1.1　需求分析的定义

在可行性分析中已经对用户的需求有了初步的了解，但是很多细节问题没有考虑到。可行性分析的目的是评估系统是否值得开发，而不是用来确定用户的需求。为了开发出能够真正满足用户需要的软件产品，必须明确定义用户的需求。

需求分析也称为软件需求分析、系统需求分析或需求分析工程等，是开发人员经过深入细致的调研和分析，准确理解用户所需要的项目的功能、性能、可靠性等具体要求，将用户非形式的需求表述转化为完整的需求定义，从而确定系统必须做什么的过程。

需求分析是软件开发过程中的一个重要环节，该阶段是分析系统在功能上需要"实现什么"，而不是去考虑如何"实现"。需求分析的目标是把用户对开发软件提出的需求进行分析与整理，确定软件需要实现哪些功能，完成哪些工作，确认后形成描述完整、清晰规范的文档。此外，软件的一些非功能性需求（如软件性能、可靠性、响应时间、可扩展性等），软件设计的约束条件，运行时与其他软件的关系等也是软件需求分析的目标。需求分析的成果是软件设计、软件实现、软件测试和软件维护的依据。

需求分析的质量直接影响软件项目的质量。如果需求分析中存在的问题与错误没有及时发现和更正，就会造成软件项目延期交付，开发成本提高，软件质量降低，严重的还可能会导致整个软件项目的失败。在对以往失败的软件工程项目进行失败原因分析和统计过程中发现，因需求不完整而导致失败的项目占约 13.1%，缺少用户参与导致项目失败约占 12.5%，需求和需求规格说明书更改约占 8.7%。可见约 1/3 的项目失败都与需求有关。欧洲软件协会在 1996 年对欧洲 17 个国家超过 3 800 个组织进行调查后发现，关于需求规格说明不清和需求管理缺陷是软件开发当中最常见的两类重要问题。这些调查数据表明和软件需求相关的因素为软件项目所带来的风险和问题已经超过了所有其他因素，需求分析成为软件开发过程中的关键环节。

3.1.2 需求的类型

根据 IEEE（1998）的标准，需求可分为以下 5 种类型。

（1）功能需求：功能需求是软件系统最基本的需求，是和系统主要工作相关的需求，即在不考虑物理约束的情况下，用户希望系统能够执行的活动，这些活动可以帮助用户完成任务。功能需求主要表现为系统和环境的行为交互。

（2）性能需求：系统整体或系统组成部分应该拥有的性能特征，一般包括速度（响应时间）、信息量速率（吞吐量、处理时间）和存储容量等方面的需求。

（3）质量属性：系统完成工作的质量及系统需要在一定"好的程度"上实现功能需求，例如可靠性程度、可维护性程度等。

（4）对外接口：系统和环境中其他系统之间需要建立的接口，包括硬件接口、软件接口、数据库接口等。

（5）约束：进行系统构造时需遵守的约束，例如编程语言、硬件设施等。

其中，除功能需求之外的其他 4 类需求又统称为非功能性需求，质量属性对系统成败的影响极大，因此在某些情况下非功能性需求又被用来特指质量属性。

3.1.3 需求分析的原则

需求分析的原则主要有 3 个。

（1）需求分析是一个过程，应该贯穿于系统的整个生命周期中，而不仅仅是生命周期早期的一项工作。

（2）需求分析是一个迭代的过程。由于市场的变化会导致用户业务的变化及用户本身对新系统要求的模糊性，用户的需求不能一次性描述到位，在通常的情况下，会随着项目的进展发生变化。所以，在项目开发中应该对系统需求的变更进行管理，以确保项目的开发和需求保持一致。

（3）为了方便需求评审和后续的软件开发工作，需求的表述应该是清晰的、准确的，并且是可测量的。

3.1.4 需求分析的任务

需求分析的任务有以下 3 个。

（1）需求确定：用户与开发者双方确定对软件的综合需求，这些需求包括功能需求、性能需求、环境需求、用户界面需求等。

（2）分析与综合，导出软件的分析模型：在结构化分析方法中，采用的模型通常包括数据模型、功能模型和行为模型。

（3）编写文档：通过软件需求规格说明书的形式表达用户需求。软件需求规格说明书是需求评审的依据，也是后续系统设计的基础。

3.1.5　需求分析的步骤

需求分析阶段的工作，可以分为四个步骤：需求获取、分析建模、编制文档、评审。

1. 需求获取

需求获取就是收集并明确用户需求的过程。归纳整理用户提出的各种问题和要求，弄清用户企图通过软件达到的目的，并把它作为要求和条件予以明确。系统分析人员借助各种工具和方法，获得对用户需求的基本理解，然后在需求获取方法的驱动和指导下，从非正式需求陈述中提取出用户的实际需求，确定对所开发系统的综合要求，并提出这些需求的实现条件，以及需求应该达到的标准。这些需求包括功能需求、性能需求、质量属性、对外接口、约束、环境需求、可靠性需求、安全保密需求、用户界面需求、资源使用需求、软件成本消耗与开发进度需求、预先估计以后系统可能达到的目标。在需求获取的初期，用户的需求一般是模糊和凌乱的，需要系统分析人员选取较好的需求获取方法，提炼出逻辑性强的需求。

2. 分析建模

根据获取的用户需求，建立起系统的分析模型。模型是为了理解事物而对事物做出的一种抽象，通常由一组符号和组织这些符号的规则构成。对开发系统建立各种角度的模型，有助于人们更好的理解问题。分析模型包括三个模型，分别是功能模型、数据模型和行为模型。

3. 编制文档

用准确、简练、无二义性的语言将用户需求规格化为软件需求规格说明书，使用户和开发人员对待开发的软件有共同的理解。软件需求规格说明书同时还是软件测试、验收和交付的基准。软件需求规格说明书主要描述软件部分的需求，包括待开发软件系统的业务模型、功能模型、数据模型、行为模型的内容。

一般情况下，对于复杂的软件系统，需求阶段会产生 3 个文档：系统定义文档（用户需求报告）、系统需求文档（系统需求规格说明书）、软件需求文档（软件需求规格说明书）。而对于简单的软件系统而言，需求阶段只需要输出软件需求文档就可以了。

4. 评审

对需求获取、需求定义等进行全面审查，力图发现需求分析中的错误和缺陷，最终确认软件需求规格说明书。同时，以软件需求规格说明书为输入，通过快速原型等方法，向用户展示需求规格说明书所描述的系统外部行为和相应特征。

3.2　获取需求的方法

3.2.1　用户需求

在需求分析过程中，系统分析人员通过研究用户在软件系统上的需求意愿，分析出软件系统在功能、性能、数据等诸多方面应该达到的目标，从而获得有关软件的需求规格定义，这达成的是对系统的一致性需求认识。用户需求是用户关于软件的一系列意图、想法的集中体现，涉及软件的操作方式、界面风格、报表格式，用户机构的业务范围、工作流程，以及用户对于软件应用的发展期望等。综合起来，应该获取用户需求的内容如下。

（1）用户的组织机构，包括该组织的部门组成、各部门的职责等。这些内容将作为分析软件系统领域边界的基本依据。

（2）用户各部门的业务活动，包括各个部门输入和使用什么数据，如何加工处理这些数据，输出什么数据，输出到什么部门等。这是需求获取的重点内容，其结果将作为分析软件系统工作流程的基本依据。

（3）用户对软件系统的各项具体要求，包括数据格式、操作方式、工作性能、安全、保密等方面的要求。

用户需求需要以文档的形式提供给用户审查，因此需要使用流畅的自然语言或简洁清晰的直观图表来进行表述，以方便用户的理解与确认。用户需求主要是为用户方管理层撰写的，但用户方的技术人员，软件系统今后的操作者，以及开发方的高层技术人员，也有必要认真阅读用户需求文档。

3.2.2 系统需求

系统需求是比用户需求更具有技术特性的需求陈述，提供给开发者或用户方技术人员阅读，并将作为软件开发人员设计系统的起点与基本依据。系统需求需要对系统在功能、性能、数据等方面进行规格定义。系统需求涉及有关软件的一系列技术规格，包括功能、数据、性能、安全、界面等诸多方面的问题。

1. 功能需求

功能需求是有关系统的最基本的需求表述，用于说明系统应该做什么，涉及软件系统的功能特征、功能边界、输入输出接口、异常处理方法等方面的问题。在结构化方法中，往往通过数据流图来说明系统对数据的加工过程，它能够在一定程度上表现出系统的功能动态特征。也就是说，可以使用数据流图建立软件系统的功能模型。

2. 数据需求

数据需求用于对系统中的数据，包括输入数据、输出数据、加工中的数据、保存在存储设备上的数据等，进行详细的用途说明与规格定义。在结构化方法中，往往使用数据字典对数据进行全面准确的定义。如数据的名称、别名、组成元素、出现的位置、出现的频率等。当所要开发的软件系统涉及对数据库的操作时，还可以使用实体-联系图（E-R图）对数据库中的数据实体、数据实体之间的关系等进行描述。

3. 其他需求

其他需求是指系统在性能、安全、界面等方面需要达到的要求。

3.2.3 获取需求过程中的典型问题

分析人员在获取需求的过程通常会遇到很多问题，以下列举4个典型问题。

（1）如何理解问题。大多数情况下，软件开发人员不是问题领域专家。但是要准确、完整地获取需求必须对问题具有深入的理解与把握。许多问题即使是用户方业务人员也可能没有自觉的认识，所以要求系统分析人员对问题领域进行学习。

（2）分析人员与用户的通信问题。分析人员对问题的理解必须从信息处理要求出发，而用户更多的考虑是本身的业务领域。与用户建立相互信任、有效的沟通是分析人员的首要任务。

（3）用户需求的可变性。用户需求通常是不断变化的，而软件开发人员则希望将需求冻结在某一时刻。影响用户需求变化的因素可能是用户业务领域的扩充或者转移、市场竞争的要求、用户主管人员的变更等。因此分析人员只能接受需求不断变化的事实，在项目开发过程中做好需求变更的管理。

（4）确认有效需求。可以把用户需求理解为用户对软件的合理要求，满足用户需求并不是开发者对用户的盲目顺从，而是建立在开发者和用户共同讨论、相互协商基础上的共同追求。

3.2.4　需求获取的方法

优秀软件产品总是能够最大限度地满足用户需求。因此，有效获取用户需求，是实施软件开发时需要完成的第一项工作。在调查过程中，可以根据不同的问题和条件，使用不同的调查方法。比较常用的调查方法有以下几种。

（1）单个访谈。单个访谈就是面对面地跟单个用户进行对话。例如，请用户机构高层人员介绍用户的组织结构、业务范围、对软件应用的期望。在访谈之前，分析人员需准备好问题，引导用户发表自己的真实想法。

（2）开座谈会。当需要对用户机构的诸多部门进行业务活动调查与商讨时，可以考虑采用开一个座谈会的方式。这既有利于节约调查时间，又能使各部门之间就业务问题进行协商，以方便对与软件有关的业务进行合理分配与定位。

（3）问卷调查。问卷调查一般是通过精心设计的调查表去调查用户对软件的看法。当面对一个庞大的用户群体时，可能需要采用问卷调查形式进行用户调查。例如在开发通用软件时，为了获得广大用户对软件的看法，就不得不采取问卷方式。如果调查表设计得合理，这种方法很有效，也易于为用户所接受。

（4）实地操作。实地操作就是分析人员亲身参加用户单位业务工作，由此可直接体验用户的业务活动情况。这种方法可以更加准确地理解用户的需求，但比较耗费时间。

（5）收集用户资料。尽管有待开发的软件需要在较长时间以后才能交付用户使用，但用户却一直在以其他方式或通过其他系统进行着工作，并且也一直在产生结果。用户资料主要就是指这些结果，例如，年度汇总报表、提货单、工资表等。软件分析人员应该认真收集这些资料，由此可以更加清楚地认识用户的软件需求。

（6）建立原型。需求原型可用来收集用户需求，对用户需求进行验证，可帮助用户克服对软件需求的模糊认识，并使用户需求能够更加完整地表达。原型需要根据用户的评价而不断修正，这也有利于挖掘用户的一些潜在需求，使用户需求能够更加完整地、准确地表达出来。一般情况下，开发人员将软件系统中最能够被用户直接感受的那一部分东西构造成为原型。在诸多原型中，界面原型是应用得最广泛的原型。

3.2.5　需求验证

需求分析的第四步是验证以上需求分析的成果。需求分析阶段的工作成果是后续软件开发的重要基础，为了提高软件开发的质量，降低软件开发的成本，必须对需求的正确性进行严格的验证，确保需求的一致性、完整性、现实性和有效性。确保设计与实现过程中的需求的可回溯性，并进行需求变更管理。需求分析步骤示意图如图3-1所示。

图3-1　需求分析步骤示意图

3.2.6　需求管理

为了更好地进行需求分析并记录需求结果，需要进行需求管理。需求管理是一种用于查找、记录、组织和跟踪系统需求变更的系统化方法。可用于以下两个方面。

（1）获取、组织和记录系统需求。

（2）为了能够让客户和项目团队更容易地对有效的需求达成一致，有效需求管理需要着重注意维护需求的明确阐述、每种需求类型所适用的属性，以及与其他需求和其他项目工件之间的可追踪性。

需求管理是一组活动，用于在软件开发的过程中标识需求、控制需求、跟踪需求，并对需求变更进行管理。

需求管理实际上是项目管理的一个部分，它涉及3个主要方面。

（1）识别、分类和组织需求，并为需求建立文档。

（2）关注需求变化。在如何提出、如何协商、如何验证，以及如何形成文档的过程中需求不可避免会发生变化。

（3）注意需求的可跟踪性，即要关注需求与其来源、后继制品及其他相关需求之间相互依赖的程度。

3.3　需求分析工具与方法

3.3.1　结构化分析方法

结构化分析（Structured Analysis，SA）方法是面向数据流的需求分析方法，约在1978年由汤姆·狄马克（Tom DeMark）等人提出，并得到广泛的应用。结构化分析方法适合于分析大型的数据处理系统，特别是企事业管理系统。

结构化分析的核心是数据。数据包括在分析、设计和实现中涉及的概念、术语、属性等所有内容，并把这些内容定义在数据字典中。围绕数据字典，完成功能模型、数据模型和行为模型的结构化建模过程，如图 3-2 所示。

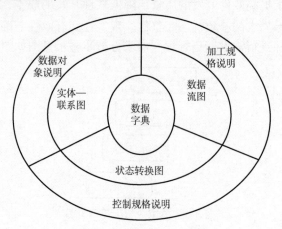

图 3-2　结构化建模过程图

围绕数据字典的图有三种，分别是数据流图（Data Flow Diagram，DFD）、实体–联系图（Entity Relationship Diagram）和状态转换图（State Transform Diagram，STD）。数据流图指出数据在软件系统中流动时怎样变换，以及描述变换数据流的功能和子功能，用于功能建模；实体–联系图，用于描述数据之间的联系及数据的属性，用于数据建模；状态转换图通过描述系统的状态和引起系统状态转换的事件，来表示系统的行为，指出作为特定事件的结果将执行哪些动作（如处理数据等），用于行为建模。每种建模方法对应各自的表达方式和规约，描述系统某一方面的需求，他们都基于同一份数据描述及数据字典。

3.3.2　数据流图

数据流图是结构化建模中最流行的功能建模工具。数据流图描述从数据输入、数据转换到数据输出的全过程，实现对系统功能建模的支持。

1. 数据流图的符号表示

在数据流图中存在 4 种表示符号。

（1）数据流：由一组固定成分的数据组成，表示数据的流向。值得注意的是，数据流图中描述的是数据流，而不是控制流。除了流向数据存储或从数据存储流出的数据不必命名外，每个数据流必须要有一个合适的名字，以反映该数据流的含义。

（2）加工：也称为数据处理或数据变换，加工描述了输入数据流到输出数据流之间的变换，也就是输入数据流经过什么处理后变成了输出数据流。每个加工都有一个名字和编号。编号能反映该加工位于分层的数据流图的哪个层次和哪张图中，能够看出它是由哪个加工分解出来的子加工。

（3）数据存储。

数据存储表示暂时存储的数据。每个数据存储都有一个名字。

（4）外部实体。

外部实体是指存在于软件系统之外的人员、组织或其他系统，它指出数据的发源地或系统所产生的数据的归属地。

数据流图主要分为 Demarco-Yourdon 和 Gane-Sarson 两种表示方法，其符号约定如表 3-1 所示。

表 3-1　数据流图表示符号

名称	符号	
	Demarco-Yourdon	Gane-Sarson
外部实体	▭	▭
数据流	→	→
加工	○	▱
数据存储	═	▱

2. 分层数据流图

在实际应用中，一般是采用分层的数据流图来描述软件系统，其步骤如下。

（1）从问题描述中分析系统的外部实体、数据存储、数据流（输入/输出流）。

（2）根据（1）的结果画出基本系统数据流图，称为顶层图。顶层图只包含一个加工，用以表示被开发的系统，然后考虑该系统有哪些输入数据流和输出数据流。顶层图的作用在于表明被开发系统的范围以及它和周围环境的数据交换关系。

（3）把（2）得到的基本系统模型各个加工逐层分解，直到分解为基本加工（不能再分解的加工）。

根据结构化需求分析采用的"自顶向下，由外到内，逐层分解"的思想，开发人员要先画出系统顶层的数据流图，再逐层画出低层的数据流图。顶层的数据流图要定义系统范围，并描述系统与外界的数据联系，它是对系统架构的高度概括和抽象。底层的数据流图是对系统某个部分的精细描述，如图 3-3 所示。

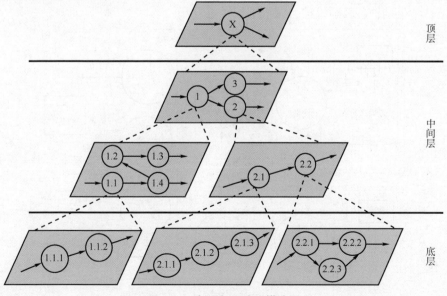

图 3-3　自顶向下分层描述图

数据流的导出是一个逐步求精的过程，要遵守的原则如下。

（1）顶层数据流图应将软件描述为一个加工，加工名称为系统名称。

（2）主要的输入数据流和输出数据流应该仔细标记。

（3）通过把在下一层表示的候选处理过程、数据对象和数据存储分离，开始求精过程。

（4）应该使用有意义的名称标记所有的数据流和加工。

（5）一次精化一个加工。

例如某大学准备开发一个学生注册课程系统，学生可以使用该系统查询新学期将开设的课程和讲课教师情况，选择自己要学习的课程进行登记注册，并可以查询成绩单；教师可以使用该系统查询新学期将开设的课程和选课学生情况，并可以登记成绩单；注册管理员可以使用该系统进行注册管理，包括维护教师信息、学生信息和课程信息等。

1）顶层数据流图（0层数据流图）

将整个系统看作一个过程/加工，提供和接收数据的外部实体在系统之外，其他任何事情属于系统范围。由于数据存储属于系统内部，因此不出现在顶层数据流图中。学生注册课程系统顶层数据流图如图3-4所示。

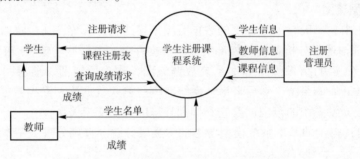

图3-4 学生注册课程系统顶层数据流图

2）数据流图分解

对顶层数据流图进行细化，得到1层数据流图，如图3-5所示。在细化时要注意遵循上述各项原则。软件可被细化为7个加工，分别为学生注册、成绩查询、提供学生名单、成绩登记、学生维护、教师维护、课程维护。

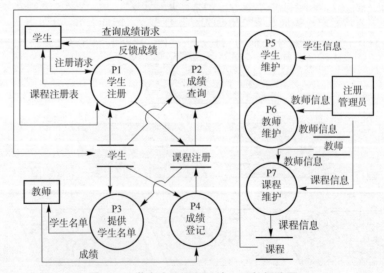

图3-5 学生注册课程系统1层数据流图

同理，对"P5 学生维护"进行分解，可得 2 层数据流图，如图 3-6 所示。

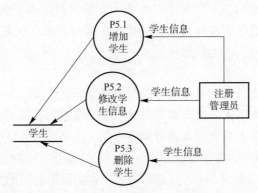

图 3-6　学生注册课程系统的 2 层数据流图中的"学生维护"部分

其他加工可以进行类似处理，如"P6 教师维护"和"P7 课程维护"，都可以进行分解，这里就不再继续，学生课后自己分解。

3. 绘制数据流图的注意事项

（1）加工不一定是一个程序或一个模块，可以是一个连贯的处理过程。

（2）数据存储是指输入或输出文件或数据库表，还可能是数据项或者用来组织数据的中间数据。

（3）数据流和数据存储是不同状态的数据，数据流属于流动状态的数据，数据存储属于静止状态的数据。

（4）当目标系统的规模较大时，为了描述清楚和易于理解，通常采用逐层分解的方法画出分层的数据流图，在分解时要考虑自然性、均匀性和分解度。自然性是指观念上要合理和清晰；均匀性是指尽量将一个大问题分解为规模均匀的若干部分；分解度是指分解的维度，一般每个加工每次分解最多不超过 7 个加工，应分解到基本加工为止。

（5）数据流分层细化时必须保持信息的连续性。细化前后对应功能的输入和输出数据必须相同。

（6）子加工的编号在父加工编号后加上". 序号"，例如，将"P5 学生维护"分解为 3 个子加工，3 个子加工的编号分别为"P5.1""P5.2"和"P5.3"。

3.3.3　实体—联系图

数据建模是在概念层对数据库的结构进行建模，数据模型用实体—联系图描述。实体—联系图可以明确地描述待开发系统的概念数据模型。实体—联系图也简称为 E-R 图。

1. E-R 图的 3 个基本要素

E-R 图的 3 个基本要素为实体、属性和联系。

1）实体

一般认为，客观上可以相互区分的事物就是实体，实体可以是具体的人和物，也可以是抽象的概念。用实体名及其属性名集合来抽象和刻画同类实体。在 E-R 图中用矩形表示，矩形框内写明实体名。

2）属性

实体所具有的某一特性，一个实体可由若干个属性来刻画，例如学生的姓名、学号、性别都是属性。属性不能脱离实体，属性是相对实体而言的。在 E-R 图中用椭圆形表示，并用无向边将其与相应的实体连接起来。

3）联系

联系也称关系或约束，在信息世界中反映实体之间的关联。在 E-R 图中用菱形表示，菱形框内写明联系名，并用无向边分别与有关实体连接起来，同时在无向边旁标上联系的类型。要注意的是，联系本身也可以具有属性。

实体-联系数据模型中的联系型，存在 3 种一般性联系：一对一联系（约束）、一对多联系（约束）和多对多联系（约束），它们用来描述实体集之间的数量联系。

（1）一对一联系（1∶1）。

对于两个实体集 A 和 B，若 A 中的每一个值在 B 中至多有一个实体值与之对应，反之亦然，则称实体集 A 和 B 具有一对一的联系。例如，一个学校只有一个正校长，而一个校长只在一个学校中任职，则学校与校长之间具有一对一联系。

（2）一对多联系（1∶N）。

对于两个实体集 A 和 B，若 A 中的每一个值在 B 中有多个实体值与之对应，反之 B 中每一个实体值在 A 中至多有一个实体值与之对应，则称实体集 A 和 B 具有一对多的联系。例如，一个专业中有若干名学生，而每个学生只在一个专业中学习，则专业与学生之间具有一对多联系。

（3）多对多联系（M∶N）。

对于两个实体集 A 和 B，若 A 中每一个实体值在 B 中有多个实体值与之对应，反之亦然，则称实体集 A 与实体集 B 具有多对多联系。例如，表示学生与课程间的联系"选修"是多对多的，即一个学生可以学多门课程，而每门课程可以有多个学生来学。

2. E-R 图设计的方法

在设计 E-R 图时，一般使用先局部后全局的方法。

（1）选择局部应用：根据某个系统的具体情况，在多层的数据流图中选择一个适当层次的数据流图作为设计分 E-R 图的出发点。由于高层的数据流图只能反映系统的概貌，而中层的数据流图能较好地反映系统中各局部应用的子系统组成，因此人们往往以中层数据流图作为设计分 E-R 图的依据。

（2）逐一设计分 E-R 图：将数据字典中的数据抽取出来，参照数据流图，设计出分 E-R 图，再作必要的调整。

（3）调整原则：应简化数据模型尽量将现实世界中的事物能作为属性对待的，且属性应该是不可分割的数据项，不能包含其他属性。

（4）综合分 E-R 图为整体 E-R 图：在整体 E-R 图中，不能出现实体命名冲突，如果出现了要对实体重新命名。

从图 3-5 出发，学生注册课程系统的 E-R 图分析过程如下。

（1）找出实体。

实体一般从数据流和数据存储中去查找，数据存储有 4 个，分别是学生、教师、课程、课程注册。数据流有注册请求、课程注册表、成绩、学生名单、查询成绩请求、学生信息、教师信息、课程信息。通过分析，注册请求、学生信息、学生名单对应的实体都是学生；教师信息对应的实体是教师；课程信息对应的实体是课程。学生查询的课程注册表、录入的成绩和学生查询的成绩来源都是课程注册，所以实体为课程注册。因此整个系统的实体有4个，分别为学生、教师、课程、课程注册。

（2）找出每个实体的属性，学生属性有学号、姓名、性别、专业、班级、登录密码；教师的属性有职工号、姓名、性别、职称；课程属性有课程号、课程名、学时、学分；课程注册属性有学期、学号、课程号、成绩。

（3）找出实体间的联系。教师与课程是多对多的联系；课程与课程注册是一对多的联系，学生与课程注册是一对多的联系。

综合之后，可得到学生注册课程系统E-R图，如图3-7所示。

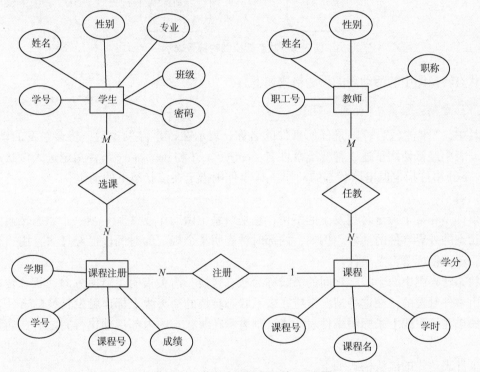

图3-7 学生注册课程系统E-R图

3.3.4 状态转换图

状态转换图应用在软件工程的需求分析阶段。状态模型是一种描述系统对内部或者外部事件响应的行为模型。它描述系统状态和事件，以及事件引发系统在状态间的转换。这种模型适用于描述实时系统。

1. 状态

状态是任何可以被观察到的系统行为模式，一个状态代表系统的一种行为模式。状态规定了系统对事件的响应方式。系统对事件的响应，既可以是做一个（或一系列）动作，也可以是仅仅改变系统本身的状态，还可以是既改变状态又做动作。

在状态转换图中定义的状态主要有：初态（即初始状态）、终态（即最终状态）和中间状态。在一张状态转换图中只能有一个初态，而终态则可以有多个。在状态转换图中，初态用实心圆表示，终态用一对同心圆（内圆为实心圆）表示。中间状态用圆角矩形表示，可以用两条水平横线把它分成上、中、下 3 个部分。上面部分为状态的名称，这部分是必须有的；中间部分为状态变量的名字和值，这部分是可选的；下面部分是活动表，这部分也是可选的。状态转换图的符号表示如图 3-8 所示。

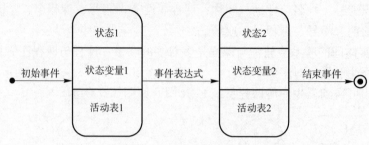

图 3-8　状态转换图的符号表示

状态转换图中的活动表的语法格式如下。

事件名(参数表)/动作表达式

其中，"事件名"可以是任何事件的名称。表示在该事件发生后，将会触发的动作。在活动表中经常使用下述 3 种标准事件名：entry，exit 和 do。entry 事件指定进入该状态的动作，exit 事件指定退出该状态的动作，do 事件则指定在该状态下的动作。

2. 事件

事件是在某个特定时刻发生的事情，它是对系统做动作或（和）从一个状态转换到另一个状态的外界事件的抽象。例如，内部时钟表明某个规定的时间段已经过去，用户移动鼠标、单击鼠标等都是事件。

状态转换图中两个状态之间的箭线称为状态转换，箭头指明了转换方向。状态转换通常是由事件触发的，在这种情况下应在表示状态转换的箭头线上标出触发转换的事件表达式；如果在箭头线上未标明事件表达式，则表示在源状态的内部活动执行完之后自动触发转换。

事件表达式的语法格式如下。

事件说明[守卫条件]/动作表达式

其中，事件说明的语法为：事件名（参数表）。

守卫条件是一个布尔表达式。如果同时使用事件说明和守卫条件，则当且仅当事件发生且布尔表达式为真时，状态转换才发生。如果只有守卫条件没有事件说明，则只要守卫条件为真，状态转换就发生。动作表达式是一个过程表达式，当状态转换开始时执行该表达式。

3. 状态转换图示例

为了具体说明怎样用状态转换图建立系统的行为模型，下面举一个例子。

【例 3-1】图 3-9 为人们非常熟悉的电话系统的状态转换图。图中表明，没人打电话时电话处于闲置状态；有人拿起听筒则进入拨号音状态，这时电话的行为是响起拨号音并计时；如果拿起听筒的人改变主意不想打电话了，他把听筒放下（挂断），电话又回到闲置状态；如果拿起听筒很长时间不拨号（超时），则进入超时状态……

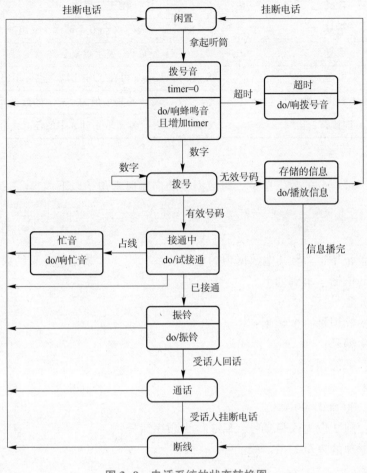

图 3-9　电话系统的状态转换图

3.3.5　数据字典

分层数据流图只是表达了系统的"分解"，为了完整地描述这个系统，还需对图中的每个数据和加工给出解释。数据字典的作用就是对数据流图进行描述，它是数据流图中包含的所有元素定义的集合，是对数据流图的补充。数据字典通常包括数据项、数据结构、数据流、数据存储和加工五个部分。

在建立数据字典时，可采用以下符号进行描述，如表 3-2 所示。

表 3-2　数据字典中的符号表

符号	含义	例子及说明
=	被定义为	报名号=学名，表示报名单被定义为学号
+	与	报名单=报名号+姓名，表示报名单由报名号和姓名组成
[…|…]	或	性别=［男｜女］，表示性别是男或女

符号	含义	例子及说明
{…}	重复	X={a}，表示 X 由 0 个或多个 a 组成
m{…}n	重复	X=2{a}6，表示重复 2~6 次 a
(…)	可选	X=(a)，表示 a 可在 X 中出现，也可不出现
"…"	基本数据元素	X="a"，表示 X 是取值为字符 a 的数据元素
..	连接符	X=1..9，表示 X 可取 1 到 8 中的任意一个值

1. 数据项

数据项是不可再分的数据单位。对数据项的描述通常包括以下内容：

> 数据项描述={数据项名,说明,别名,数据类型,长度,取值范围,取值含义,与其他数据项的逻辑关系}

其中"取值范围""与其他数据项的逻辑关系"定义了数据的完整约束条件，是设计数据检验功能的依据。示例如下。

数据项名：学号；

说明：唯一标识每一个学生；

别名：学生编号；

数据类型：字符型；

长度：8；

取值范围：00 000~99 999；

取值含义：前 2 位为入学年号，后 3 位为顺序编号；

与其他数据项的逻辑关系：（无）。

2. 数据结构

数据结构反映了数据之间的组合关系。一个数据结构可以由若干个数据项组成，也可以由若干个数据结构组成，还可以由若干个数据项和数据结构混合组成。对数据结构的描述通常包括以下内容：

> 数据结构描述={数据结构名,说明,组成:{数据项或数据结构}}

示例如下。

数据结构名：学生；

说明：是学籍管理子系统的主体数据结构，定义了一个学生的有关信息；

组成：学生=学号+姓名+性别+年龄+所在系。

3. 数据流

数据流是数据结构在系统内传输的路径。对数据流的描述通常包括以下内容：

> 数据流描述={数据流名,说明,数据流来源,数据流去向,组成:{数据结构},平均流量,高峰期流量}

其中"数据流来源"是说明该数据流来自哪个加工。"数据流去向"是说明该数据流将到哪个加工去。"平均流量"是指在单位时间（每天、每周、每月等）里的传输次数。"高峰期流量"则是指在高峰时期的数据流量。

示例如下。

数据流名：选课信息；

说明：学生所选课程信息；

数据流来源："学生选课"处理；

数据流去向："学生选课"存储；

组成：选课信息＝学号＋课程号；

平均流量：每天10个；

高峰期流量：每天100个。

4. 数据存储

数据存储是数据结构停留或保存的地方，也是数据流的来源和去向之一。对数据存储的描述通常包括以下内容：

数据存储描述＝｛数据存储名,说明,编号,流入的数据流,流出的数据流,组成:｛数据结构｝,数据量, 存取方式｝

其中"数据量"是指每次存取多少数据,每天(或每小时、每周等)存取几次等信息。"存取方法"包括是批处理还是联机处理;是检索还是更新;是顺序检索还是随机检索等。另外"流入的数据流"要指出其来源,"流出的数据流"要指出其去向。

示例如下。

数据存储名:学生选课；

说明:记录学生所选课程的成绩；

编号:(无)；

流入的数据流:[选课信息|成绩信息]；

流出的数据流:[选课信息|成绩信息]；

组成:学生选课＝学号＋课程号＋成绩；

数据量:50 000个记录；

存取方式:随机存取。

5. 数据处理（加工）

数据字典中只需要描述数据处理过程的说明性信息，通常包括以下内容：

数据处理描述＝｛数据处理名,说明,输入:｛数据流｝,输出:｛数据流｝,处理:｛简要说明｝｝

其中"简要说明"中主要说明该处理过程的功能及处理要求。功能是指该处理过程用来做什么（而不是怎么做）；处理要求包括处理频度要求（如单位时间里处理多少事务、多少数据量），响应时间要求等，这些处理要求是后面物理设计的输入及性能评价的标准。

示例如下。

数据处理名：学生选课；

说明：学生从可选修的课程中选出课程；

输入：学生＋课程；

输出：学生选课；

处理：每学期学生都可以从公布的选修课程中选修自己愿意选修的课程，选课时有些选修课有选修要求，要保证选修课程的上课时间不能与该生必修课程的上课时间冲突，每个学生 4 年内的选修课门数不能超过 8 门。

3.4　需求规格说明书编写

一般来说，软件需求规格说明书的格式根据项目的具体情况有所变化，没有统一的标准。下面是一个可以参照的软件需求规格说明书的模板。

3.4.1　概述

1. 用户简介

列出本软件的最终用户的特点，充分说明操作人员、维护人员的教育水平和技术专长，以及本软件的预期使用频度。这些是软件设计工作的重要约束。

2. 项目的目的与目标

项目的目的是对开发本系统的意图的总概括。

项目的目标是将目的细化后的具体描述。项目目标应是明确的、可度量的、可以达到的，项目的目标应能确保项目的范围可以达到。

对于项目的目标可以逐步细化，以便与系统的需求建立对应关系，检查系统的功能是否覆盖了系统的目标。

3. 术语定义

列出本文件中用到的专门术语的定义和外文首字母缩写词的原词组。

4. 参考资料

列出相关的参考资料，举例如下。

（1）本项目的经核准的计划任务书或合同及上级机关的批文。

（2）属于本项目的其他已公布的文件。

（3）本文件中各处引用的文件和资料，包括所要用到的软件开发标准。

列出这些文件资料的标题、文件编号、发表日期和出版单位，说明得到这些文件资料的来源。

5. 相关文档

（1）项目开发计划。

（2）概要设计说明书。

（3）详细设计说明书。

6. 版本更新信息

版本更新记录如表 3-3 所示。

表 3-3　版本更新记录

版本号	创建者	创建日期	维护者	维护日期	维护纪要
v1.0	张三	2021/9/1	—	—	—
v1.0.1	—	—	李斯	2022/10/1	业务模型维护

3.4.2　目标系统描述

1. 组织结构与职责

将用户的组织结构逐层详细描述，建议采用树状的组织结构图进行表达，每个部门的职责也应进行简单的描述。组织结构是用户企业业务流程与信息的载体，对分析人员理解企业的业务、确定系统范围很有帮助。取得用户的组织结构是需求获取步骤中的工作任务之一。

2. 角色定义

用户环境中的企业角色和组织结构一样，也是分析人员理解企业业务的基础，是需求获取的工作任务，同时也是分析人员的基础。对每个角色的授权可以进行详细的描述，建议采用表格的形式，如表 3-4 所示。对用户角色的定义包括系统使用后的系统管理人员。

表 3-4　角色定义

编号	角色	所在部门	职责	相关业务
1001	订购员	图书馆	图书订购、合同签订、出版社选择	入库、合同管理

3. 作业流程或业务模型

目标系统的作业流程是对现有系统作业流程的重组、优化与改进。企业首先要有一个总的业务流程图，将企业中各种业务之间的关系描述出来，然后对每种业务进行详细的描述，使业务流程与部门职责结合起来。详细业务流程图可以采用直式业务流程图、用例图或其他示意图的形式。图形可以将流程描述得很清楚，但是要附加一些文字说明，如关于业务发生的频率、意外事故的处理和高峰期的业务频率等，不能在流程图中描述的内容，需要用文字进行详细描述。

4. 单据、账本和报表

用户使用的正式单据、账本和报表等要进行穷举、分类和归纳。单据、账本和报表是用户信息的载体，是进行系统需求分析的基础，无论采用哪种分析方法，这都是必不可少的信息源。

1）单据

因为单据上的数据是原始数据，所以一种单据一般对应一个实体，一个实体一般对应一张基本表。单据的格式可用表格描述，如表 3-5 所示。

表 3-5　单据的描述格式

单据内容	描述
单据名称	
用途	
使用单位	
制作单位	
频率	
高峰时数据流量	

各数据项的详细说明如表 3-6 所示。

表 3-6　各数据项的详细说明

版本号	创建者	创建日期	维护者	维护日期	维护纪要

单据数据项说明如表 3-7 所示。

表 3-7　单据数据项说明

序号	数据项中文名	数据项英文名	数据类型、长度、精度	数据项取值范围	主键/外键

2）账本

因为账本上的数据是统计数据，所以一个账本一般对应一张中间表，账本的格式可用表格描述，如表 3-8 所示。

表 3-8　账本的描述格式

账本内容	描述
账本名称	
用途	
使用单位	
制作单位	
频率	
高峰时数据流量	

账本数据项的详细说明如表 3-9 所示。

表 3-9　账本数据项的详细说明

序　号	数据项中文名	数据项英文名	数据类型、长度、精度	数据项算法

3）报表

因为报表上的数据是统计数据，所以一个报表一般对应一张中间表，报表的格式可用表格描述，如表 3-10 所示。

表 3-10 报表的描述格式

报表的内容	描述
报表名称	
用途	
使用单位	
制作单位	
频率	
高峰时数据流量	

报表数据项的详细说明如表 3-11 所示。

表 3-11 报表数据项的详细说明

序　号	数据项中文名	数据项英文名	数据类型、长度、精度	数据项算法

5. 可能的变化

对于目标系统将来可能会有哪些变化，需要在此描述。变化是永恒的，系统分析人员需要描述哪些变化可能引起系统范围变更。

3.4.3 目标系统功能需求

1. 系统功能需求

需求规格说明书采用功能需求点列表或者用例模型的方式对目标系统的功能需求进行详细描述。功能需求描述可以提供给后续设计、编程和测试中使用，也可以在用户测试验收中使用。功能需求点列表的格式如表 3-12 所示。

表 3-12 功能需求点列表的格式

编号	功能名称	使用部门	使用岗位	功能描述	输入	系统响应	输出

2. 系统性能需求

1）性能需求描述

详细列出用户性能需求点列表，是为了在后续分析、设计、编程和测试中使用，更是为了用户测试验收中使用。性能需求点列表的格式如表 3-13 所示。

表 3-13　性能需求点列表的格式

编号	性能名称	使用部门	使用岗位	性能描述	输入	系统响应	输出

2）目标系统界面需求描述

界面需求包括：界面的原则要求，如方便、简洁、美观和一致等；整个系统的界面风格定义；某些功能模块的特殊的界面要求。

（1）输入设备：键盘、鼠标、条码扫描器和扫描仪等。

（2）输出设备：显示器、打印机、光盘刻录机、磁带机和音箱等。

（3）显示风格：图形界面、字符界面和 IE 界面等。

（4）显示方式：1 920×1 080 等。

（5）输出格式：显示布局、打印格式等。

3）接口需求描述

（1）与其他系统的接口，如与监控系统、控制系统、银行结算系统、税控系统、财务系统、政府网络系统及其他系统等的接口。

（2）与系统特殊外设的接口，如与 CT 机、核磁共振仪、柜员机（ATM）、IC 卡和盘点机等的接口。

（3）与中间件的接口，要列出接口规范、入口参数、出口参数和传输频率等。接口需求点列表如表 3-14 所示。

表 3-14　接口需求点列表

编号	接口名称	接口规范	接口标准	入口参数	出口参数	传输频率

3.4.4　目标系统其他需求

1. 安全性

这是指需要保证用户数据信息的安全，应设有防火墙等安全措施，以防止未经授权的访问和数据泄露。

2. 可靠性

系统在尽可能满足用户功能需求同时，应保证系统可靠运行，这意味着系统需要在大多数情况下都能稳定、可靠地运行。

3. 灵活性

开发人员应根据用户群体特，修改默认参数和操作方式，即系统应能够适应不同的使用场景和用户偏好，方便用户灵活使用目标系统。

4. 特殊需求

除了上述基本需求外，可能还存在一些特定的、非标准的需求，这些需求可能需要根据具体情况进行定制化开发。

这些需求的满足对于构建一个高效、安全、可靠且友好的系统至关重要。安全性是保护用户数据不受侵害的基础，可靠性确保系统功能的稳定发挥，灵活性则使用户能够根据自己的使用习惯调整系统设置，而特殊需求的考虑则体现了对用户个性化需求的尊重和满足。

（1）进度需求：系统的阶段进度需求。

（2）资金需求：投资额度需求。

（3）运行环境需求：平台、体系结构和设备需求。

（4）培训需求：用户对培训的需求，是否提供在线培训。

（5）推广需求：用户对推广的需求，如在上百个远程的部门推广该系统，要有推广的支持软件。

5. 目标系统的假设与约束条件

假设与约定条件是对目标系统风险的描述，包括以下内容。

（1）法律、法规和政策方面的限制。

（2）硬件、软件、运行环境和开发环境方面的条件和限制。

（3）可利用的信息和资源。

（4）系统投入使用的最晚时间。

需求规格说明书编写的具体实例可参看 6.6 节内容。

3.4.5 软件需求规格说明的编制要求

软件需求规格说明（Software Requirement Specification，SRS）的编制要求如下。

1 引言

1.1 目的

1.2 范围

1.3 定义、简写和缩略语

1.4 引用文件

1.5 综述

2 总体描述

2.1 产品描述

2.2 产品功能

2.3 用户特点

2.4 约束

2.5 假设和依赖关系

2.6 需求分配

3 具体需求

3.1 外部接口需求

3.1.1 用户界面

3.1.2 硬件接口

3.1.3 软件接口

3.1.4 通信接口

3.5 案例：利用 Visio 绘制 "高校小型图书管理系统" 的数据流图

在计算机尚未在图书馆广泛使用之前，借书和还书过程主要依靠人工。随着学校的发展，学校图书馆规模不断扩大。由于传统的手工操作方式易发生数据丢失、统计错误等问题并且有劳动强度高、效率低等缺点，大大降低了工作效率。计算机的使用，使图书馆管理实现数字化，使用计算机可以高速、快捷地完成对图书信息的查询，对借书者信息的管理等工作。在计算机联网后，数据在网上传递，可以实现数据共享，避免重复劳动，规范图书管理行为，从而提高管理效率和水平。图书管理信息系统以计算机为工具，通过对图书所需的信息进行管理，把管理人员从烦琐的数据计算处理中解脱出来，使用户能更方便快捷地对图书进行搜索查询。

系统功能总体描述如下。

（1）用户登录系统包括管理员登录系统和学生查阅信息登录系统。

（2）在编目的时候能自动迅速查找新的书籍是否已编目，并可以快速编目。

（3）能够用计算机快速查找已确定图书的名称和存放的位置

（4）能查找出已借出的书的借阅者。

（5）具有各类具体查找功能。

（6）可以统计一名借阅者在一段时间内借过多少书。

（7）可以统计一本书在一段时间内被谁借过。

（8）在借阅者还书时计算机能自动判断图书借阅是否超期并根据条理进行罚款。系统可以自行设置罚款内容。

（9）在图书丢失时能要求借阅者进行赔偿。系统可以自行设置赔偿内容。

（10）具有大型数据库，数据库内容要全面、操作要灵活。

（11）能对不同职位的图书管理员进行权限设置。

（12）能对读者信息进行管理。

（13）可以统计当天工作人员的工作量。

在绘制系统数据流图过程中，结构化需求分析通常强调 "自顶向下，逐层分析" 的思想。绘制目标系统的顶层数据流图的关键在于分析目标系统有哪些外部用户以及有哪些与该系统进行交互的数据源点和重点。例如"高校小型图书管理系统"，其外部用户是在校的学生（游客）、会员和图书管理员，其中学生可以扫码注册后成为会员。会员享有查询图书、借阅图书、还书、续借等功能权限，图书管理员可对系统信息进行管理和维护。根据上述的分析、可以得到系统的顶层数据流图，如图 3-10 所示。

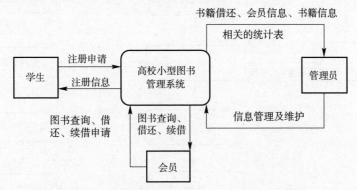

图 3-10 "高校小型图书管理系统"的顶层数据流图

1 层数据流图是对顶层数据流图的细化，它把目标系统主要的加工细分为不同的加工，并对数据在不同加工之间的流动关系进行描述。按照结构化需求分析方法，"高校小型图书管理系统"的主要加工可以分为学生注册、图书信息查询、借阅图书信息查询、借阅书管理、图书信息管理等。在数据处理过程中，系统内部的信息存储至少应该包括会员信息表、图书信息表和借阅书信息表。根据上述分析，可以得到"高校小型图书管理系统"的 1 层数据流图，如图 3-11 所示。

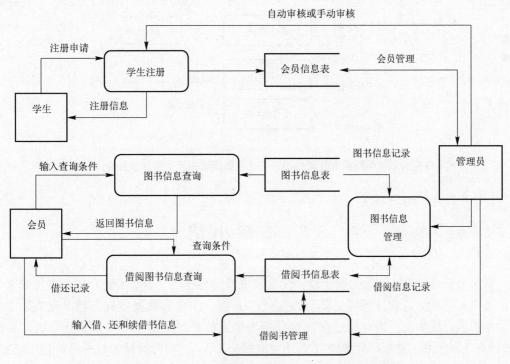

图 3-11 "高校小型图书管理系统"的 1 层数据流图

同理，对会员的"借阅图书信息查询"模块进行分解可得底层数据流图，如图3-12所示。

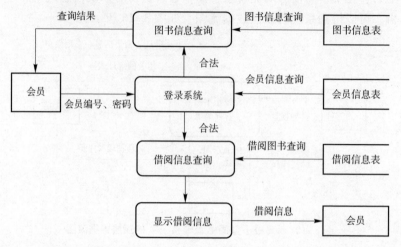

图3-12 "高校小型图书管理系统"的2层数据流图的"借阅图书信息查询"部分

对"借阅信息查询"进行分解，可得底层数据流图，如图3-13所示。

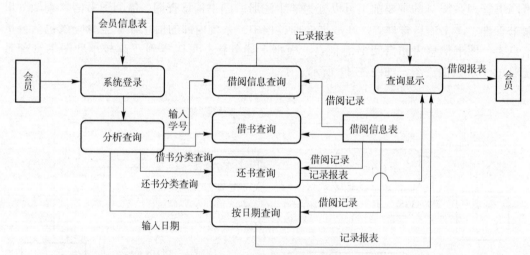

图3-13 "高校小型图书管理系统"的3层数据流图的"借阅信息查询"部分

3.6 本章小结

需求分析是软件开发的关键阶段，没有需求就没有软件。本章主要介绍了软件需求分析的概念和任务、需求分析的工具与方法、E-R图、DFD和数据字典、需求规格说明书等。在需求分析阶段，是对经过可行性分析所确定的系统作进一步详细论述，确定系统"做什么"的问题，主要确定系统"必须完成哪些工作"，同时对新的目标系统提出完整、准确的具体要求，而不是确定系统"怎么完成工作"。

软件的需求是为了解决现实中特定问题的需求属性。其中的问题可能是用户的任务、自动化和业务处理或设备控制等，这些需求的获取可以采取面谈、走访、问卷调查和召开座谈会等方法，并可以辅助采取启发法、观摩法和原型法。需求分析需要从总体需求、系统功能和技术性能方面进行分析，得出系统在现实环境中运行的准确需求，最后需要编写软件需求规格说明书，并对需求进行审查、验证和总结。

习题三

一、选择题

1. 结构化分析方法的基本思想是（　　）。

A. 自底向上逐步求精　　　　　　B. 自底向上逐步分解

C. 自顶向下逐步分解　　　　　　D. 自顶向下逐步抽象

2. 数据流图是常用的进行软件需求分析的图形工具，其基本符号是（　　）。

A. 输入、输出、外部实体和加工

B. 变换、加工、数据流和存储

C. 加工、数据流、数据存储和外部实体

D. 变换、数据存储、加工和数据流

3. 软件需求分析应确定的是用户对软件的（　　）。

A. 功能需求和非功能需求　　　　B. 性能需求

C. 非功能需求　　　　　　　　　D. 功能需求

4. 在需求的描述和分析中，用于指明数据来源、流向和处理的辅助图形是（　　）。

A. 数据结构图　　B. 数据流图　　　C. 业务结构图　　D. 其他图

5. 需求分析是由分析员经过了解用户的要求，认真细致地调研、分析，最终应建立目标系统的逻辑模型，并写出（　　）。

A. 模块说明书　　　　　　　　　B. 软件规格说明书

C. 项目开发计划　　　　　　　　D. 合同文档

6. 需求分析最终结果是产生（　　）。

A. 项目开发计划　　　　　　　　B. 需求规格说明书

C. 设计说明书　　　　　　　　　D. 可行性分析报告

7. 需求规格说明书的作用不应该包括（　　）。

A. 软件设计的依据　　　　　　　B. 用户与开发人员对软件"做什么"的共同理解

C. 软件验收的依据　　　　　　　D. 软件可行性分析的依据。

二、简答题

1. 请简述结构化分析方法的主要思想。

2. 什么是需求分析？需求分析的特点是什么？

3. 需求获取的技术方法有哪些？

三、实践题

图3-14为一个铁路自动售票系统数据流图（预计从2021年使用到2031年），请完成下面的数据流图和数据字典。

（1）完成数据流图，从提供的答案中选择 A~E 的内容，并填在题末答案栏中。

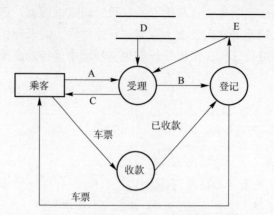

图 3-14　铁路自动售票系统数据流图

供 A~E 选择的答案：①车次表 ②接受 ③售票记录 ④购票请求 ⑤拒绝。

（2）将 F、G、H 的内容填入题末答案栏中。

购票请求＝F。

乘车日期＝G。

座位号＝H。

数据字典如下：

到站＝4 ｛字母｝20。

字母＝［"A".."Z" ｜ "a".."z"］。

车次＝"001".."99"。

拒绝＝［无车次｜无票］。

无车次＝"no train"。

无票＝"no ticket"。

接受＝"to sale"。

已收款＝"yes"。

车次表＝｛起站+止站+车次｝。

起站＝止站＝到站。

售票记录＝｛乘车日期+起站+止站+车次+座号｝。

车厢号＝"01".."20"。

答案栏如下。

A：_____ ；B：_____ ；C：_____ ；D：_____ ；E：_____ ；

F：_____ ；G：_____ ；

H：_____ 。

第4章　总体设计

完成了需求分析，回答了软件系统能"做什么"的问题，软件的生命周期就进入了设计阶段。软件设计是软件开发过程中的重要阶段，在此阶段中，开发人员将集中研究如何把需求规格说明书里归纳的分析模型转换为可行的设计模型，并将解决方案记录到相关的设计文档中。实际上，软件设计就是回答"怎么做"才能实现软件系统的问题，可以把设计阶段的任务理解为把软件系统能"做什么"的逻辑模型转换为"怎么做"的物理模型。

📖 学习目标

（1）熟悉软件总体设计的任务和步骤。
（2）掌握总体设计的原则和方法。
（3）掌握接口设计的相关知识。

4.1　总体设计的任务和步骤

软件设计在软件开发中处于核心地位，它是保证软件质量的关键，总体设计是软件设计的前期阶段。在总体设计阶段，通过分析软件需求，采用合适的总体设计方法和工具，设计出软件系统的整体结构，将一个复杂的软件系统按照其功能划分各个模块，确定每个模块的功能、性能和接口，以及模块之间的调用关系、数据流程和结构。总体设计阶段在完成上诉内容后还应编写相应文档进行评审。

4.1.1　总体设计的任务

总体设计也称为概要设计，其主要的任务是将分析阶段获得的需求说明转换成计算机中可实现的系统，完成系统的结构设计，最后得到软件说明书。这是一个从现实世界到信息世界的抽象过程。总体设计的任务主要包括以下。

（1）目标系统总体结构和模块结构设计：包括系统层次结构设计，即将目标系统划分为模块及子模块，确定模块及子模块之间结构的联系，并画出相应软件总体结构图。

（2）软件数据处理流程设计：确定模块及子模块之间传送与处理数据的流向以及调用顺序。

（3）确定各模块功能：包括确定各模块与程序结构的功能及关系。

（4）数据结构总体设计：确定逻辑结构、物理结构、数据结构与程序的关系。

（5）网络及接口概要设计：对与软件系统有关的交互网络、用户界面、软件接口、硬件接口和模块之间的内部接口进行概要性设计。

（6）确定目标系统的具体实现方案：主要指对上述各项概要设计的内容进行总结并得出目标系统总体的具体实现方案，此外还应该考虑软件运行模块的结合、控制及时间等设计。

（7）错误处理概要设计：包括输出错误信息、错误处理对策等概要设计。

（8）性能可靠性及安全保密概要设计：特别是对一些特殊行业及特殊需求的业务应用方面，如网银、电子商务和一些电子政务等。

（9）文档及维护概要设计：总体设计文档并进行阶段评审，并进行后续维护概要设计。

4.1.2　总体设计的步骤

根据总体设计的任务和目标，总体设计的过程主要由系统设计和结构设计两个阶段组成，具体的过程包括以下步骤。

系统设计阶段：这个阶段的主要任务是确定系统的具体实现方案。在这一阶段，分析师会设计各种可能的系统实现方案，并从中选择若干个合理的方案，这些方案将作为系统设计和开发的基础。

结构设计阶段：在结构设计阶段，重点是确定软件的结构。这包括功能分解、设计软件结构、设计数据库、制定测试计划、书写文档以及审查和复查等步骤。这些活动旨在从全局高度上，以较低的成本开发出高质量的软件系统。

这两个阶段共同构成了总体设计的主要过程，是软件项目能够按照预定计划顺利实施的关键，确保了软件开发的效率和质量。通过系统设计阶段，软件开发工程师可以明确系统的具体需求和实现方式；而通过结构设计阶段，软件开发工程师可以确保软件的结构合理、功能完善，从而满足用户的期望和需求。

4.1.3　数据库结构设计

对于需要使用数据库的应用领域，还要进行数据库结构设计。数据库结构设计包括概念结构设计、逻辑结构设计和物理结构设计。

（1）概念结构设计是系统中各种数据模型的共同基础，它描述的是系统中最基础的数据结构。概念结构设计主要是通过设计实体-联系图来获得数据库的概念数据模型。

（2）逻辑结构设计的主要任务是将数据库概念模型转化为计算机上可以实现的传统数据模型，该描述比较接近数据库内部结构的逻辑描述，例如将概念数据模型转化为关系模型（以二维表的形式表示实体与实体间关系的数据模型）。

（3）数据库的物理结构包括数据库中的物理表、存储过程、字段、视图、触发器索引等。物理结构设计主要是根据数据模型及处理要求，选择存储结构和存取方法，以求获得最佳的存取效率。

4.2　总体设计的目标和方法

4.2.1　总体设计的目标

总体设计与其他所有设计活动一样，受创造性的技能、以往的设计经验、设计灵感，以及对质量的深刻理解等一些关键因素影响，在设计时应该坚持以人为本，增强用户体验，体现新时代的风貌和积极向上的态度的目标。总体设计的原则如下。

（1）系统设计对于分析模型应该是可跟踪的。

（2）功能模块设计应该有较好的复用性。

（3）系统设计具有良好的可扩展性。

（4）系统设计应该表现出一致性和规范性。

（5）系统设计模块应该具有较好的高内聚低耦合性。

（6）系统设计应具有良好的容错性。

（7）系统设计的粒度要适当。

（8）在设计时就要开始评估软件的质量。

设计不是编码，即使在详细设计阶段，设计模型的抽象级别也比源代码要高。详细设计是设计实现的算法和具体的数据结构。软件的质量需要在设计时考虑如何保证，在设计过程中要不断评价软件质量，不要等全部设计结束之后再评价。目前已经有许多总体设计的方法，每种方法都引入了独特的启发规则和符号体系。这些方法具有如下一些共同的特征。

（1）具有将分析模型转变为设计模型的机制。

（2）具有描述软件功能性构件和接口的符号体系。

（3）具有设计优化和结构求精的启发规则。

（4）具有质量评价的指南。

4.2.2　面向数据流的设计方法

运用面向数据流的设计方法进行软件系统结构的设计时，首先应该对需求分析阶段得到的数据流图进行复查，必要时进行修改和精化；接着在仔细分析系统数据流图的基础上，确定数据流图的类型，并按照相应的设计步骤将数据流图转化为软件系统结构；最后根据总体设计的原则对得到的软件系统结构进行优化和改进。面向数据流的设计方法如图 4-1 所示。

1. 变换流

如图 4-2 所示，信息沿输入通路进入系统，同时由外部形式变换成内部形式，进入系统的信息通过变换中心，经过加工处理以后再沿输出通路变换成外部形式离开软件系统。当数据流具有这些特征时，这种信息流被称为变换流，也就是把输入的数据经处理后转变成另外的输出数据。

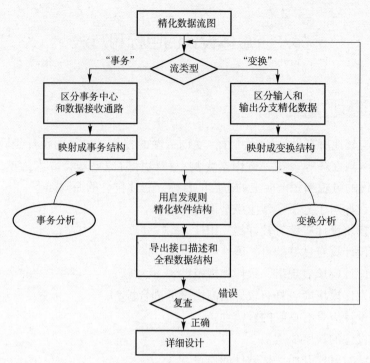

图 4-1　面向数据流的设计方法

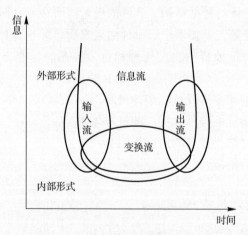

图 4-2　变换流

2. 事务流

如图 4-3 所示，数据沿接收路径到达一个处理 T，这个处理根据输入数据的类型在若干个加工路径中选出一个来执行。这种"以事务为中心"的数据流，称为"事务流"，是一种非数据转换的处理。

3. 变换分析

对于变换流，应按照变换分析的方法建立系统的结构，分析方法如下。

（1）划分边界，区分系统的输入、变换中心和输出部分。

（2）完成第一级分解，设计系统的上层模块。

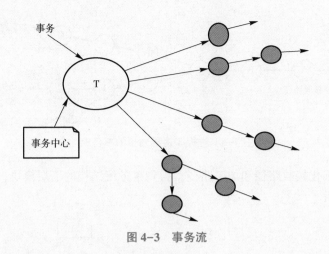

图4-3 事务流

例如工资计算系统的一级分解如图4-4所示。

图4-4 工资计算系统的一级分解

（3）完成第二级分解，设计输入、变换中心和输出部分的中、下层模块。上述的工资计算系统的二级分解如图4-5所示，图中省略了模块调用传递的信息。

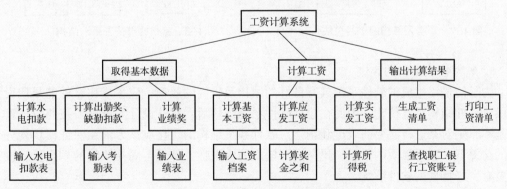

图4-5 工资计算系统的二级分解

4. 事务分析

事务流的分析设计方法也是从分析数据流图出发，通过自顶向下的逐步分解来建立系统的结构。下面以进行了边界划分的事务流为例（图4-6），介绍事务流的分析设计方法生成系统结构的具体步骤。

（1）划分边界，明确数据流图中的接收路径、事务中心和加工路径。

（2）建立事务型结构的上层模块。由图4-6映射得到的事务流结构的上层模块如图4-7所示。

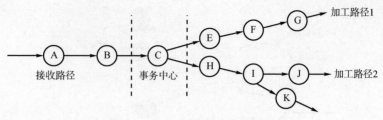

图 4-6　进行了边界划分的事务流

（3）分解、细化接收路径和加工路径，得到事务流结构的下层模块，完整的事务流系统结构如图 4-8 所示。

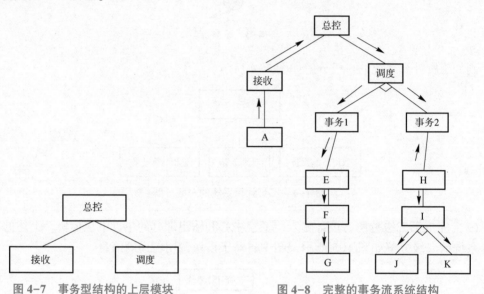

图 4-7　事务型结构的上层模块　　　　图 4-8　完整的事务流系统结构

5. 软件模块结构的改进

为了使最终生成的软件系统具有良好的结构及较高的效率，应尽量在软件的早期设计阶段对软件结构进行优化。因此在建立软件系统结构后，软件设计人员需要按照总体设计的基本原则对其进行必要的改进和调整。软件系统结构的优化应该力求在保证模块划分合理的前提下，减少模块的数量、提高同一模块的内聚性并降低不同模块间的耦合性，设计出具有良好特性的软件系统。

4.2.3　面向数据结构的设计方法

顾名思义，面向数据结构的设计方法就是根据数据结构设计程序处理过程的方法。具体地说，面向数据结构的设计方法按输入、输出以及计算机内部存储信息的数据结构进行软件结构设计，从而把对数据结构的描述转换为对软件结构的描述。使用面向数据结构的设计方法时，分析目标系统的数据结构是关键。

面向数据结构的设计方法通常在详细设计阶段使用。比较流行的面向数据结构的设计方法包括 Jackson 方法和 Warnier 方法。在这里，主要介绍 Jackson 方法，该方法是一种典型的面向数据结构的分析与设计方法。其基本设计步骤分为 3 步：建立数据结构；以数据结构为基础，对应建立程序结构；列出程序中要用到的各种基本操作，再将这些操作分配到程序结构中适当的模块。以上 3 个步骤分别对应结构化方法的需求分析、总体设计和详细设计。

Jackson 方法把数据结构分为 3 种基本类型：顺序型结构、选择型结构和循环型结构。

在顺序型结构中，数据由一个或多个元素组成，每个元素按照确定的次序出现一次。如图 4-9（a）所示，数据 A 由 B、C 和 D 3 个元素顺序组成。

在循环型结构中，根据使用时的条件，一个数据可能由零个或多个元素组成。如图 4-9（b）所示，数据 A 可能由零个或多个元素 B 组成，元素 B 后加符号"＊"表示重复。

在选择型结构中，数据包含两个或多个元素，每次使用该数据时，按照一定的条件从罗列的多个元素中选择一个。如图 4-9（c）所示，数据 A 根据条件从 B 或 C 或 D 中选择一个，元素右上方的符号"○"表示从中选择一个。

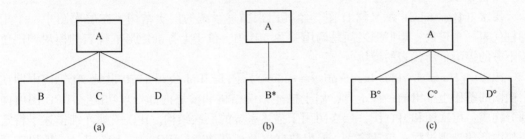

图 4-9　数据结构图示

（a）顺序型结构；（b）循环型结构；（c）选择型结构

运用 Jackson 方法表达选择型或循环型结构时，选择条件或循环结束条件不能在图上直接表现出来，并且如果框间连线为斜线，不易在打印机上输出，所以产生了改进的 Jackson 方法，其基本逻辑符号如图 4-10 所示。

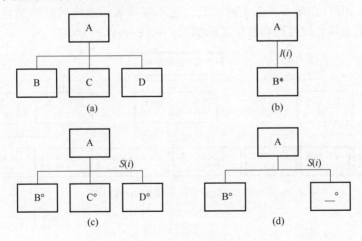

图 4-10　基本逻辑符号

（a）顺序型结构；（b）循环型结构；（c）、（d）选择型结构

运用 Jackson 方法进行程序设计有如下优点。

（1）可以清晰地表示数据层次结构，易于对自顶向下的数据结构进行描述。

（2）表示的数据结构易懂、易用，并且比较直观形象。

（3）不仅可以表示数据结构，也可以表示程序结构。

运用 Jackson 方法进行程序设计的步骤如下。

（1）分析并确定输入数据和输出数据的逻辑结构，并用 Jackson 方法来表示这些数据结构。

（2）找出输入数据和输出数据中有对应关系的数据单元。

（3）按照一定的规则，运用 Jackson 方法建立数据结构，并以此为基础对应建立程序结构。

（4）列出基本操作与条件，并把它们分配到程序结构中适当的模块。

（5）用伪代码表示程序。

4.2.4　总体设计中的工具

1. 层次图和 HIPO 图

层次（Hierarchy）图又称 H 图，经其用来描述系统的层次结构。在层次图中一个矩形框代表一个模块，矩形框之间是调用关系，其中，位于上方的矩形框代表的模块调用位于下方的矩形框所代表的模块。

HIPO（Hierarchy Plus Input-process-output）图是 IBM 公司于 20 世纪 70 年代中期在层次图的基础上推出的一种工具，用于描述系统结构和模块内部处理功能。HIPO 图由两部分构成：层次图和 IPO 图。层次图用于描述系统的层次结构。IPO 图则详细描述了特定模块内部的处理过程，包括输入、输出数据以及处理功能。IPO 图的上部提供了模块的基本信息，如模块在系统中的位置、编码方案、数据文件或数据库、编程需求等，而下部则详细定义了模块的输入和输出数据流，并对模块的内部处理过程进行了深入描述。

此外，HIPO 图的一个重要特性是可追踪性。为了实现这一点，在 HIPO 图中，除了最顶层的方框外，每个方框都有一个编号，这有助于在系统结构中跟踪和了解模块的位置。

总的来说，HIPO 图是一种强大的工具，它不仅能展示系统的整体结构，还能深入各个模块内部，揭示其处理过程和数据流动情况，如图 4-11 所示。

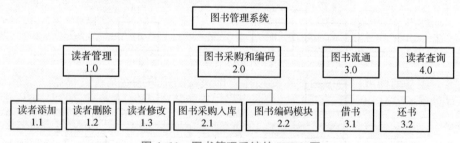

图 4-11　图书管理系统的 HIPO 图

2. 结构图

结构图是为了反映软件系统中组件之间相互关系和约束的体系结构设计图，称为软件体系结构图更为合适，一般通过分层次或分时间段等方式说明体系结构的各个组成部分的关系。结构图中的一个方框代表一个模块，框内注明模块的名字或主要功能；方框之间的箭头（或直线）表示模块的调用关系。通常是图中位于上面的矩形框代表的模块调用位于下方的矩形框代表的模块。在结构图中通常还可以用带注释的箭头表示模块调用过程中来回传达的信息。可以利用注释箭头的尾部的形状标明传递的是数据还是控制信息。如果尾部是空心圆则表示传递的是数据，如果是实心圆则表示传递的是控制信息，如图 4-12 所示的就是生产最佳解的结构图。

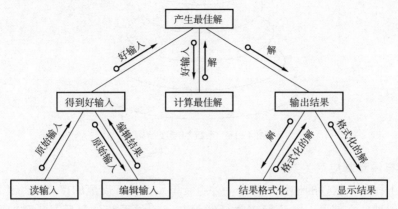

图 4-12　生产最佳解的结构图

有时还会用一些附加的符号，如用菱形表示选择或者条件调用，用弧形箭头表示循环调用，如图 4-13、图 4-14 所示。

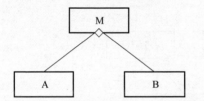

图 4-13　模块 M 判定为真时调用 A，为假时调用 B

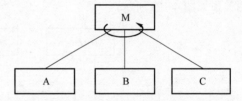

图 4-14　模块 M 循环调用模块 A、B、C

4.2.5　软件体系结构的描述方法

软件设计的目标之一是导出系统的体系结构，通常可以用结构图描述。结构图是详细设计的基础，一般把结构图作为一个框架。

1. 系统的块状结构与层次结构

系统的体系结构可以考虑两种主要结构，即块状结构与层次结构。但是系统本身可能是一个复合型体系结构。

块状结构把系统垂直地分解成若干个相对独立的低耦合的子系统，一个子系统相当于一块，每块提供一种类型的服务。系统的块状结构如图 4-15 所示。

人机界面	问题域	任务管理	数据管理

图 4-15　系统的块状结构

层次结构把软件系统组织成一个层次系统，上层在下层的基础上建立，下层为上层提供必要的服务。位于同一层的多个软件或者子系统，具有同等的通用度（通用性程度），低层的软件比高层的软件更具有通用性，每一层可以视为同等通用档次的一组子系统。系统的层次结构如图 4-16 所示。

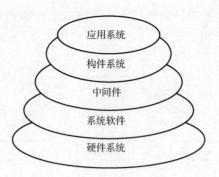

图 4-16　系统的层次结构

2. 构件系统及其应用关系

在软件工程中，软件的构件系统是一种组装单元，具有规范的接口规约和显式的语境依赖。它可以被独立部署，并由第三方任意组装。构件系统的复用是软件复用实现的关键，通过复用已有的软件构件来构建新的软件或系统，可以提高开发效率和质量。在图型中，构件表示为一个带有标签的矩形，为了确保对构件系统复用管理，规定在一个系统内，高层可以重用低层的构件，低层不能重用高层的构件。基于构件系统的分层体系及引用关系如图 4-17 所示。

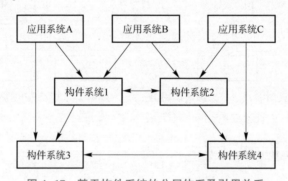

图 4-17　基于构件系统的分层体系及引用关系

4.2.6　总体设计原则

软件结构是软件元素（模块）间的关系表示，而软件元素间的关系是多种多样的，如调用关系、包含关系、从属关系和嵌套关系等。但不管什么关系，都可以表示为层次形式，即层次之间是由关系连接的，故受到关系的制约。因此，可以这样来定义软件层次结构：在软件系统中，有一对应的组成成分 α 和 β，它们的关系为 $R(\alpha,\beta)$，若这个关系为层次结构，则应满足如下条件。

（1）第 0 层有组成成分 α，该层不出现的另一成分 β 与它有 $R(\alpha,\beta)$ 关系。

（2）在第 i 层（$i>0$），α 是一个满足如下（3）、（4）条件的集合。

（3）在第 $i-1$ 层必定有一个成分，且仅有一个成分 β，与之有 $R(\beta,\alpha)$ 关系。

（4）若有 $R(\beta,\gamma)$，则成分 γ 必定在 $i+1$ 层上。

其中 i 是层次编号，0 号最高，若号数增大，层次就降低。

层次结构概念之所以能够获得广泛应用，主要是由于它结构清晰，可理解性好，从而使可靠性、可维护性、可读性都得到提高。以模块为软件元素的层次结构是一种静态层次结构，它是在对问题的逐步定义过程中得到的，当问题的每一部分都能够由软件元素（模块）来实现时，则软件的层次结构也就得到了。问题定义过程实际上是一种分解过程，并且该过程隐含了模块间的关系。

软件结构提供了软件模块间组成关系的表示，它不提供模块间实现控制关系的操作细节，更不提供模块内部的操作细节。软件过程是用以描述每个模块的操作细节，当然包括一层模块对下一层模块控制的操作细节。实际上，过程的描述就是关于某个模块算法的详细描述，它应当包括处理的顺序、精确的判定位置、重复的操作以及数据组织和结构等。

1. 模块化

模块是数据说明、可执行语句等程序对象的集合，包含以下4种属性。

（1）输入/输出。

（2）逻辑功能。

（3）运行程序。

（4）内部数据。

模块可以被单独命名，而且可通过名字来访问。模块有大有小，它可以是一个程序，也可以是程序中的一个程序段或者一个子程序。例如：过程、函数、子程序、宏等都可作为模块。

模块化就是把程序划分成若干个模块，每个模块具有一个子功能，把这些模块集中起来组成一个整体，可以完成指定的功能，实现问题的要求。

理想模块（黑箱模块）的特点如下。

（1）每个理想模块只解决一个问题。

（2）每个理想模块的功能都应该明确，使人容易理解。

（3）理想模块之间的连接关系简单，具有独立性。

（4）由理想模块构成的系统，容易使人理解，易于编程，易于测试，易于修改和维护。

对用户来说，其感兴趣的是模块的功能，而不必去理解模块内部的结构和原理。下面根据人类解决问题的一般规律，描述上面所提出的结论。定义函数 $C(x)$ 为问题 x 的复杂程度，函数 $E(x)$ 为解决问题 x 需要的工作量（时间）。对于问题 $P1$ 和问题 $P2$，如 $C(P1)>C(P2)$，则有 $E(P1)>E(P2)$。因为由 $P1$ 和 $P2$ 两个问题组合而成一个问题的复杂程度大于分别考虑每个问题时的复杂程度之和，根据人类解决一般问题的经验，有：

$$C(P1+P2)>C(P1)+C(P2)$$

综上所述，可得到下面的不等式：

$$E(P1+P2)>E(P1)+E(P2)$$

由此可知，把复杂的问题分解成许多容易解决的小问题，原来的问题也就容易解决了，这就是模块化提出的理论根据。根据模块数目和设计模块间接口的成本，得出了最适合的总成本曲线。每个程序都相应地有一个最适当的模块数目 M，使系统的开发成本最小，如图4-18所示。

采用模块化原理的好处如下。

（1）可以使软件结构清晰，不仅容易实现设计，也使设计出的软件的可阅读性和可理解性大大增强。

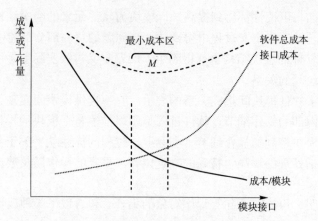

图 4-18　模块化和软件成本的关系图

（2）使软件容易测试和调试，进而有助于提高软件的可靠性。

（3）有助于软件开发工程的组织管理。

2. 抽象

抽象是指在人们认识复杂的客观世界时，提取事务的本质特征而暂时不考虑其他细节的一种思维方法。

在现实中，一些客观事物、状态或过程之间总存在某些相似的共性，将其集中和概括，暂时忽略其他较小差异有利于认识事物的本质特征，抽象是人类认识复杂问题的过程中使用的一种有力的思维分析及解决问题的工具。

在软件开发中，一个复杂的系统可以先用一些宏观的概念来构造和理解，然后在逐层地用一些较微观的概念去解释上层的宏观概念，直到最底层的元素，从系统定义到实现，每一步进展都可看作是对软件解决方案抽象化过程的一次细化，在从总体设计（概要设计）到详细设计的过渡过程中，抽象化的程度也逐渐降低，而当编码完全实现后，就到达了抽象的最底层。

3. 信息隐蔽

信息隐蔽是指在设计和确定模块时，使一个模块内包含的信息（过程或数据），对于不需要这些信息的其他模块来说是不能访问的，或者说是"不可见"的。局部化的概念和信息隐蔽概念是密切相关的。所谓局部化是指把一些关系密切的软件元素物理地放得彼此靠近，在模块中使用局部数据元素是局部化的一个例子。

4. 模块独立性

模块独立性是软件系统中每个模块只涉及软件要求的具体子功能，而和软件系统中其他的模块接口是简单的。模块独立性的概念是模块化、抽象、信息隐蔽和局部化概念的直接结果。模块的独立程度可由两个定性标准度量，这两个标准分别称为耦合和内聚，这两个标准的具体内容如下。

1）模块的耦合

耦合是对一个软件结构内各个模块之间互连程度的度量。耦合强弱取决于模块间接口的复杂程度、调用模块的方式以及通过接口的信息。在软件设计中应该尽可能采用松散耦合的系统。在这样的系统中可以研究、测试或维护任何一个模块，而不需要对系统的其他模块有很多了解和影响。具体区分模块间耦合程度强弱的标准如下。

（1）非直接耦合。

如果两个模块中的每一个模块都能独立地工作而不需要另一个模块的存在，它们彼此完全独立，那么这种耦合称为非直接耦合。

（2）数据耦合。

如果两个模块彼此间通过参数交换信息，而且交换的信息仅仅是数据，那么这种耦合称为数据耦合。

（3）标记耦合。

如果一组模块通过参数表传递记录信息，也就是说，这组模块共享了这个记录，那么这种耦合称为标记耦合。在设计中应尽量避免这种耦合。

（4）控制耦合。

如果两个模块之间传递的信息中有控制信息，那么这种耦合称为控制耦合，如图4-19所示。

控制耦合是中等程度的耦合，它增加了系统的复杂程度。控制耦合往往是多余的，在把模块适当分解之后通常可以用数据耦合代替它。

（5）外部耦合。

如果一组模块都访问同一全局简单变量而不是同一全局数据结构，而且不是通过参数表传递该变量的信息，那么这种耦合称为外部耦合。

（6）公共环境耦合。

如果两个或多个模块通过一个公共数据环境相互作用，那么这种耦合称为公共环境耦合。当耦合的模块个数增加时复杂程度显著增加。如果只有两个模块有公共环境，那么这种耦合有下述两种可能，如图4-20所示。

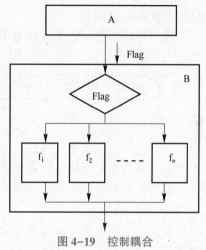

图4-19　控制耦合

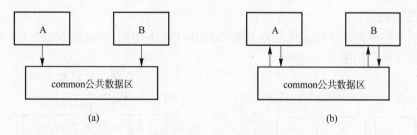

(a)　(b)

图4-20　公共环境耦合

（a）松散的公共环境耦合；（b）紧密的公共环境耦合

公共环境耦合是一种不良的连接关系，它给模块的维护和修改带来困难。如公共数据要作修改，很难判定有多少模块应用了该公共数据，故在模块设计时，一般不允许有公共环境耦合的模块存在。

（7）内容耦合。

如果一个模块和另一个模块的内部属性（即运行程序和内部数据）有关，那么这种耦合称为内容耦合。两个模块间发生内容耦合的情况如图4-21所示。

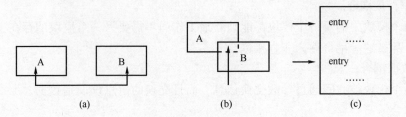

图 4-21　内容耦合

（a）进入另一模块内容；（b）模块代码重叠；（c）多入口模块

坚决避免使用内容耦合。事实上许多高级程序设计语言已经设计成不允许在程序中出现任何形式的内容耦合。

上述 7 种耦合类型的关系如图 4-22 所示。

图 4-22　7 种耦合类型的关系

总之，耦合是影响软件复杂程度的一个重要因素。应该采取的原则是：尽量使用数据耦合，少用控制耦合，限制公共环境耦合的范围，完全不用内容耦合。

2）模块的内聚

内聚是对一个模块内部各个元素彼此结合程度的度量，具体区分各元素间内聚强弱的标准如下。

（1）偶然内聚。

如果一个模块完成一组任务，各个任务之间没有实质性联系，即使这些任务彼此间有关系，其关系也是很松散的，则称为偶然内聚，如图 4-23 所示。

（2）逻辑内聚。

如果一个模块内部各组成部分的处理动作在逻辑上相似，但功能都彼此不同或无关，则称为逻辑内聚，如图 4-24 所示。

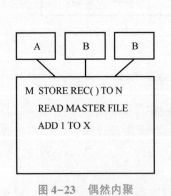

图 4-23　偶然内聚

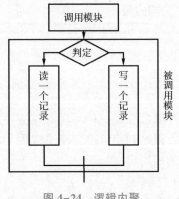

图 4-24　逻辑内聚

（3）时间内聚。

如果一个模块内的各组成部分的处理动作和时间相关，则称为时间内聚。

（4）过程内聚。

如果一个模块内部的各个组成部分的处理动作各不相同，彼此也没有联系，但他们都受同一个控制流支配，并由这个控制流决定他们的执行次序，则为过程内聚。使用程序流程图作为工具设计软件时，常常通过研究流程图确定模块的划分，这样得到的往往是过程内聚的模块。如图 4-25 所示，通过循环体，计算两种累积数。

（5）通信内聚。

如果模块中所有元素都使用同一个输入数据和（或）产生同一个输出数据，则称为通信内聚。例如，要完成两个工作，这两个处理动作都使用相同的输入数据，如图 4-26 所示。

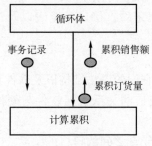

图 4-25　过程内聚

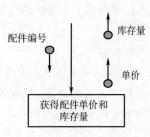

图 4-26　通信内聚

（6）信息内聚。

信息内聚模块具有多种功能，能完成多种任务。各个功能都在同一数据结构上操作，每一项功能只有一个唯一的入口点，如图 4-27 所示的模型，这个模块将根据不同的要求，确定该执行 4 个功能中的哪一功能。但这个模块都基于同一数据结构，即符号表。

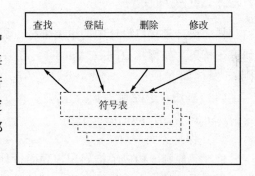

图 4-27　信息内聚

（7）功能内聚。

如果一个模块内部的各组成部分的处理动作全都为执行同一个功能而存在，并且只执行一个功能，则称为功能内聚。功能内聚是最高程度的内聚。判断一个模块是不是功能内聚，只要看这个模块是"做什么"，是完成一个具体的任务，还是完成多个任务。

上述 7 种内聚类型的关系如图 4-28 所示。

图 4-28　7 种内聚类型的关系

4.3　接口设计

4.3.1　接口设计概述

软件系统按照业务、功能、部署等因素可逐步分解为各个模块，模块与模块之间必须根据各模块的功能定义对应的接口。概要设计（总体设计）中的接口设计主要用于子系统与模块之间或内部系统与外部系统之间进行各种交互。接口设计的内容应包括功能描述、接口的输入输出定义、错误处理等。软件系统接口的种类以及规范有很多，有应用程序编程接口（Application Programming Interface，API）、服务接口、数据库等。不同种类的接口设计的方法有很大的差异，但是总体来说接口设计的内容应包括协议、接口调用方法、功能内容、输入输出参数、错误/例外机制等。从成果上来看，接口一览表以及详细设计资料是必须的资料。

接口一般包括以下 3 个：

（1）用户接口：用来说明将向用户提供的命令和它们的语法结构以及软件其他信息；

（2）外部接口：用来说明本系统同外界的所有接口的关系包括软件与硬件之间的接口、本系统与各支持软件之间的接口的关系；

（3）内部接口：用来说明本系统之内的各个系统元素之间的接口的关系。

4.3.2　界面设计

界面设计是接口设计中的重要部分。界面设计要求在研究技术问题的同时对用户加以研究。特奥·曼德尔（Theo Mandel）在界面设计中提出了著名的人机交互"黄金三原则"，具体如下。

（1）置用户于控制之下。

（2）减少用户的记忆负担。

（3）保持界面一致。

这 3 条原则上构成了指导用户界面设计活动的基本原则。

界面设计是一个迭代的过程，其核心活动包括以下几点内容：

（1）创建系统功能的外部模型。

（2）确定实现此系统功能需要人和计算机应分别完成的任务。

（3）考虑界面设计中的典型问题。

（4）借助 CASE 工具构造界面原型。

（5）实现设计模型。

（6）评估界面质量。

在界面的设计过程中先后涉及 4 个模型：

（1）由软件工程师创建的设计模型。

（2）由人机工程师（或软件工程师）创建的用户模型。

（3）终端用户对未来系统的假想。

（4）系统实现后得到的系统映象。

在界面设计中，应该考虑以下4个问题。

（1）系统响应时间：指当用户执行了某个控制动作后（如单击鼠标器等），系统做出反应的时间（指输出信息或执行对应的动作）。系统响应时间过长、不同命令在响应时间上的差别过于悬殊，用户将难以接受。

（2）用户求助机制：用户都希望得到联机帮助，联机帮助系统有两类，集成式和叠加式，此外，还要考虑诸如帮助范围（仅考虑部分还是全部功能）、用户求助的途径、帮助信息的显示、用户如何返回正常交互工作及帮助信息本身如何组织等一系列问题。

（3）出错信息：应选用用户明了、含义准确的术语描述，同时还应尽可能提供一些有关错误恢复的建议。此外，显示出错信息时，若辅以听觉（如铃声）、视觉（专用颜色）刺激，则效果更佳。

（4）命令方式：键盘命令曾经一度是用户与软件系统之间最通用的交互方式，随着面向窗口的点选界面的出现，键盘命令不再是唯一的交互形式，更多的情形是菜单与键盘命令并存，供用户自由选用。

4.4 案例："高校小型图书管理系统"的总体设计说明书

要实现系统，就需要对用户的需求进行分析，以确定对用户需求的物理配置，以及整个系统的处理流程和系统的数据结构、接口设计，以便对系统进行总体设计。设计过程如下。

（1）区分数据流中的变换流和事务流。

（2）设计系统数据库结构。

（3）设计软件系统结构、绘制系统结构图。

（4）设计软件用户接口以及内外部接口。

"高校小型图书管理系统"的总体设计说明书如下。

"高校小型图书管理系统"的总体设计说明书

一、引言

随着高校图书馆藏书的不断增加和管理需求的提升，传统的手工管理方式已经无法满足现代图书馆的需求。因此，我们设计了一个全新的图书管理系统，旨在提高图书馆的管理效率，提升读者的借阅体验。本设计说明书将详细阐述该系统的总体设计。其主要功能包括学生和图书信息录入、查询、修改、删除以及报表生成等。通过该系统，学校可以更加高效、准确地管理学生学籍信息，提高工作效率，减少人为错误。

二、系统目标

本系统的目标包括以下几点：

（1）提高图书检索速度，方便读者查找和借阅图书；

（2）实现图书自动化管理，减少人工干预，提高管理效率；

（3）提供多样化的借阅策略，满足不同读者的需求；

（4）实现图书的动态跟踪和管理，及时更新库存状态；

（5）提供数据统计功能，方便图书馆工作人员进行决策分析。

三、系统功能

高校小型图书管理系统功能模块结构图如图4-29所示。

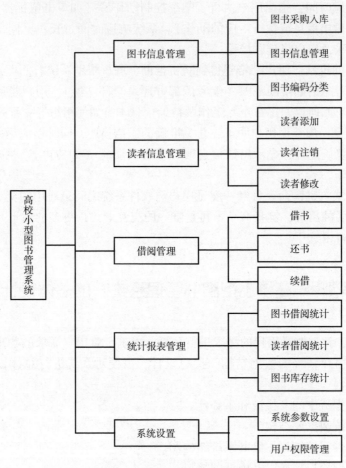

图4-29　高校小型图书管理系统功能模块结构图

本系统主要包含以下功能模块。

（1）图书信息管理模块：该模块用于管理图书的基本信息，包括书名、作者、出版社、ISBN号等。同时，该模块还支持对图书进行分类和标签化，方便读者查找。

（2）读者信息管理模块：该模块用于管理读者的基本信息，包括读者姓名、读者编号、读者类型、联系方式等。该模块还支持对读者进行分类和标签化，为不同类型的读者提供不同的借阅策略。

（3）借阅管理模块：该模块用于管理图书的借阅情况，包括借书、还书、续借等功能。通过该模块，读者可以方便地查看自己的借阅记录和图书库存情况。

（4）统计报表管理模块：该模块用于生成各类统计报表，包括图书借阅统计、读者借阅统计、图书库存统计等。通过这些报表，图书馆工作人员可以了解图书和读者的使用情况，为其决策提供数据支持。

（5）系统设置模块：该模块用于设置系统参数和管理员权限，保证系统的正常运行和数据安全。

四、系统架构

本系统采用B/S架构，即浏览器服务器模式。服务器端负责数据处理和存储，客户端通过浏览器访问系统。系统采用分层设计，包括数据访问层、业务逻辑层和表示层。

五、数据库设计

本系统采用关系数据库进行数据存储，主要包括图书信息表、用户表等。数据库设计应遵循规范化原则，保证数据的完整性和一致性。

1. 逻辑结构设计要点

经过对图书馆的调查分析，本系统中的实体类型有：图书类别、图书、借书证、借阅登记本、图书管理员。

2. 物理结构设计要点

(1) 图书编码管理：系统根据实际需要及条码的编码规则制作条码标签，把制作好的标签贴在图书上，方便图书分类管理。

(2) 用户管理：为每个用户制作图书借阅卡，一张借阅卡绑定一个用户，方便用户借书时获取用户信息。

3. 数据结构与程序的关系

管理信息系统是一个复杂的人机系统。系统外部环境与内部因素的变化，不断影响系统的运行，这时就需要不断地完善系统，以提高系统运行的效率与服务水平，这就需要从始至终地进行系统的维护工作，数据结构与程序之间的关系如下列的表格所示。

(1) 学生文件表如表 4-1 所示。

表 4-1　学生文件表

序号	字段	字段名	类型	长度	精度	小数位数	默认值	允许空	主键	说明
1	Name	读者姓名	nvarchar	10						
2	DZID	读者编号	int	10			001		√	自动编号
3	Sex	性别	nvarchar	2				√		
4	ZJH	读者类别	nvarchar	25				√		
5	DP	学院	nvarchar	40				√		
6	Majr	专业	datetime	8				√		
7	Age	年龄	datetime	8				√		
8	Adress	家庭地址	smallint	2				√		
9	PhoneNM	电话号码	int	10						
10	SL	已借书数量	nvarchar	2				√		

(2) 图书目录文件表如表 4-2 所示。

表 4-2　图书目录文件表

序号	字段	字段名	类型	长度	精度	小数位数	默认值	允许空	主键	说明
1	BookID	书籍编号	Int	10					√	自动编号
2	TXM	条形码	nvarchar	20						
3	Title	书名	nvarchar	200						
4	TSLX	图书类型	nvarchar	50				√		

序号	字段	字段名	类型	长度	精度	小数位数	默认值	允许空	主键	说明
5	Author	作者	nvarchar	20				√		
6	Translator	译者	nvarchar	20				√		
7	ISBN	国际标准书号	nvarchar	20						
8	CBS	出版社	nvarchar	30				√		
9	SJMC	书架名称	nvarchar	20				√		
10	XCL	现存量	smallint	2				√		
11	KCZL	库存总量	smallint	2				√		
12	RKSJ	入库时间	datatime					√		
13	CZY	操作员	nvarchar	10				√		
14	JJ	简介	nvarchar	200				√		
15	JCCS	借出次数	smallint	2				√		

（3）借书文件表如表 4-3 所示。

表 4-3　借书文件表

序号	字段	类型	长度	精度	小数位数	默认值	允许空	主键	外键	说明
1	JYID	int	10					√		自动编号
2	BookID	int	10						√	
3	StuID	int	10						√	
4	JYSJ	datatime	8				√			
5	DQSJ	datatime	8				√			
6	XJCS	smallint	2				√			
7	CZY	nvarchar	10				√			
8	ZT	navarchar	50				√			

（4）罚款表单如表 4-4 所示。

表 4-4　罚款表单

序号	字段名	类型	长度	精度	小数位数	默认值	允许空	主键	外键	说明
1	JYID	int	10						√		自动编号
2	BookID	int	10							√	
3	StuID	int	10							√	
4	JFJE	smallint	3					√			
5	SSJE	smallint	3					√			
6	ZT	nvarchar	1					√			
7	BZ	nvarchar	200					√			

（5）入库单如表4-5所示。

表4-5　入库单

序号	字段	字段名	类型	长度	精度	小数位数	默认值	允许空	主键	说明
1	BookID	书籍编号	int	10					√	自动编号
2	TXM	条形码	nvarchar	20						
3	Title	书名	nvarchar	200						
4	TSLX	图书类型	nvarchar	50				√		
5	Author	作者	nvarchar	20				√		
6	Translator	译者	nvarchar	20				√		
7	ISBN	国际标准书号	nvarchar	20				√		
8	CBS	出版社	nvarchar	30				√		
9	SJMC	书架名称	nvarchar	20				√		
10	XCL	现存量	smallint	2				√		
11	KCZL	库存总量	smallint	2				√		
12	RKSJ	入库时间	datatime					√		
13	CZY	操作员	nvarchar	10				√		
14	JJ	简介	nvarchar	200				√		
15	JCCS	借出次数	smallint	2				√		

六、接口设计

1. 用户接口

采用窗口化的界面，菜单式进行设计，在操作时响应热键并与其他软件连接。

2. 外部接口

硬件接口：借书证，扫描仪器。

3. 内部接口

各模块之间接口：内部模块通过面向对象语言设计类，在 public 类中实现调用（类间实现严格封装，外部模块接口与外部设备连接）。

七、系统安全

本系统应保证数据的安全性，采取多种措施防止数据泄露、篡改和丢失。系统应支持用户权限管理，不同用户具有不同的操作权限。同时，系统应具备日志功能，记录用户的操作历史。

八、系统性能

本系统应具备良好的性能，能够满足大部分用户的同时访问的需求。系统应支持并发访问，具备较快的响应速度和较高的吞吐量。

九、系统开发环境

系统开发环境包括硬件环境和软件环境。硬件环境应满足系统运行的最低配置要求，软件环境应包括操作系统、数据库管理系统、开发工具等。

硬件：内存容量至少 256 MB，外存 160 GB。

软件：Windows XP、Windows 7，常用的一些办公软件。

4.5　本章小结

　　总体设计的主要任务是，通过仔细分析软件规格说明书，适当地对软件进行功能分级，从而将软件划分为模块，并且设计出整个系统的结构模块。

　　总体设计的目标是将需求分析阶段得到的目标系统的逻辑模型，转换为目标系统的物理模型，包括确定能实现软件功能、接口要求和性能要求集合的最合理的系统结构，设计实现的关键的技术与算法、数据结构，基本处理流程和系统体系结构等。软件设计分为总体设计（又称概要设计）和详细设计两个阶段。

 习题四

一、选择题

1. 以下（　　）耦合级别最高。

A. 控制耦合　　　　B. 内容耦合　　　　C. 外部耦合　　　　D. 公共环境耦合

2. 下面（　　）不属于软件设计的三层结构。

A. 数据层　　　　B. 表示层　　　　C. 系统层　　　　D. 中间层

3. 模块的独立性是由内聚性和耦合性来度量的，其中内聚性是（　　）。

A. 模块的联系程度　　　　　　　　B. 信息隐藏程度

C. 模块的功能程度　　　　　　　　C. j 接口的复杂程度

4. Jackson 方法根据（　　）来导出程序结构。

A. 数据流程　　　　　　　　　　　B. 数据间的控制结构

C. 数据结构　　　　　　　　　　　D. IPO 图

5. 为了提高模块的独立性，模块之间最好是（　　）。

A. 公共环境耦合　　　　　　　　　B. 控制耦合

C. 数据耦合　　　　　　　　　　　D. 特征耦合

二、简答题

1. 总体设计的原则有哪些？

2. 简述软件设计与需求分析的关系。

3. 简述用户界面设计应该遵循的原则。

4. 数据库的设计过程大致分哪几个步骤？

5. 什么是结构分析方法？该方法使用什么描述工具？

第 5 章　详细设计

上一章节我们明确了总体设计阶段的主要任务，确定了软件系统的总体结构，对软件的功能进行分解，把软件划分为模块，确定了每个模块的功能及模块与模块之间的外部接口。那么什么是详细设计呢？详细设计就是在上一阶段的基础上，考虑软件系统"怎样实现"的问题，本阶段需要为系统中的每个模块提供足够详细的过程性描述，通过对软件结构进行深入细化，得到关于软件数据结构和算法实现的详细处理过程，因此详细设计也叫过程设计或软件算法设计。需要指出的是该阶段还不是程序编码阶段，而是编码前的准备工作，在这个阶段给出每个模块足够详细的过程性描述，在编码阶段可以方便地将给出的描述直接翻译成某种程序设计语言的代码。因此，详细设计所产生的设计文档（详细设计说明书）的质量，将直接影响编程的质量。为了提高详细设计文档的质量和可读性，首先要说明详细设计的任务、工作流程及设计原则与工作内容，然后简要说明设计工具及选择的基本原则，最后给出了详细设计说明书以及评审的相关内容。

📖 学习目标

（1）理解详细设计阶段的任务、原则与内容。
（2）掌握详细设计的方法和常用设计工具的使用。
（3）熟悉用户界面设计相关问题及原则。
（4）理解代码设计、物理配置方案设计等原理。
（5）掌握详细设计说明与复审全流程。

5.1　详细设计阶段的任务、原则与内容

5.1.1　详细设计的任务及流程

详细设计是为总体设计说明书中的软件结构中的每一个模块确定使用的算法和数据结构，并选用合适的描述表达工具，将其清晰准确地表达出来。表达工具可以由开发单位或设计人员自由选择，但它必须具有描述细节过程的能力，保证能够在编码阶段直接通过程序设计语言翻译编写成程序。具体来说该阶段的主要任务及流程如下。

（1）算法设计任务：选择合适的表达工具精确地表示模块内部算法。

（2）数据结构设计任务：根据总体设计阶段的数据结构设计进一步确定模块使用的数据结构。

（3）接口设计任务：根据总体设计阶段的接口设计确定模块接口的细节，对系统内部其他模块的调用接口的关系进行设计。

（4）用户界面设计任务：确定模块的数据的输入、输出的展示效果。

（5）其他设计任务：设计每个模块的测试用例，以便在编码阶段对模块进行预定测试，负责详细设计的软件人员对模块的情况了解得最清楚，最合适由他们在完成详细设计后接着提出对各个模块的测试要求。

（6）编写详细设计说明书，准备评审复审工作：本部分主要将上面的工作过程及结论写入详细设计说明书中，并且通过复审形成正式文档，交付给编码阶段的人员作编程依据。

5.1.2　详细设计的原则

详细设计的最终文档是为了下一阶段的编程，因此在设计过程中必须具备一些基本的原则。

（1）模块设计原则：首先要保证模块的逻辑描述清晰可读，其次是模块的设计要高效正确可靠。

（2）结构化控制原则：采用结构化设计方法，自顶向下逐步细化。采用基本的顺序、选择和循环结构，减少 goto 语句的使用，保证程序单入口单出口的控制结构，降低程序复杂程度，提高程序的可读性、可测试性和可维护性。

（3）选择适当的描述工具来描述模块的算法。

5.1.3　详细设计的内容

在详细设计过程中，需要尽量保证每个环节的设计条理清晰，高效可靠，我们需要从以下几个方面进行设计。

（1）数据结构设计：一般在这个设计过程中，涉及的内容比较多，我们需要采用一定的数据库系统对需求分析阶段、总体设计阶段的概念性的数据进行数据的逻辑结构和物理存储结构的设计，用来保证模块在调用数据时能够减少数据存储开销，提高数据运行速度。另外，在本阶段还需要考虑设计数据的安全性，从系统的源头上保证数据的完整性、一致性和安全性。

（2）处理流程与算法设计：在这个设计过程中，主要考虑模块内部的细节表达，包括表达模块内部数据流、数据组织及控制流程等属性的控制设计，我们可以采用各种工具对模块数据处理流程及算法过程进行描述，通常采用的工具有程序流程图、盒图（N-S图）、问题分析图（PAD）和过程设计语言（PDL）等。

（3）用户界面（User Interface，UI）设计：一个好的系统一定是具有友好的操作界面，用户使用便捷，界面外观符合用户要求。好的 UI 设计是会影响一个软件系统的市场竞争力的，因此目前用户界面设计在软件系统设计中所占的比例越来越大，在软件工程行业专门有 UI 设计师的工种要求。

（4）其他设计：一个系统除了上述的主要设计内容外，还可以包含比如物理配置方案设计、代码设计、系统安全性设计、人机交互设计等，这 4 部分内容的简要说明如下。

① 物理配置方案设计主要描述系统运行所依赖的硬件和软件，其设计就是在各种技术手段和实施方法中权衡利弊，合理地利用各种资源，选择适当的计算机硬件、网络通信设备及其他辅助设备软件，以满足新系统逻辑模型的需要和技术需求。

② 代码设计也称为信息编码设计，注意不是编程代码，而是为了便于在数据结构存储设计过程中进行数据的分类、存储、检索等以及在后续使用数据库存储过程中数据的扩展和规范而进行的设计操作。

③ 系统安全性设计主要会考虑硬件自身的安全、软件设计的安全缺陷、其他对安全要求的控制方面的内容。

④ 人机交互设计在实时系统中将涉及人机对话内容，对话格式等设计。

5.2　详细设计的方法和工具

5.2.1　详细设计的方法

在 20 世纪 60 年代中期由迪科斯彻（Edsger Wybe Dijkstra）提出的结构化程序设计方法是目前处理过程设计的方法中最为典型的设计方法。它的思想在于能够通过各种工具表达，指导人们用良好的思想方法开发方便理解、便于验证的程序。结构化程序设计方法有以下几个基本要点。

（1）在需求分析阶段，我们采用了自顶向下逐步求精的分析方法，将一个系统从现实世界转化为计算机世界的模拟模型，同样道理，我们需要在计算机世界实现一个具体的实用模型，这同样可以采用自顶向下逐步求精的程序设计方法指导编程实现。

（2）任何程序都可由顺序、选择及循环三种基本控制结构。比如对一个模块处理过程细化时可以通过顺序控制结构保证确定各模块的执行顺序；如果模块处理过程中有执行条件的选择，可以通过选择控制结构确定某个部分的执行条件；假设模块某部分进行重复的操作流程，则可以通过循环控制结构对过程分解，确定某个部分重复的开始和结束的条件。

（3）采用主程序员的组织形式管理详细设计团队，保证详细设计的参与者在撰写详细设计说明书的时候准确可靠，组织结构详细，方便后续编程。

主程序员的组织形式指开发程序的人员应以一个主程序员（负责全部技术活动）、一个后备程序员（协调、支持主程序员）和一个程序管理员（负责事务性工作，如收集、记录数据、文档资料管理等）三人为核心，再加上一些专家（如通信专家、数据库专家）和其他技术人员。

例如我们需要开发一套高效、可靠的智慧医疗信息系统，项目团队采用了主程序员的组织形式进行管理，其分工如下。

主程序员职责：负责整个项目的架构设计、技术选型和技术难题的解决；制订开发计划和进度安排，确保项目按时交付；负责团队的技术培训和知识分享，提升团队整体技术能力。

团队成员职责：在主程序员的指导下，负责各自模块的详细设计和编码工作；积极参与团队讨论，提出问题和建议，共同解决问题；相互协作，确保模块之间的接口一致和数据共享。

在这个案例中，主程序员负责整个项目的技术方向和领导工作，而团队成员则在主程序员的指导下进行详细设计和编码工作。通过团队协作和沟通，团队成功地开发出了一套高效、可靠的智慧医疗信息系统。

这种组织形式突出了主程序员的领导作用。设计责任集中在少数人身上，不仅有利于提高软件质量，而且能有效地提高软件生产率。这种组织形式最先由 IBM 公司实施，随后其他软件公司也纷纷采用该组织形式进行工作。

结构化程序设计方法就是综合应用上述各种手段来构造高质量程序的思想方法。

5.2.2　详细设计的工具

在理想状态下，算法的设计过程应该通过自然语言描述表达，方便用户理解。然而现实情况是自然语言需要参照上下文，对问题解析要求比较高，还容易产生语义的二义性等问题，因此必须通过严格的表达工具描述算法细节。常见的详细设计工具可分为图形工具、表格工具和语言工具 3 类。

图形工具就是采用标准的图形图标将算法的细节过程表达出来，常见的有程序流程图、盒图及 PAD 等。

表格工具就是采用表的形式表达算法处理细节，在表中设置出处理的条件及行动的组合，常见工具有判定表、判定树等。

语言工具最贴近编程语言，采用某种语言描述，常见工具有 PDL 等。

1. 程序流程图

程序流程图也称为程序框图，它是软件开发人员最为熟悉的历史悠久、使用广泛的一种描述程序逻辑结构与算法的工具，独立于任何语言，采用特殊的符号与图标直观清晰地描述过程处理及基本控制流程结构。在程序流程图中有一些符号与系统流程图是相同或类似的，由于程序流程图是人们交流算法的一种描述工具，不是给计算机使用，一般都是从上往下按照执行顺序绘制而成，这里只介绍基本符号及基本的程序流程图。

1）程序流程图基本符号

程序流程图基本符号如表 5-1 所示。

表 5-1　程序流程图基本符号

符号	说明
▭	开始/结束框，代表程序流程图的开始或结束
▱	输入/输出框，代表数据的输入或输出
▭	处理框，代表程序的处理过程及步骤

续表

符号	说明
→	箭头，代表流程的走向
◇	条件判断框，框内需要写出判断条件，程序流程会根据判断条件的真或假来决定程序流程走向

2）程序流程控制结构

在程序流程图中，如果想要达到结构化程序设计目的，只能通过以下5种流程控制结构，如图5-1所示。

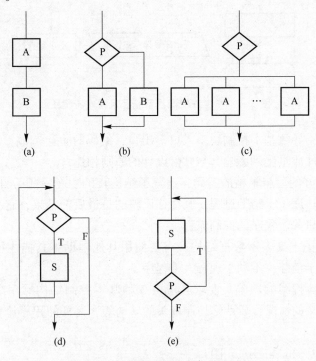

图 5-1　程序流程图的基本控制结构

（a）顺序型；（b）选择型；（c）多分支选择型；（d）当型循环；（e）直到型循环

（1）顺序型：有连续的几个执行步骤依次从上往下执行。

（2）选择型：会根据选择条件判断真假，从而决定具体执行哪个分支。

（3）多分支选择型：当控制条件有多个不同结果，根据控制值选择执行其中某一分支。

（4）当型循环：先判断条件，条件成立则重复执行某工作。

（5）直到型循环：先执行特定循环体，然后判断条件，直到控制条件成立为止。

前面第三章我们分析了学生注册课程系统，其中我们根据需求分析设计出学生登录并查看成绩的程序流程图如图5-2所示。

通过学生注册课程系统登录程序流程图大家可以发现其优点为直观清晰、易于使用，但其也有如下严重缺点。

（1）由于箭头的走向代表控制流，因此可以随心所欲地画流程的流向，这容易造成非

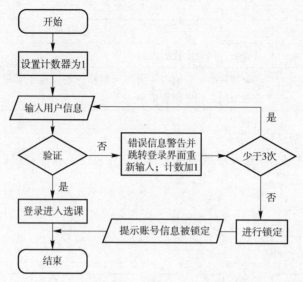

图 5-2　学生注册课程系统登录程序流程图

结构化的程序结构，导致基本控制块多入口多出口，编码时也会造成不加限制地使用 goto 语句，这样会使软件质量受到影响，与软件设计的原则相违背。

（2）它不是很好的逐步求精的工具，违背了结构化的主题思想：自顶向下逐步求精。程序流程图不能反映逐步求精的过程，其往往反映的是最后的结果，它会使程序员不关注程序的全局结构而只关注程序的控制流程。

（3）程序流程图不易表示数据结构，需要使用其他辅助工具描述每个模块的相关数据。另外其描述过于琐碎，不利于理解大型程序。

为了克服程序流程图的缺陷，要求其应由 3 种基本控制结构顺序组合和完整嵌套而成，不能有相互交叉的情况，要严格控制箭头的转向等，这样的程序流程图才是结构化的程序流程图。

2. 盒图（Nassi-Shneiderman 图）

盒图也称为 N-S 图，是由艾克·纳斯（Ike Nassi）和本·施内德曼（Ben Schneiderman）按照结构化的程序设计要求提出的一种图形算法描述工具。实际上 N-S 图是程序流程图的一种变形，其取消了程序流程图中的控制箭头和控制线，采用盒子方式描述程序中的每个处理。一个盒子代表一个处理，并且规定了盒子上端为入口，下端为出口。这种图形化工具很好地解决了因任意使用控制流程而产生的控制跳转问题，更符合结构化程序设计原则。

因为是程序流程图的一种变形，因此与程序流程图的 5 种基本流程相似，它也有 5 种表示流程的形式，具体内容如下。

（1）顺序型：程序先执行 A 然后执行 B，按顺序执行任务，如图 5-3（a）所示。

（2）选择型：会根据条件 P 判断真假，如果条件为 F，则执行 F 下面的 A；如果条件为 T，则执行 T 下面的 B，如图 5-3（b）所示。

（3）多分支选择型：当控制条件 P 有多个不同结果，根据控制 P 值选择执行，如果值是 a 则执行 a 下面的程序 A 内容，如果值是 b 则执行 b 下面的程序 B 内容，依次类推，结果只能是其中某一分支模块的内容，如图5-3（c）所示。

（4）当型循环：也称为 while 型，先判断条件，条件为真则重复执行循环体 S，否则结束循环，如图5-3（d）所示。

（5）直到型循环：也成为 until 型，先执行特定循环体，然后判断条件，直到控制条件成立为止，如图5-3（e）所示。

当程序嵌套层次过多，使用一个 N-S 图描述流程会过于复杂，N-S 图允许使用嵌套关系简化，只要在一个盒子中多加一个椭圆即可表示另一个盒子，也就是所谓的子 N-S 图，如图5-3（f）所示，本处只给出一个简化版，大家可以自行将其他几种形式的盒图嵌套图绘制出来。

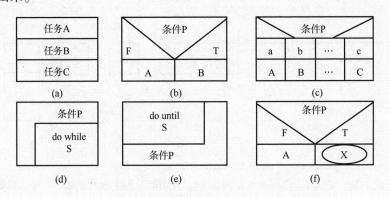

图 5-3　盒图的基本控制结构与带嵌套的 N-S 图

（a）顺序型；（b）选择型；（c）多分支选择型；（d）当型循环；（e）直到型循环；（f）带嵌套的 N-S 图

例如学生注册课程系统中，登录需求允许输入 3 次，如果输入信息正确，则登入，输入信息错误运行重新输入，但是超过 3 次就不能再登入的流程，其盒图如图5-4所示。

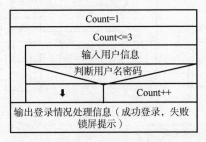

图 5-4　学生注册课程系统登录盒图

大家可以发现用 N-S 图表示算法有如下特点。

（1）图形准确，思路清晰，结构良好，容易设计，也容易阅读。

（2）不会出现任意的控制转移处理，严格遵循结构化程序设计思想，从而有效地提高了详细设计的质量和效率。

（3）很容易确定数据的作用范围是全局数据还是局部数据，同时如果项目庞大，也能够表现出程序的层次关系和嵌套模型关系。但是当需要对设计进行修改时，盒图的修改工作量太大。

3. 问题分析图

问题分析图（Problem Analysis Diagram，PAD），自 1973 年日本日立公司提出以来，

已得到一定程度的推广，它也是由程序流程图演变而来，采用二维树形结构的图来表示程序的控制流。与前面介绍的两种描述算法的图形工具一样，它也有 5 种基本控制结构，如图 5-5 所示，其中图 5-5（f）为程序 A 的细化结构图。

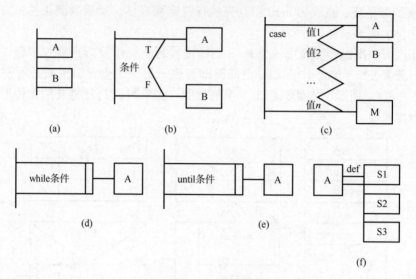

图 5-5　PAD 的基本控制结构

（a）顺序型；（b）选择型；（c）多分支选择型；（d）当型循环；（e）直到型循环；（f）A 的细化结构

例如将图 5-4 所示的流程用 PAD 表示，可得图 5-6。

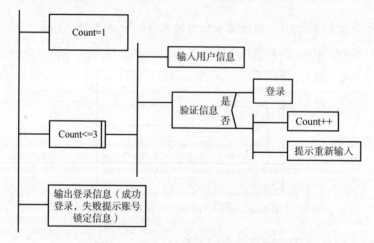

图 5-6　学生注册课程系统登录 PAD

通过案例分析可见 PAD 的优点如下。

（1）程序执行从左边竖线开始，从上往下，从左至右，清晰的表达了结构化的程序设计思想。

（2）支持逐步求精的设计方法，左边层次中的内容可以抽象，然后由左到右逐步细化。每个处理均可被遍历，清晰地反映了程序的层次结构。图中的竖线为程序的层次线，最左边竖线是程序的主线，其后一层一层展开，层次关系一目了然。

（3）易读易写，使用方便，可自动生成程序。可以通过 PAD 编辑器将用户的输入转换成 PAD，然后经过 PAD 翻译器产生程序中间语言，再通过 PAD 连接最终产生能够直接生成的高级语言，如 C 语言、Fortran 语言等。

4. 判定表

当描述的模块中逻辑加工包含复杂的条件组合，并要根据这些条件选择动作时，前面介绍过的程序流程图、盒图等在描述过程中就会显得烦琐不清晰，存在一定的缺陷，这时就可以采用判定表来清晰地表示出复杂的条件组合与各种动作之间的对应关系。

一张判定表由四部分组成。左上部列出所有条件，左下部是所有可能做的动作，右上部是表示各种条件组合的一个矩阵，右下部是和每种条件组合相对应的动作，如图 5-7 所示。

条件定义	各种条件的组合值(条件项)
行动行为	对应条件下某操作是否要执行(行动项)

图 5-7　判定表的组成示意图

判定表的每一列实质上是一条规则，规定了与特定的条件组合相对应的动作。使用判定表很容易描述顺序和选择，但是对描述循环就显得比较麻烦。

例如分析前面的学生注册课程系统，可以看见学生和教师拥有的是不同的操作处理，因此需要根据系统逻辑加工描述进入的是否是合法用户，设权限 C1 为管理员，C2 为教职工，C3 为学生；当用户输入合法的用户名和密码进行验证，如果选择 1 则登录管理员界面；选择 2 登录教职工界面；选择 3 登录学生界面，如果验证失败，则进入错误提示界面。学生注册课程系统登录模块判定表如表 5-2 所示。

表 5-2　学生注册课程系统登录模块判定表

选项			规则			
			1	2	3	4
条件	权限选择	C1 管理员	Y	N	N	—
		C2 教职工	N	Y	N	—
		C3 学生	N	N	Y	—
	验证条件	验证用户信息	Y	Y	Y	N
动作	行为	登录管理员界面	√			
		登录教职工界面		√		
		登录学生界面			√	
		进入错误提示界面				√

5. 判定树

判定树也被称为决策树，它适合描述逻辑加工中有多个决策且每个决策都与若干条件有关的处理过程，实质上是判定表的一种变形，它们只有形式上的差别，本质上是一样的。当用户不容易接受判定表的描述形式时，则可以通过判定树来描述。设计人员只用在描述逻辑加工的文字中分辨出决策条件和决策行为，然后根据描述中的条件判定的关键词找到它们的从属关系、并列关系和选择关系即可构造决策树。下面通过将上面描述过的学生注册课程系统登录模块的判定表改成判定树形式，来说明判定树的特点和与判定表的差异性，如图 5-8 所示。

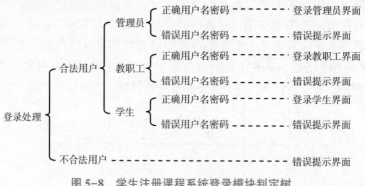

图 5-8　学生注册课程系统登录模块判定树

从上面判定树和判定表的案例可以看出，判定树比判定表更直观，能清晰地表达什么情况下做什么的决策，但是相对而言，判定树表达出来的逻辑关系不够。一般来说，如果有多重嵌套复合条件的逻辑加工处理，当条件不复杂采用判定树更好；当条件过于复杂时还是采用判定表更有优势。

6. 过程设计语言

过程设计语言（Process Design Language，PDL），也称为伪代码，不同于前面介绍的图形工具和表格工具，它是一种软件描述语言，用正文形式表示数据和处理过程，用严格的关键字和外部语法来定义控制结构和数据结构。PDL 在程序框架结构上采用结构化程序设计语言，但是在细节处理上则采用自然的描述性语言，结构严谨但是处理过程自由灵活，也易于实现。PDL 结构上类同于一般程序，具有注释部分、数据说明部分和数据处理部分。PDL 从语法来看分为外语法和内语法。外语法应当符合一般程序设计语言常用语句的语法规则；内语法是没有定义的，自然描述性语言即可，比如说可以用英语（或汉语）中一些简洁的短语和通用的数学符号来描述程序应执行的功能。

PDL 有严格的语法结构和程序控制结构，关键词类同于一般编程语言，如使用 if…then…else 表示分支，使用 while…do 表示循环等。下面具体介绍下 PDL 的基本结构。

（1）注释部分：在 PDL 中，可以用"－－＊文字说明＊－－"的形式来对语句进行解释说明，该部分旨在提高程序的可读性。

（2）数据说明部分：主要说明数据的类型及作用范围，一般形式可以表示成"declare <数据名称> as <界定词>"；其中数据名称表示常量或变量，界定词表示为具体的数据结构，如常见的数据类型、数组、泛型、集合、列表等。

例如需要用 PDL 表示用户名，"declare UserName as String"即表示了字符串类型的变量 UserName。

（3）数据处理部分：本部分主要表达在模块处理过程中的控制流程，基本结构也同其他描述工具类似。

① 顺序结构。其描述如下。

begin　<PDL 语句> end

强调 PDL 语句可以是子程序、分程序，如果是子程序则需要通过子程序结构或分程序结构进行调用。

② 分支结构。其描述如下。

```
if <条件>
    then <语句 1>
else <语句 2>
end if
```

③ 多分支结构。

如果用 if 描述多分支，则描述如下。

```
if <条件 1>
    then <语句 1>
else if <条件 n>
        then <语句 n>
    else <语句 m>
end if
```

如果是根据分支因子决定分支结构，则描述如下。

```
case <分支因子> of
<标号 1>[,|<标号 2>,|<标号 n>|]:<语句>
[default]:<语句>
end case
```

其中分支因子是一个固定的值，然后匹配与之对应的标号，执行对应标号后面的语句，如果分支因子没有对应的标号则执行 default 后面的语句。

④ 当型 while 循环结构，其描述如下。

```
loop while <条件>
    <PDL 语句>
end Loop
```

⑤ 直到型 until 循环结构，其描述如下。

```
loop until <条件>
    <PDL 语句>   exit when <条件>
end loop
```

例如使用 PDL 描述学生选课系统登录模块详细设计算法。其描述如下。

```
procedure fsm()
    clear;   --* 清空屏幕* --
欢迎使用学生选课系统
input(用户信息);
if UserName<> 注册名称 并且 pwd<>注册密码：
    提示警告信息；
    计数器加 1；
    loop while( 计数器<=3)
```

```
        input(权限选择);
        调用相关模块跳转到相关界面;
        end loop
        要求重新输入/退出运行界面;
        end if
        clear;
    end fsm
```

通过上例可以看出 PDL 在描述功能模块设计的过程中总体与一般程序设计语言一致，描述简单，容易理解也容易转换成其他语言程序，灵活易用。它描述的程序既满足了抽象概念也可以具体体现结构和功能，符合结构化自顶向下逐步求精的设计思想。虽然它不是编程语言，但是与之类似，只要用它描述，稍加变换就可以转换为其他语言源代码。PDL 语法简单接近自然语言，注释也可以内嵌，不仅提高了程序的可读性，还因为结构相似容易转换为相关开发程序而提高了软件的生产效率，是程序员在详细设计阶段非常喜欢的描述工具。

5.2.3　详细设计工具的选择

衡量一个设计工具好坏的一般准则是看其所产生的过程描述是否易于理解、复审和维护，进而看该过程描述能否自然地转换为代码并保证设计与代码完全一致。

按此准则要求设计工具具有下列属性：

（1）模块化；

（2）整体简洁性；

（3）便于编辑；

（4）机器可读性；

（5）可维护性；

（6）强制结构化；

（7）自动产生报告；

（8）数据表示；

（9）逻辑验证；

（10）可编码能力。

一般认为，PDL 较好地组合了这组特性。

程序流程图和盒图能直观地表示控制流程；判定表能精确地描述组合条件与动作之间的对应关系，特别适用于表格驱动类软件的开发；其他一些设计工具也自有独到之处。经验表明，具体选择详细设计工具时，人的因素可能比技术因素更具有影响力。

5.3　用户界面设计

在软件产品使用过程中，客户认可的软件产品要具有运行速度快、数据可靠、使用方便等优点。随着计算机硬件技术的发展，开发人员对计算机存储容量、运行速度、可靠性等技术都运用熟练，从而开发出来的软件产品是否高速可靠不再是其担心的问题，相反作为人与计算机传递信息的人机界面如用户界面的设计变得至关重要。用户界面是否友好将直接影响到软件的寿命与竞争力。界面是否亲切、友好、美观舒适决定着用户对计算机软件的第一印象的好坏。

5.3.1 用户界面设计特性

衡量一个用户界面设计是否满足产品需求，目前是没有一个统一的规定和规范的，但是从用户角度和开发人员角度去分析，用户界面设计应该具备以下基本特性。

1. 可使用性

用户界面设计最重要的目标是可使用性。它包括以下内容。

（1）操作简单，用户对界面的学习周期应该较短。

（2）用户界面所用的术语应该标准化和一致化，采用用户熟悉的标准系列，在系统任何地方出现的相同概念的术语都是一致的。

（3）拥有完善的帮助功能，以便用户能在需要的时候获得必要的帮助。

（4）用户界面响应速度要尽可能快，不要让用户产生系统停止运行或死机的错觉。

（5）用户界面的成本也应该控制在低的水平，高昂的成本往往成为系统维护的最大障碍。

（6）容错能力强也是系统健壮性的一种表现，用户界面应该尽可能地提高处理错误的能力，而不是遇到错误就退出系统或直接崩溃。

2. 灵活性

（1）用户界面不应太专业化，应根据不同用户的特点、能力和知识水平，在不影响完成任务的前提下，向不同的用户提供不同的界面接口，用户的任务只与用户的目标有关，而与用户界面无关。

（2）界面方式可由用户动态制定和修改，如此便可以有较高的维护性。初学者、熟练用户和专家用户对界面繁简程度有不同的要求，用户界面的可操作性和功能要适应这种要求。

（3）按照用户的希望和需要，用户界面应该提供不同详细程度的系统响应信息，如反馈信息、提示信息、帮助信息、出错信息要有所区别。

（4）用户界面应标准化，与大众化软件系统具有一定的相似性，这样用户对操作方式不会感到陌生。

3. 复杂性

复杂性是指用户界面的规模和组织的复杂程度，而用户界面在满足功能的前提下越简单越好。

4. 可靠性

用户界面无故障使用的时间越长，该用户界面的可靠性就越高，越能可靠地使用系统并保证数据的安全。

5.3.2 用户界面设计基本原则

以前的用户界面设计被视为软件的一大模块，这样就割断了用户界面设计和应用程序设计的联系。用户的意图有时并不容易明确表达出来，并且在一部分软件设计者的心目中存在一些心理障碍，这样容易妨碍友好界面的设计。部分软件设计人员没有从用户的角度去考虑界面设计，我行我素，没有重视界面的美观和方便，使软件设计人员和用户在知识结构上存在差异。用户界面设计的一条原则就是：以人为本，用户体验至上原则。用户界面设计大致应遵守如下规则。

1. 用户向导原则

要站在用户的观点和立场考虑，了解用户需求，根据用户使用习惯、系统目标等方面综合考虑设计界面。进行设计时可以采用帮助功能设计、错误提示处理设计等。帮助功能设计能够给用户提供一些学习和使用方法，保证用户学习和使用软件产品。错误提示处理设计能够及时对用户的操作做出反馈响应，用户一旦操作错误，程序立马应该告知用户错误之处并给出一个改正建议。

2. 统一简单的风格设计

追求新颖独特确实能够给用户带来新鲜感，但是如果让用户不断地适应新界面，也会造成不必要的麻烦，因此在设计过程中，针对同一种级别的设计最好界面风格统一，配色简单、大方得体，保持良好简单的输入/输出风格。

总之，用户界面的好坏取决于设计人员的综合素质及对多方面知识的驾驭能力，一定要从用户的角度出发，虚心学习用户领域的专业知识，了解用户对界面的需求和习惯，才能设计出良好的用户界面。

5.3.3 用户界面设计步骤

用户界面设计是一个迭代的过程，与软件设计过程一样，都需要通过调研、需求分析，然后进行设计，给出具体适合用户的设计方案，并设计出几种不同设计方案供用户试用、选择并评价反馈，以保证设计的用户界面可以持续改进，最终形成用户满意的产品。

用户界面设计可以分以下几个步骤。

（1）进行需求调研，调查软件产品的使用人群的年龄层、受教育程度、平时使用习惯和喜好，针对性地设计用户界面，从用户角度去感受界面的需求，然后进行设计。

（2）明确用户界面系统功能，区分人机各自完成的任务，从实际出发，通过机器模拟原有人为操作的功能并映射到界面上，完成模拟界面设计。为满足用户需求，进行数据输入的设计和信息显示设计。减少用户输入过程，允许用户控制交互流程，允许具有用户自定义和选择输入方式，为输入动作提供帮助。信息显示设计中只显示当前内容有关信息，模拟设计过程能够产生必要的出错及提示设计功能。

（3）设计原型界面，让用户试用原型界面并提出改进意见。设计者根据意见进行修改并实现第二个原型界面，再让用户试用提出意见，不断进行这部分过程直到用户满意为止。

5.3.4 常见用户界面设计

目前的应用软件都采用图形界面作为用户界面用以交互，图形界面的研究也成为许多软件开发机构的课题，该课题主要研究如何高速方便的生成图形界面元素。常见的图形界面有菜单式、对话框式、多窗口式等。

1. 菜单式设计

大部分可视化编程工具都提供了菜单设计器，通过它可以设计出个性化的交互式用户界面。菜单式设计是在显示输出屏幕上提供一组可选的项目，使用者可以通过键盘、鼠标、图形输入板、触笔等输入设备选择其中某项。常见的菜单有固定式菜单、下拉式菜单、快捷方式菜单、级联式菜单等。固定式菜单就是固定在某个位置的菜单，下拉式菜单其实是固定菜单下的一个目录级菜单，级联式菜单也类似，这3种菜单一般不会随鼠标移动而产生位置变化。快捷方式菜单一般就是单击鼠标右键时弹出的浮动菜单，设计更为灵活。

2. 对话框式设计

对话框是系统实现人机会话的重要界面之一。对话框包括显示于屏幕上一个固定或者活动矩形区域的图形和正文信息，通常还要求用户在该框内输入实现指定操作的正文或者选项信息。应用系统设计中通常考虑两种对话方式。

（1）必须回答方式：当对话框弹出后，用户必须回答有关信息或者撤消当前会话。否则对话框不会消失，系统也不执行其他操作。

（2）无须回答方式：用于显示某些信息但是不需要用户做出应答，一般是非模式对话框。比如警告式对话框，当用户操作失误或失败，系统临时做出的响应，提示警告信息。

3. 多窗口式设计

所谓窗口是在显示屏幕上表示一个任务执行状态或者操作选项的视域，多是利用滚动工具，显示更多区域。在多任务系统中，每个窗口还可以看作一个独立的逻辑屏幕（虚拟屏幕）。一个屏幕中可以同时打开多个窗口，好像多个屏幕在同时显示，各窗口之间还可以相互通信，为用户提供更多的操作可能。

在此只简单介绍界面设计，不同的开发环境都有自己的界面设计特点，大家在学习编程语言的时候就会有所体会。

5.4　其他设计

5.4.1　代码设计

代码是代表事物名称、属性、状态等的符号，为了便于计算机处理，一般用数字、字母或它们的组合来表示。比如说学生具有学号、身份证号等，书本具有书名、价格等。这里的学号、身份证号、价格、书名就是代码。在设计数据结构的时候需要考虑这一步，我们称之为代码设计。注意代码设计不是编程代码，而是数据结构设计的步骤。

代码类型有顺序码、层次区间码和助记码等形式，比如我们的身份证号就采用层次区间码形式，性别在 GB/T 2261.1—2003 中就采用常用的顺序码，规定 1 为男性，2 为女性。代码设计旨在提高数据的输入、分类、排序、存储和检索等的操作速度，同时提高内存使用情况。

5.4.2 物理配置方案设计

随着信息技术的发展，各种计算机软、硬件产品竞相投向市场。多种多样的计算机技术产品为信息系统的建设提供了极大的灵活性，使我们可以根据应用的需要选用不同厂家的性能各异的软、硬件产品，但这同时也给系统设计工作带来了新的困难，那就是如何从众多厂家的产品中作出最明智的选择，这就是物理配置方案设计。这个部分的设计主要就是为实现编码做准备工作。我们在设计过程中根据现有平台、详细调查的内容、数据集中性、新系统逻辑模型、设计的体系结构等综合考虑实现系统的硬件系统和软件系统即可。

5.4.3 输入/输出设计

输入/输出设计是在做用户界面设计的时候需要考虑的因素。

输入设计要求输入量要少，输入过程要便捷，有容错能力，以减少错误的发生。输入设计还要求尽早校验数据，对输入数据的校验应尽量接近原数据输入点，以便错误及时得到纠正，保证正确性。输入过程中尽量直接输入编码，减少汉字的输入量。输入设计还应遵守使用权限原则，保证安全性。

输出设计的目的主要是要能够正确及时反映各部门所需要的信息，通常只需详细分析线性系统的输出报表和内容、参与单位原有管理系统、与单位业务员讨论，设计出符合用户对数据输出形式的要求即可。

5.4.4 安全性能设计

一个软件系统的安全取决于系统运行物理环境的安全性、服务器及网络的安全性、操作系统的安全性、应用系统的安全性及应用数据的安全性等，在需求分析阶段要求对分配给如软件系统安全性的需求进行分析，设计人员通过设计实施整体的安全策略，在接口、软件等需求上完成对系统安全性需求的映射，详细设计阶段设计人员才能够对安全策略的实施结果进行评估，及时采取修复补救措施，调整安全预防策略，动态地进行系统安全管理。在这一阶段中经常会采用应用安全功能性设计和基于软件模式的安全功能设计，主要会采用比如身份验证、审计等方法进行设计。

5.5 详细设计说明书与复审

5.5.1 详细设计说明书的内容及规范

详细设计阶段需要建立详细设计说明书，该文档旨在将设计师的思想告诉其他的相关开发设计人员。说明书中需要明确为每个模块确定算法，选择某种合适的工具描述算法过程，写出模块的详细的描述；确定模块使用的数据结构和接口细节，包括系统外部的接口和用户界面、内部其他模块之间接口、输入/输出数据的细节。详细设计说明书必须包括如下内容。

（1）表示软件结构的图表。

（2）对逐个模块的程序描述，包括算法和逻辑流程。

《计算机软件文档编制规范》GB/T 8567—2006 中给出了编写详细设计说明书的参考格式。

5.5.2 详细设计的复审

详细设计的复审是指对设计文档的复审。

1. 复审的指导原则

详细设计复审一般是为了提早发现错误，所以对参与复审的人员提出了一些基本原则。首先，参与复审的设计人员要能够诚恳接受他人提出的建议和意见。复审中提出的问题应详细记录，但不要谋求当场解决；其次，作为提出建议和意见者，要针对设计文档提出建议，要营造出和谐的审查氛围；最后，复审人员在复审结束前必须对本次复审给出结论，说明通过与否。

2. 复审的主要内容

详细设计的主要内容集中在各模块算法设计，因此复审的重点也应该在各模块的具体设计上。比如说审核该软件所有功能是否满足软件需求规格说明书的功能需求，是否达到了总体设计的所有结构的功能要求；审核模块的性能是否满足需求规格说明书中的性能需求；审核该软件的内外部接口是否定义明确；确认现有物理配置方案等是否满足现有技术条件和预算，保证软件能够按时实现；确认选择的算法描述是否合理，是否能够清晰表达成程序设计源代码，数据结构是否能够提高性能等。详细设计的复审工作应该围绕整个设计阶段，以便及时发现问题并纠正设计中的缺陷，以避免后续阶段中因发现错误而付出过高的代价。

3. 复审的方式

复审的方式可以分为正式复审和非正式复审。正式复审要求软件设计人员、用户代表、该领域专家等参加，与会者提前审阅文档资料，设计人员对设计方案进行说明后，以答辩形式回答与会者的提问和建议，并做详细记录。非正式复审就相对比较灵活，参会人员少而且主要还是同行，设计人员逐条解读设计资料，由与会同行跟随他的解读次序一步步审查，存在问题或错误的地方就做好记录，然后根据多数参会者评审意见，来决定通过还是退回修改详细设计部分。

5.6 案例："高校小型图书管理系统"的详细设计说明书

下面是"高校小型图书管理系统"的详细设计说明书，具体如下。

1 引言

1.1 编写目的

作为软件开发过程中的重要步骤，详细设计旨在明确描述高校图书管理系统的算法设计、数据库设计、界面设计以及系统流程等关键内容。这有助于开发人员深入理解系统的实现细节，确保在编码阶段能够准确、高效地实现各项功能。

项目团队可以使用详细设计说明书确保所有成员对系统的设计方案达成共识，减少因沟通不畅或理解偏差导致的开发错误。同时详细设计说明书还可以成为团队成员之间协作的参考依据，帮助大家协同工作，确保项目进度顺利推进；有助于测试人员根据文档中的描述，制订测试计划和用例，对系统的各项功能进行全面、细致的测试。在系统上线后，维护人员也可以参考本文档，对系统进行日常维护和升级操作，确保系统的稳定运行；同时本文档可以作为项目交付的重要成果之一，向全校师生及管理人员展示系统的专业性和可靠性。

1.2 背景说明：

开发软件名称：高校小型图书管理系统；

项目任务提出者：×××；

项目开发者：×××；

用户：图书馆管理人员与全校师生；

实现软件的单位：×××。

1.3 定义

列出本文件中用到的专门术语的定义和外文首字母组词的原词组。

1.4 参考资料

列出本系统相关的参考资料，如：

（1）本项目经核准的计划任务书或合同、上级机关的批文。

（2）属于本项目的其他已发表的文件。

（3）本文件中各处引用到的文件资料，包括所要用到的软件开发标准。列出这些文件的标题、文件编号、发表日期和出版单位，说明这些文件的来源。

2 程序系统的结构

用一系列图表列出本程序系统内的每个程序（包括每个模块和子模块）的名称、标识符和它们之间的层次结构关系。

其他部分在总体设计中描述并展示，此处就不再赘述。本处将重点描述详细设计的算法设计、数据库设计及处理流程设计算法。

本项目主要设计的功能有图书管理、借阅管理和统计分析管理等功能，可以从以下几个方面设计算法流程。

2.1 图书检索算法

（1）顺序检索：遍历数据库中的图书信息，逐一比较，直到找到匹配项。

（2）哈希检索：利用哈希函数，根据图书的某些属性（如 ISBN 号）直接定位到数据库中的对应位置。

（3）索引检索：建立索引表，通过索引快速定位到图书数据。

例如，使用面向对象语言的伪代码写出本项目的图书检索算法，示例如下。

```
// 假设我们有一个图书类,在没有进行数据库设计的情况下,假设图书有如下几个属性。
class Book
{
    String title;
    String author;
    String isbn;
    Boolean isBorrowed;
    Int stock;
    Int minstock;//库存预警临界值
```

```
        // 构造方法、getter 和 setter 方法略
}
// 图书列表
List<Book> books = Arrays. asList(
        new Book("图书 A", "作者 1", "1234567890"),
        new Book("图书 B", "作者 2", "0987654321"),
        // ... 其他图书信息);
// 图书检索方法
void searchBooks(String keyword)
{
        for (Book book : books)
        {
                // 检查图书的标题、作者或 ISBN 是否包含关键词
                if (book. getTitle(). toLowerCase(). contains(keyword. toLowerCase()) ‖
                        book. getAuthor(). toLowerCase(). contains(keyword. toLowerCase()) ‖
                        book. getIsbn(). toLowerCase(). contains(keyword. toLowerCase()) ‖
                        {
                        // 如果包含,打印图书信息
                        System. out. println("标题: " + book. getTitle());
                        System. out. println("作者: " + book. getAuthor());
                        System. out. println("ISBN: " + book. getIsbn());
                        System. out. println();
                        }
                }
        }
}
```

2.2 图书借还算法

借阅:验证读者身份和借阅权限,检查图书状态(是否可借),更新图书借阅信息,生成借阅记录。

归还:验证图书信息和借阅记录,更新图书状态,删除借阅记录。

在 book 类中,添加以下方法代码。

```
//提供图书借书和还书方法
public boolean isBorrowed()
{
        return isBorrowed;
}
public void setBorrowed(boolean borrowed)
{       isBorrowed = borrowed;
}
```

然后定义一个 Library 类用于管理图书的借还操作,示例代码如下。

```
public class Library
{
        private List<Book> books;
```

```java
public Library()
{
    this. books = new ArrayList<>();
}
// 添加图书到图书馆
public void addBook(Book book)
{
    this. books. add(book);
}
// 借阅图书
public boolean borrowBook(String isbn)
{
    Optional<Book> optionalBook = books. stream()
            . filter(book- >book. getIsbn(). equals(isbn) && ! book. isBorrowed())
            . findFirst();
    if (optionalBook. isPresent())
    {
        Book book = optionalBook. get();
        book. setBorrowed(true);
        System. out. println("图书 " + book. getTitle() + " 已借阅。");
        return true;
    }
    else
    {
        System. out. println("未找到图书或图书已被借出。");
        return false;
    }
}
// 归还图书
public boolean returnBook(String isbn)
{
    Optional<Book> optionalBook = books. stream()
            . filter(book - > book. getIsbn(). equals(isbn) && book. isBorrowed())
            . findFirst();

    if (optionalBook. isPresent())
    {
        Book book = optionalBook. get();
        book. setBorrowed(false);
        System. out. println("图书 " + book. getTitle() + " 已归还。");
        return true;
```

```
        }
        else
        {
            System. out. println("未找到图书或图书未被借出。");
            return false;
        }
    }
    // 打印图书馆中所有图书的状态
    public void printBooksStatus()
    {
        for (Book book : books)
        {
            System. out. println(book + " - 借出状态: " + book. isBorrowed());
        }
    }
}
```

2.3 统计管理算法

该算法主要涉及图书的库存查询及预警。

（1）库存查询：统计各类图书的库存数量。其示例代码如下。

```
public class LibraryManagement
{
    private List<Book> books;
    public LibraryManagement()
    {
        books = new ArrayList<>();
        // 初始化图书数据
        books. add(new Book("Java 编程思想",100,20));
        books. add(new Book("设计模式",80,15));
        // ... 其他图书
    }
    public void queryStock(String title)
    {
        for (Book book : books)
        {
            if (book. getTitle(). equals(title))
            {
                System. out. println("图书《" + title + "》的库存为:" + book. getStock());
                return;
            }
        }
        System. out. println("未找到图书《" + title + "》");
    }
```

```
    }
```

（2）库存预警：当某类图书库存低于预设阈值时，触发预警机制。示例如下。

```java
public void stockWarning()
{
    System. out. println("库存预警:");
    for (Book book : books)
    {
        if (book. getStock() <= book. getMinStock())
        {
            System. out. println("图书《" + book. getTitle() + "》库存不足,请及时补充! 当前库存:" +
            book. getStock());
        }
    }
}
```

（3）图书统计：统计当前图书的库存量等。示例如下。

```java
public void statistics()
{
    System. out. println("图书统计:");
    for (Book book : books)
    {
        System. out. println("图书《" + book. getTitle() + "》的库存为:" + book. getStock());
    }
}
// 示例用法
public class Main
{
    public static void main(String[] args)
    {
        Scanner scanner = new Scanner(System. in);
        System. out. print("请输入要检索的关键词:");
        String keyword = scanner. nextLine();
        searchBooks(keyword);
        scanner. close();
        LibraryManagement library = new LibraryManagement();
        // 库存查询示例
        library. queryStock("Java 编程思想");
        // 图书统计示例
        library. statistics();
        // 库存预警示例
        library. stockWarning();
    }
}
```

请注意，这些伪代码主要是为了展示算法的逻辑，不是真正可以直接编译运行的代码，在后续的系统实现过程中，还需要处理一些边界情况。数据库性能及访问、数据算法及结构化程序的设计与实现等部分内容由开发人员根据算法、数据库表及流程设计等采用某种标准的编程语言进行实现。

3 数据库设计

在本项目高校小型图书管理系统中，数据库表的设计是核心部分，它决定了系统如何存储和管理图书、读者以及借阅记录等关键信息。从系统分析与总体设计的概念模式可以获得本项目的相关数据存储结构，如下表格所示。

（1）图书表（books）如表5-3所示。

表5-3　图书表（books）

字段名	数据类型	约束	描述
book_id	int	主键	图书唯一标识符
title	varchar(30)		图书标题
author	varchar(100)		作者
isbn	varchar(15)		国际标准书号
publisher	varchar(30)		出版社
publication_year	int		出版年份
category	varchar(20)		图书类别
quantity	int		库存数量
status	int		图书状态（如：0——可借出、1——已借出、2——上架中）

（2）借阅者表（readers）如表5-4所示。

表5-4　借阅者表（readers）

字段名	数据类型	约束	描述
reader_id	int	主键	读者唯一标识符
name	varchar(20)		读者姓名
gender	char(2)		性别
student_id	varchar(15)		学号（如果是学生）
department	varchar(10)		院系（如果是学生）
phone_number	varchar(13)		联系电话
email	varchar(50)		邮箱地址
status	int		读者状态（如：0——正常、1——暂停借阅）

（3）借阅记录表（borrow records）如表5-5所示。

表5-5　借阅记录表（borrow records）

字段名	数据类型	约束	描述
record_id	int	主键	借阅记录唯一标识符
book_id	int	外键	借阅图书的 id
reader_id	int	外键	借阅图书的读者的 id
borrow_date	date		借阅日期
return_date	date		归还日期（可为 null，表示尚未归还）
due_date	date		应还日期
status	int		借阅状态（如：1——已借出、2——已归还、3——逾期）

（4）用户表（users）如表5-6所示。

表5-6　用户表（users）

字段名	数据类型	约束	描述
user_id	int	主键	用户唯一标识符
user_name	varchar(30)		用户名
password	varchar(30)		用户密码
user_style	int		用户类型（如：0——管理员、1——教师、2——学生、3——其他）

在借阅记录表中，book_id 和 reader_id 是外键，它们分别引用了 books 表和 readers 表的主键，确保了数据的一致性和完整性。status 字段用于表示图书或读者的状态，如是否可借、是否暂停借阅等，根据分析设计的内容和实际业务需求，可以进行扩展。借阅记录表中的 return_date 字段可以为 null，表示该图书尚未归还。当图书归还时，该字段将被更新为实际的归还日期。为了简化设计，这里省略了一些可能需要的字段，如图书的详细描述、读者的地址等。比如说用户类型将会对应设计一个用户类型表，用户类型权限表等，图书也可以设计一个图书类型表及出版社信息表等，这些功能都是根据分析阶段的实际需求动态设计的。

4　处理流程设计

根据系统总体设计与本项目的算法相关设计，给出各功能的处理流程设计，主要采用程序流程图表达，比较直观。各子功能处理流程图可以根据需要继续分解。

本系统通过功能分析给出的总体程序流程图如图5-9所示。

5　项目尚未解决的问题

本项目的详细设计需要与项目的总体设计、项目实施等综合考虑，其中 UI 设计没有办法在详细设计中实现，将在系统实施中完成。

本项目到此基本可以进行设计复审，为下一步的系统编码和实施做好准备工作。

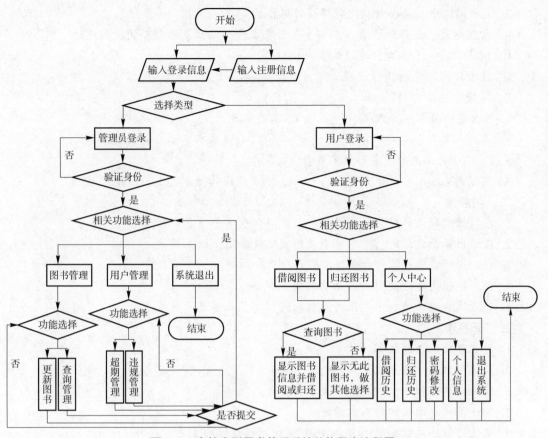

图 5-9 高校小型图书管理系统总体程序流程图

5.7 本 章 小 结

本章主要在总体设计基础上，对详细设计进行了展开论述，先对详细设计的内容进行了概括，让大家能够理解掌握一个系统的详细设计的主要内容，然后根据详细设计内容展开描述详细设计阶段的任务、原则与内容、设计方法及常用设计工具的使用。本章重点介绍了详细设计的方法与工具使用，并通过案例讲解了详细设计全流程，让学生能够在学习过程中了解详细设计说明书的撰写及今后工作过程中的详细设计复审环节的内容。

 习题五

一、选择题

1. 软件详细设计的主要任务是确定每个模块的（　　　）。

A. 程序　　　　　　　　　　　　B. 外部接口

C. 功能　　　　　　　　　　　　D. 算法和使用的数据结构

2. 不属于详细设计工具的是（　　　）。

A. DFD　　　　　B. PAD　　　　　C. PDL　　　　　D. N–S 图

3. 下面描述中，符合结构化程序设计风格的是（　　）。

A. 使用顺序、选择和重复（循环）3 种基本控制结构表示程序的控制逻辑

B. 模块只有一个入口，可以有多个出口

C. 注重提高程序的执行效率

D. 不使用 goto 语句

4. 作为设计复审参与人员，（　　）不需要参会。

A. 设计人员　　　　　　B. 用户　　　　　　　C. 领域专家　　　　　D. 运维师

5. UI 设计的满足的基本特性不包含（　　）。

A. 灵活性　　　　　　　B. 可靠性　　　　　　C. 可操作性　　　　　D. 美观性

二、判断题

1. 在数据代码设计时，应尽量让一条代码代表多个信息。　　　　　　　　　（　　）

2. 在输出界面设计时，要尽可能使用代码或缩写，以求简洁。　　　　　　　（　　）

3. 详细设计评审应尽可能和概要设计评审一同进行。　　　　　　　　　　　（　　）

4. 程序流程图允许使用 goto 语言转换源代码。　　　　　　　　　　　　　（　　）

5. 处理流程设计过程中不用关注数据流程图，只要结构图就可以。　　　　　（　　）

三、简答题

1. 简述详细设计的任务。

2. 简述详细设计的原则。

3. 简述结构化程序设计的基本要求和特点。

4. 简述用户界面设计的基本原则。

5. 请使用程序流程图、PAD 和 PDL 描述下列程序的算法。

（1）求 10 个数中的最大数。

（2）输入 3 个整数 a、b、c，并按从小到大排序。

（3）实现某程序，该程序的功能：读入任意长的一段英文文本，将其分解为单字，然后输出一个单词表，并输出每个单词在文本中的出现次数。

第6章　面向对象分析

面向对象分析是一种基于面向对象思想的软件分析方法，其关键是识别出问题域内的对象，并分析它们相互间的关系，最终建立起问题域的简洁、精确、可理解的需求模型。面向对象分析要建立3个模型：功能模型、对象模型和动态模型。功能模型使用用例进行建模，通过分析参与者与系统的交互而确定软件系统的功能需求。对象模型也称为静态模型，由主题层、对象层、结构层、属性层和服务层5个层次组成，用于描述系统中的类和对象以及它们之间的关系，这些关系包括继承、聚合和关联等，它们共同构成了系统的静态结构。动态模型用于明确对象之间的交互方式和协作关系，这有助于我们更好地理解用户需求，并设计出符合用户期望的系统。面向对象分析提供了一种有效的系统分析方法，可以帮助系统开发人员更好地理解和描述现实世界中的事物及其相互关系，从而设计出更加高效、可靠和易维护的软件系统。

学习目标

（1）理解面向对象分析的概念、任务和过程。

（2）理解面向对象分析的3个模型。

（3）掌握用例及用例图概念，能够使用的用例图进行功能建模。在建立功能模型时需要具备较好的沟通能力，能够和用户进行有效的交流，准确地获取用户的需求。

（4）掌握类的识别，类的属性、方法、服务和关系，能够应用类图和包图建立静态模型。

（5）掌握动态模型中顺序图、通信图和活动图，理解状态图，能够应用相关图形建立动态模型，通过设计不同的活动流程和时序关系，培养逻辑思维和创新能力。

6.1　面向对象方法

6.1.1　面向对象的基本概念

1. 对象

对象是客观世界中存在的事物，在信息域中，与要解决问题相关的任何事物都可以作为对象。对象可以是有形的实体，如学生、汽车、书、教室等，也可以是无形的规则、概念或事件，如订单、选课、比赛等。

对象由属性和作用于对象的方法组成。对象的属性由数据描述，为对象的静态特征。方法体现了对象的行为，也称为操作，是对象的动态特征。

2. 类

类是对一组具有相同属性和方法的对象的描述。类由对象抽象而来，是抽象的数据类型，类是对象的模板，对象是类的实例。由于类是对象的抽象，所以类也具有属性和方法。

3. 封装性

通过类的定义把属性和方法封装为一个整体，并统一通过类提供的外部接口来访问。通过封装，可以对外隐藏类的具体细节，可有效避免类的使用者对类中数据进行错误的修改。

在类中对属性和方法设置访问权限以实现封装性，一般面向对象语言都具有以下 3 种权限。

（1）私有权限：类的私有属性和方法只能在类中访问，类的外部不能访问。

（2）公有权限：类的公有属性和方法可以在类的外部访问，一般定义外部访问类的开放接口为公有方法，通过公有方法对外提供类的服务，体现类的功能性。

（3）受保护的权限：用于继承环境，受保护的类成员除了类自己能访问外，子类也具有访问的权限。

4. 继承性

继承是子类自动共享父类中属性和方法的机制。子类通过继承构造出一个类家族，称为类库。继承在面向对象中具有如下重要的作用。

1）软件的重用性

继承中子类继承了父类的属性和方法，子类不必重写这些属性和方法，只需按照需求扩充自己特有的其他属性和方法，就可实现代码的重用。而且，当需要更改子类继承的属性和方法时，只需要对父类进行修改，这可以提高软件的维护性。

2）多态性的支持

各个子类可以根据需求重写继承父类的方法，这不仅以体现子类的特殊性，而且为不同子类的同一方法在运行时体现的多态性提供了支持。

5. 多态性

多态性是指相同的方法可作用于多种类型的对象上并获得不同的结果。

例如有一个形状类定义了计算面积的方法，派生类、矩形类和圆类都重写了该方法，在计算形状面积时，如果对象是矩形对象，计算的是矩形的面积，对象为圆对象，则计算的是圆的面积。

6. 消息

消息是要求某个对象执行类中定义的方法时所传递的规格说明。通常包括对象名、执行的方法名、执行操作需要的参数。

7. 面向对象

面向对象（Object-Oriented，OO）以对象为中心，以类和继承为构造机制，来认识、理解、刻画客观世界和设计、构建相应的软件系统。

8. 问题域

被开发系统的应用领域，即在现实世界中这个系统所涉及的业务范围。

9. 系统责任

被开发系统应该具备的职能。问题域和系统责任在很大部分上是重合的，但不一定完全相同。例如要开发一个企业 ERP 系统，则企业的业务范围都属于问题域，如人事管理、生产管理、销售业务、仓库管理等。对于人员的任免，是企业的问题域，但在 ERP 系统中，不需要对人事任免过程进行管理，所以这不属于系统责任。而系统的信息备份、人员的权限管理等，这不是业务范围，属于系统责任。

在进行面向对象分析时，应该从问题域中的概念和系统责任出发构造系统模型。

6.1.2　面向对象方法

1. 传统软件开发方法的不足

传统软件开发方法对用户的需求分析，软件的设计、实现、测试提供了方法和工具的支持，为消除软件危机、推动软件工程发展提供了较好的技术支持。特别是完整的文档体系和文档编写规范，有助于软件后期开发和维护。但是随着软件系统需求的不断变化、软件开发技术的不断发展、软件应用环境的日益复杂、软件规模的不断扩大，传统软件开发方法也暴露出自己固有的一些问题。

1）需求分析和设计在描述和表示上的不一致

在结构化开发方法中，需求分析通过数据流图来体现系统的功能，而在设计阶段使用系统功能结构图描述系统的功能结构，这两种图形无论是从外观还是模型元素的表示上都完全不一样，所以从需求分析到设计，需要把数据流图转换为功能结构图，在转换过程中可能会丢失部分需求的信息，从而造成设计方案的不足甚至错误。

2）给编程和测试带来问题

由于需求分析和设计在表示上的不一致，在转换过程中可能产生错误，最终导致实现过程中出现与需求分析不一致的情况。此外当前通常采用面向对象的开发语言进行系统编程实现，而设计阶段产生的是结构化的模型难以转化为程序设计语言，给编程实现设计和测试用例带来困难。

3）可维护性差

结构化分析和设计过程都强调以功能为基础发布模块，对于大型系统，这种开发方法容易导致模块的低内聚和模块间的高耦合，使软件修改困难、维护性差。

4）重用性差

传统开发方法数据与操作分离，可能造成软件对具体的应用环境依赖性强，导致软件组件的可重用性较差。

2. 面向对象方法

以面向对象的思想应用于软件开发过程，指导开发活动的方法称为面向对象方法，简称为 OO 方法。面向对象方法主张按照人们对客观世界的思维方式去认识问题域，完成系统的分析、设计与实现过程。该方法更符合人们常用的思维方法，克服了传统软件开发方法的不足。

相比传统的软件开发方法，面向对象方法具有以下优势。

1）体现了信息域对问题域的直接映射

面向对象方法从对象出发认识问题域，对象对应着问题域中的各种事物，对象的属性和方法分别描述了事物的性质和行为，对象之间的关系能够体现客观问题中事物之间实际存在的关系。所以无论是系统的构成成分，还是这些成分之间的关系，都可以直接映射到问题域，使应用面向对象方法，有利于正确理解问题域，这符合人们认识客观世界的思维方式。

2）面向对象方法使分析、设计和实现之间的鸿沟变窄

面向对象开发方法，使用统一建模语言（UML）作为描述工具，从分析到设计使用一致的图形模型元素，确保了软件开发过程在方法、工具上的一致性和连续性。面向对象开发过程以类—对象为核心进行软件系统的开发，使分析、设计、编程有机结合在一起，各阶段没有明显的界线，完成从分析到实现的自然过渡，有利于增强系统的稳定性。

3）面向对象方法有助于软件的维护与重用

在传统的软件开发过程中，所有软件都是按照功能来划分其主要模块，并且数据结构和算法是分别组织的，对一处修改可能会引发连锁反应。

面向对象方法强调封装性，即把数据和操作数据的方法封装在类内部，并对外提供有限的访问接口。这样，类内部的实现细节就被隐藏起来，外部代码只能通过提供的接口与该类的对象进行交互。这种封装机制使类内部的实现可以在不影响外部代码的情况下进行修改和优化，提高了软件的可维护性。

通过继承和多态性，面向对象方法能够实现代码的重用和扩展。子类可以继承父类的属性和方法，从而减少重复代码的编写。同时，多态性使不同的对象可以对相同的消息作出不同的响应，提高了代码的灵活性和可维护性。

面向接口的设计模式是面向对象方法中的一种重要的设计模式，可以提高软件系统的灵活性和可维护性。接口定义了一组方法的契约，实现类只需实现这些方法即可满足接口的要求。当接口保持不变时，即使实现类的内部实现发生了改变，也不会影响到其他依赖该接口的类。这种基于接口的设计使软件模块之间的耦合度降低，提高了软件的可维护性和可扩展性。

面向对象方法过程分为面向对象分析、面向对象设计和面向对象编程3个阶段。

（1）面向对象分析是软件开发过程的起始阶段，在这一阶段，开发人员需要与用户及业务领域专家合作，收集并整理需求，运用面向对象的思想和方法，将问题域中的实体抽象为对象，并定义对象的属性和方法，分析对象之间的交互和协作方式，以形成对系统的全面理解。

（2）面向对象设计在面向对象分析的基础上，进一步细化软件系统的结构和行为。根据分析结果设计出符合问题域的类和对象，并确定它们之间的关系。设计过程中需要考虑系统的模块化、可扩展性、可维护性等因素，以确保软件系统的质量和性能。此外，还需要设计系统的接口和交互方式，以便与其他系统进行集成和交互。

（3）面向对象编程是将面向对象设计和分析的结果转化为实际代码的过程。开发人员使用面向对象的编程语言来实现设计好的类和对象，编程过程中需要遵循面向对象的原则和最佳实践原则，以确保代码的质量和可维护性。同时，还需要进行单元测试、集成测试等，以确保软件系统的功能和性能符合设计要求。

3. 统一建模语言

统一建模语言通过图形化的表示机制进行面向对象分析和设计，并提供统一的、标准化的视图、图、模型元素和通用机制来刻画面向对象方法。

从20世纪80年代中期开始，随着面向对象方法逐步成为软件工程过程的主流方法，众多软件研究和开发人员开始提出和设计不同的过程和工具，用于描述面向对象的分析和设计工作，出现了以彼德·科德（Petar Coad）和爱德华·纳什·尤顿（Edward Nash Yourdon）提出的5层模型方法、魏迪·布奇（Grady Booch）提出的静态模型和动态模型方法、对象建模技术（Object Modeling Technique，OMT）和面向对象软件工程（Object-oriented Software Engineering，OOSE）为代表的各类方法。各类开发方法各有所长，也有自己的不足，而且没有一个统一的标准，互相不能通用，给业界使用带来了混乱，因此建立一套面向对象开发方法标准十分必要。经过各类方法互相融合，在1997年UML 1.0正式提交给对象管理组并通过审查，UML正式成为面向对象开发方法的标准建模语言。经过多年发展，UML 2.5.1于2017年发布，是当前最新版。

虽然UML已经得到广泛应用，但它还存在不少缺点，如学术界批评其语法和语义不够严格，而产业界主要批评其内容太过庞大、概念过于复杂。尽管UML有着不尽人意的地方，但在当前没有其他更好的替代方法的情况下，其仍然是面向对象建模的主要工具。

根据UML对面向对象建模的支持，UML 2.5提供了的14种图，这些图分为结构图和行为图两大类，如图6-1所示。结构图用于系统的静态建模，用于描述软件系统的体系结构。行为图表示的是系统的动态行为，广泛应用于描述软件系统的功能实现。

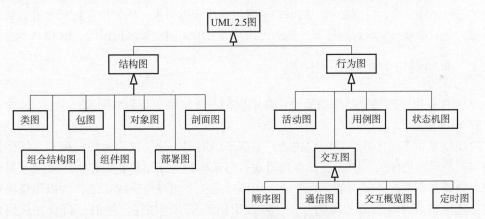

图 6-1 UML 2.5 提供的 14 种图

UML 2.5提供的14种图的介绍如下。

（1）类图：用于描述类的属性、方法及类之间关系。

（2）包图：用于描述模型元素分组（包）及分组之间依赖关系。

（3）对象图：用于描述在某一时刻一组对象及它们之间的关系。

（4）剖面图：一种允许将自定义类型、约束等定义为UML标准的轻量级扩展机制，用来辅助其他UML图。

（5）组合结构图：用于描述类和组件的内部结构，其中包括与系统与其他部分的交互点。

（6）组件图：又称构件图用于描述软件系统代码的物理组织结构，该结构用代码构件表示。这些构件可以是源代码、可执行文件、动态链接库、数据和相关文档等。

（7）部署图：用于描述软件系统在硬件系统中的部署，反映系统硬件的物理拓扑结构，以及部署在此结构上的软件组件。

（8）活动图：用于描述用例或场景的活动顺序，或描述从一个活动到另外一个活动的控制流，活动图所描述的内容可以是方法的内部实现过程，也可以是系统的业务流程。

（9）用例图：用于描述系统的功能，由参与者、用例以及它们之间的关系构成。

（10）状态机图：用于描述一个对象在其生命周期内所经历的各种状态以及状态变迁。

（11）顺序图：顺序图又称为时序图，用于描述对象间的动态协作关系，并着重体现在时间先后的顺序上。

（12）通信图：用于描述一组对象及对象间为了完成系统功能而互相合作的内容，包括对象、对象之间的链接以及对象之间传递的消息。

（13）交互概览图：通过活动图的变体来描述交互的图。

（14）定时图：用于描述线性时间上对象的状态或条件变化的图。

6.2　面向对象分析概述

面向对象分析（Object-Oriented Analysis，OOA），是以类和对象为基础，以面向对象方法为指导，分析用户需求并最终建立问题域模型的过程。面向对象分析强调应用面向对象的方法确定用户的各项需求，运用对象、类、继承、封装、聚合、关联、消息、多态等面向对象概念进行系统分析，将问题域中的事物抽象为系统中的对象，识别对象的特征和各类对象之间的关系，建立一个映射问题域并能满足用户需求的面向对象分析模型，即 OOA 模型。

6.2.1　面向对象分析的 3 类模型

OOA 模型由 3 类独立的模型组成：功能模型，静态模型和动态模型。

1. 功能模型

功能模型用于描述软件系统的功能，是基于用例实现的，也称为用例模型。用例描述了参与者与系统之间的一次交互，参与者通过与系统的交互完成相关任务，在交互过程中系统要对外提供的服务即功能，因此一个用例就是一个相对完整的功能，所以用例模型也就是功能模型。OOA 模型的用例分析，涉及用例图和用例描述。用例分析首先从用户需求陈述中找出参与者、用例以及用例之间的关系，绘制用例图来刻画系统功能。用例描述则对参与者与系统交互动作序列进行叙述，刻画了功能实现的过程。功能模型不仅描述系统功能，还是质量评定标准之一，也是后期软件测试的基础。

2. 静态模型

静态模型用于描述软件系统中类和对象及它们之间的关系，也称为对象模型。涉及了UML 中的类图、对象图、包图等元素。类和对象是面向对象开发的基础，内部封装了属性和相关方法。类作为一个整体提供系统功能或功能的组成部分，为面向对象编程提供了最直接的依据。

静态模型一共分为 5 层：类—对象层、结构层、属性层、服务层、主题层。

（1）类—对象层：类—对象层是 OOA 建模的基础，从问题域中正确识别出对象和类，进而描述系统的结构、划分系统的功能。

（2）结构层：在系统中，类和对象并不是独立存在的，在系统运行时，对象之间需要相互协作才能完成任务，所以描述对象的类彼此之间必然存在着关系，如关联关系、泛化关系、依赖关系等。类间的这种关系构成结构层，结构层体现了系统的组织和结构。

（3）属性层：属性层定义了类的属性，是类的静态特征。

（4）服务层：服务层定义类的方法，描述了类要实现的功能，是类的动态特征。

（5）主题层：主题层体现分析人员对软件系统的抽象。通过对类和对象的识别和分析，把它们划分为多个不同的范畴，使具有紧密联系的类和对象能够组织在一起。在 OOA 时，可以用包图来描述主题层。

与上述 5 个层次对应的是 OOA 过程中建立静态模型的 5 项重要活动：找出类和对象、识别类之间的关系、定义类的属性、定义类的服务、识别和划分主题。这 5 个活动没有先后顺序，各层也没有明确的界限，根据不同的需求描述灵活安排分析的顺序。如在识别类和对象的同时也可以定义类的属性和方法。

3. 动态模型

动态模型描述系统的动态行为，也称为交互模型，通过 UML 的顺序图、通信图、活动图、状态机图等描述对象的交互，以揭示对象间如何协作来完成每个具体的功能，以及功能实现的流程顺序或操作顺序。

6.2.2　面向对象分析过程

当前，并没有一个指导面向对象的软件建模过程的国际规范，各种面向对象分析方法在建立模型的过程中都有差别。但一般情况下，都是从分析用户需求入手，到最终建立问题域模型。以下是实施 OOA 过程的建议。

（1）分析用户需求，建立系统的用例模型即功能模型。面向对象开发方法是用例驱动的开发方法，后续的各个阶段都需要参考用例模型。

（2）建立静态模型，识别出类和对象、定义类的属性和方法、确定类间的关系、建立包图。在建立静态模型时，如果是较小的系统，包图可以在静态模型基本建立之后进行确定。如果是大中型系统，可按需求分划分包，根据包分工，然后进行系统分析。

（3）结合功能模型和静态模型，建立系统的动态模型，通过交互图描述系统的动态行为，对系统用例的实现做更详细的说明。

OOA 过程是以类和对象为基础的需求建模过程，这一过程体现了分析人员对现实问题的理解，随着分析人员和用户的交流的增加、对问题理解的深入，需求也就越来越明确，必然会对 OOA 模型进行修改完善，所以 OOA 过程是一个迭代反复的过程。

6.3　建立功能模型

用户需求就是用户对所开发系统提出的各种要求和期望，包括系统的功能、性能和交互方式等技术上的要求以及成本、交付时间和使用资源等非技术要求。获取用户的功能需求并建立功能模型是分析阶段的核心部分。

一个尚未存在的系统怎样来定义功能需求呢？我们可以把系统当作一个黑箱，当外部实体如用户需要使用系统完成某项工作时，就可以确定外部实体与系统之间的交互动作，进而确定系统的功能需求。一个工作任务通常对应系统的一个功能，而外部实体和系统的交互我们一般通过用例来表示。所以，通过找出与系统交互的外部实体及与之关联的用例，就可以确定系统的功能及功能实现过程。所以功能模型通过用例来描述系统的功能，也称为用例模型。目前，用例驱动的功能模型是 OOA 功能建模的主流。

从整体上看，功能模型通过用例图来确定系统的范围和系统功能。建立功能模型的主要过程如下。

（1）识别参与者。参与者可能是人、外部设备或外部系统，只要和系统进行直接交互的外部实体都属于参与者。

（2）识别用例和用例之间的关系。用例描述了系统的功能，体现了参与者和系统的交互。

（3）建立用例图。

（4）建立用例的说明文档，即用例规约。用例规约描述了用例的内容，确定了参与者和系统交互的动作序列，体现了功能实现的过程。

用例在整个软件开发过程中有以下作用。

（1）确定功能需求。通过用例，可以确定系统的功能需求。

（2）指导其他过程任务。用例描述了系统的功能，而其他过程任务都需要围绕功能来展开。

（3）指导测试工作。系统的功能测试和验收测试都是基于用例来设计的。

6.3.1　参与者

1. 参与者概念与表示方法

参与者是指在系统之外与系统交互的人或事物，可以是人、外部设备或外部系统，扮演着与系统交互的角色。参与者具有以下特点。

（1）参与者与系统之间具有明确的边界，参与者在边界之外。参与者所扮演的角色为主题划分提供了一个基本的标准，即相同参与者的用例应该尽可能划分在同一个主题包中。

（2）参与者可以是人，也可以是外部设备或外部系统，只要参与到与当前系统的交互的外部实体，都可以作为参与者。如每天在 12 点自动生成当天的统计报表，这个用例的参与者是系统定时器。在超市付款时，可使用支付宝或微信付款，支付宝或微信作为外部系统参与到收款用例中，也应该作为一个参与者。

（3）在某些情况下，参与者可能在系统中也存在描述它的对象，如在教务系统中，学生可以作为现实世界的人参与系统交互，但是在系统内部又有学生对象，系统需要对学生进行管理。

参与者在 UML 中，符号为人形符号，符号下方为参与者名称，如图 6-2 所示。一般而言，参与者名称为角色名，如张三和李四都是在超市都担任收银员的角色，参与者的名称不会是张三或李四，而是收银员。

图 6-2　参与者
"收银员"表示法

2. 识别参与者

参与者可以是在系统外部与系统交互的任何实体，可以分为 3 类：人、外部系统和外部设备。

1）人

例如启动系统、维护系统或关闭系统的人，要从系统中获得信息的人，要向系统输入信息的人，都是参与者。

一个人可能在系统中扮演不同的角色，如使用教务系统的一个人，他可能扮演教师、系统管理员两个角色，对应为两个参与者。

注意：参与者必须是直接使用系统而不是间接使用系统的人。例如在售票窗口购买车票时，参与者是使用系统的售票员，而不是购票的人。

2）外部系统

所有与本系统交互的外部系统都是参与者。例如在超市购物时使用支付宝付款，超市管理系统需要调用支付宝接口实现付款从而实现交互，所以支付宝为超市管理系统的参与者。

3）外部设备

与当前系统具有数据交换的外部设备也是参与者，外部设备一般为当前系统提供数据或在当前系统控制下工作。例如传感器、摄像头等。通常，键盘、鼠标、监视器等标准用户接口设备不应作为参与者，因为这些是由操作系统进行管理的。

综合上述3类参与者，我们通常可以通过回答以下问题来识别参与者。

（1）谁启动系统、维护系统和关闭系统？

（2）谁为系统提供数据来源？

（3）谁接收系统的输出信息？

（4）谁要使用系统进行工作？

（5）系统在运行时，需要什么外部系统的支持？

（6）是否有根据事件或时间自动触发的系统功能行为？如果是事件，则产生事件的来源是什么？（定时任务的参与者通常是时钟或定时器）。

（7）系统与什么硬件设备连接？

6.3.2　用例

1. 用例概念与表示方法

在 UML 中，用例为在不展现一个系统或子系统内部结构的情况下，对系统或子系统的某个连贯的功能单元的定义和描述。从参与者角度来看，参与者在与系统交互的过程中实现自己的业务目标，而用例是参与者与系统的一次典型交互，描述参与者的一个或几个相关业务场景；从系统角度来看，用例是由一系列行为构成的完整过程，一个用例是一项相对完整的功能，不能是一项功能的某个片段。

在 UML 中，用例使用一个椭圆表示，椭圆中间写上用例名称。由于用例描述参与者与系统交互的动作，用例命名一般使用动词或动宾短语。

2. 识别用例

用例描述参与者与系统的交互，所以识别用例可以从参与者角度和系统角度来识别。

1）从参与者角度出发识别用例

用例描述了参与者与系统的一次交互过程，参与者通常作为交互的发起者，使用系统来完成某项任务，所以可以从参与者的责任出发考虑以下问题，找出所有与参与者关联的用例。

（1）参与者的任务是什么？

（2）参与者是否能读、写、删除、修改系统的数据？

（3）参与者是否要接收系统的信息？参与者是否要把外部变化通知系统？

（4）是什么事件引发了参与者与系统的交互？

2）从系统角度出发识别用例

从系统出发识别用例要考虑以下问题。

（1）系统是否有信息的显示？

（2）系统是否有数据输出？

（3）系统是否有与时间有关的自动运行功能？

（4）系统是否有与事件或信号有关的自动运行功能？

（5）系统是否有维护？

（6）识别的用例是否已经覆盖已知的用户需求？

（7）系统是否有对异常情况或特殊用途的处理？

识别用例时需要注意以下几点。

（1）一个用例描述一个相对完整的功能。

（2）在识别用例时要避免功能分解，因为功能分解往往会导致多个小的用例描述系统的单个小功能，而不是描述对参与者提供有用结果的事件序列，破坏了用例的独立性和完整性。

（3）用例应该关注系统为参与者提供的结果，而非实现这些结果的过程。这有助于确保用例与系统实现细节的分离，提高用例的可维护性和可重用性。

（4）一个参与者可以关联多个用例，一个用例也可以关联多个参与者。

（5）一个用户界面可能有多个用例，一个用例也可能涉及多个用户界面，不能用用户界面作为识别用例的标准，应用系统边界分析用例时，要注意系统边界不是用户界面，系统边界是系统包含功能与不包含功能的分界，一般用于划分不同的主题或包。

图 6-3 是一个 ATM 系统的用例图，描述了参与者和用例之间的关联。

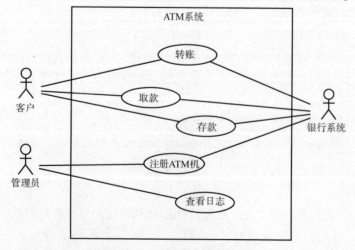

图 6-3　ATM 系统的用例图

3. 用例规约

对于识别出的用例，需要对它进行描述形成用例规约。表 6-1 是用例规约的一个模板。

表 6-1　用例规约模板

名称	说明
用例编号	用例的标识
用例名称	描述用例的意图或目标，通常是一个动词或动宾短语，要和用例图中命名一致
用例简述	简要介绍用例的功能和目的，一般为一句话或几句话
参与者	列举所有参与该用例的参与者
前置条件	描述该用例启动所必须的条件，如用户必须登录
触发器	标识启动用例的事件
后置条件	用例结束后系统的状态
基本事件流	在符合预期的条件下，描述参与者与系统的交互动作序列
备选事件流	描述用例执行过程中可能出现的意外情况及采取的措施
限制	和用例相关的其他业务规则、约束条件、非功能性需求等
扩展点	如果有的话，列举与当前用例存在关系的其他用例及简要描述
注释	提供用例的附加信息

下面列举一个 ATM 取款用例的用例规约，如表 6-2 所示。

表 6-2　ATM 取款用例的用例规约

名称	说明
用例编号	UC001
用例名称	取款
用例简述	客户在 ATM 机上插入银行卡，输入密码进行取款
参与者	客户，银行系统
前置条件	客户必须登录 ATM 系统
触发器	客户在 ATM 机中插入银行卡
后置条件	取款，客户账户余额将减去取款金额，若用例失败，客户金额不变
基本事件流	（1）客户插入银行卡； （2）银行系统联机检测银行卡； （3）显示输入密码界面，客户输入密码； （4）银行系统验证银行卡密码； （5）进入主界面，客户选择取款业务； （6）系统显示取款界面，客户输入取款金额； （7）银行系统联机检查账户余额并更新账户余额； （8）ATM 出钞口出钞； （9）返回银行卡

续表

名称	说明
备选事件流	E-1：如果银行卡检验错误，出卡、提示银行卡错误，用例结束 E-2：如果验证密码错误，提示用户密码错误，转到基本事件流 3，如果 3 次密码错误，银行卡锁死并出卡，用例终止 E-3：如果 ATM 机内现金不足，在基本事件流 5 中界面不显示取款选项 E-4：如果用户账户余额不足，提示用户余额不足，重新进入基本流 6，客户重新输入取款金额
限制	（1）ATM 响应时间不超过 15 秒 （2）业务规则：单日取款不得超过 2 万元，每次取款不超过 5 千元
扩展点	无
注释	无

注意：在描述事件流时，事件流是参与者与系统的交互动作序列，不能只讲参与者的动作，也不能只讲系统的动作，要对参与者和系统的交互过程描述清楚。在分析阶段，对系统动作的描述只叙述系统做什么，而不必涉及系统内部的实现。

6.3.3 关系

关系是对用例模型元素之间的关联，关系使用有向箭线连接参与者与参与者、参与者与用例、用例与用例，并在箭线上定义关系的语义。

1. 参与者之间的泛化关系

如果一些参与者与系统的交互行为有一部分是相同的，可以引入一个新的参与者包含这部分交互，作为这些参与者的父参与者，也就是说参与者之间是可以继承的，这种关系称为泛化关系。在泛化关系中，子参与者除了继承父参与者的特征之外，也能够继承父参与者与用例的关联关系，所以在用例图中子参与者不必重复连接到父参与者的用例。子参与者除了继承了父参与者与用例的关联关系外，还可以添加自己与其他用例的关联关系。

在 UML 中，泛化关系使用带空心三角形箭头的实线表示，箭头方向由子参与者指向父参与者。参与者之间泛化关系及参与者与用例的关联关系示例如图 6-4 所示。在图 6-4 中，用户参与者是父参与者，与登录用例关联，则子参与者商家和会员也同样可以和登录用例关联。

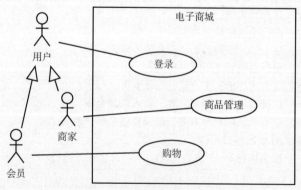

图 6-4　参与者之间泛化关系及参与者与用例的关联关系示例

2. 参与者和用例的关联关系

一个参与者可以使用系统的多项功能，系统的一项功能也可以由多个参与者使用，在用例图中体现为一个参与者可与多个用例交互，一个用例也能够被多个参与者交互。在UML中，参与者与用例之间的这种关系称为关联关系。

如果没有做出规定，参与者和用例之间的交互是双向的，参与者能够对系统进行请求，系统也能够要求参与者采取某些动作。双向关联用一条实线连接参与者和用例。如果要明确地指出参与者和用例之间的通信是单向的，则在接收通信的那端关联线上加上箭头，以指示通信的方向。参与者和用例的关联关系如图6-4所示。

3. 用例之间的关系

1）包含关系

包含关系表示一个用例包含另一个用例。前者称为基本用例，后者称为被包含用例。当两个或多个用例的行为存在共同部分时，将该公共部分提取到一个单独的用例中，由具有该公共部分的所有基本用例包含。例如到ATM机上取款和存款时，都要先验证银行卡，所以可以把验证银行卡行为抽取为一个单独的用例，取款和存款用例包含该用例。由于包含关系的主要用途是重用公共部分，因此基本用例中的内容通常本身并不完整，依赖被包含用例内容的部分才有意义。这反映在关系的方向上，表明基本用例依赖被包含用例。

在UML中，包含关系使用带<<include>>标记的虚箭线表示，箭头方向指向被包含用例。银行取款、存款和验证银行卡的包含关系如图6-5所示。

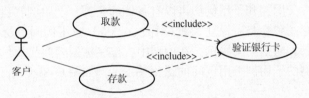

图6-5　银行取款、存款和验证银行卡的包含关系

2）扩展关系

扩展关系表示在一个或多个用例定义的行为中添加一些附加行为，实现附加行为的用例称为扩展用例。扩展用例定义了一组行为增量，可以在特定条件下被基本用例调用执行。扩展用例一般是对基本用例的补充，不会影响到基本用例的独立性，即没有扩展用例，基本用例也能独立实现功能。

扩展关系在UML中使用带<<extend>>标记的虚箭线描述，方向由扩展用例指向基本用例，还可以在虚箭线上标记扩展条件。

例如在图书馆还书时，一般可以直接还书，但是如果图书超期了或损坏了，则需要罚款。所以对于还书用例，罚款用例是对还书用例的一个补充，这两个用例是扩展关系。还书与罚款的扩展关系如图6-6所示。

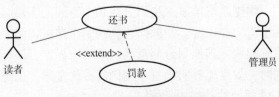

图6-6　还书与罚款的扩展关系

与包含关系不同的是，包含关系中基本用例和被包含用例是一个整体，基本用例没有被包含用例是不完整的，在执行时，基本用例一定要调用被包含用例。扩展用例则是完整的，可以独立执行，只有在特定条件下才会被调用。

有时需要在使用基本用例时定义调用扩展用例的位置，可以使用扩展点进行描述。扩展点标识基本用例中的一个位置，如果扩展条件为真，则在该位置插入扩展用例的行为并执行，当扩展用例执行完，基本用例继续执行扩展点后的行为。如果扩展条件为假则不执行扩展用例。在一个用例中扩展点的名字是唯一的。可以把扩展点列在用例的扩展分栏中，并在基本用例和扩展用例的虚箭线上添加扩展条件描述。扩展点格式如图 6-7 所示。

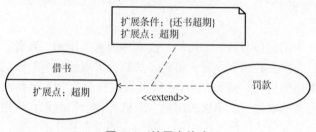

图 6-7　扩展点格式

3）泛化关系

表示不同用例之间的继承关系，子用例可以继承父用例中的行为，还可以增加行为或覆盖父用例的行为。父用例和子用例均可以有具体的实例，子用例实例可以出现在父用例实例出现的任何位置。和参与者泛化关系一样，在 UML 中用例间的泛化关系使用空心三角箭头的实线表示，方向指向父用例。在商城中，按名称搜索商品用例、按类型搜索商品用例是搜索商品用例的子用例。用例间的泛化关系示例如图 6-8 所示。

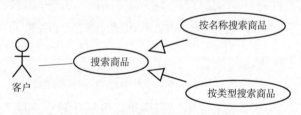

图 6-8　用例间的泛化关系示例

6.3.4　用例图

用例图是由参与者、用例和它们之间的关系组成，用于描述系统的功能。

在建立用例图时，可以把系统中的用例用一个矩形框框起来，参与者在框外，这个矩形框称为系统边界，边界内为用例所属的主题。主题是一个系统划分的范畴，对于一个大型、复杂的系统，人们习惯把系统再进一步划分为几个不同的主题，把同一主题的类、对象、用例等相关建模元素组织在一起。一般而言，一个主题可以是一个系统，也可以是一个子系统或一个大的管理模块或其他划分的范畴。系统边界上方要标出主题名，表示用例的归属。在绘制用例图时，如果能够明确每个用例的系统主题，也可以不画系统边界。

图 6-9 就是一个电子商城的基本用例图。

使用用例图对系统功能建模，具有以下好处。

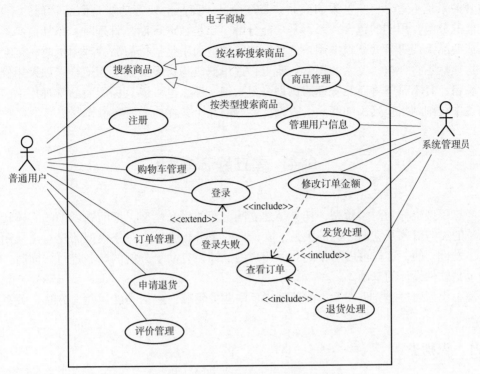

图 6-9　电子商城的基本用例图

（1）分析人员借助于用例图可以正确全面地理解系统需求。

（2）分析人员得到反映用户需求的材料通常是不够规范或不够准确的。用例图通过全面、细致地定义用例，可以把用户对系统的功能需求比较准确地在用例模型中表达出来。

（3）用例图直观、容易理解，为领域专家、用户和分析人员提供了一种相互交流的工具，让他们在分析阶段更容易对需求达成共识。

（4）可以作为后期设计工作的基础，也是系统功能测试的基础。

在绘制用例图时，需要注意包含关系的正确应用。如图 6-10 都是错误的包含关系。

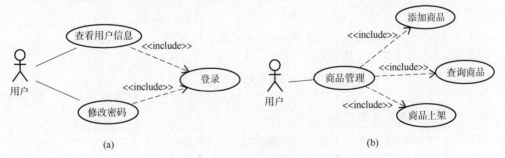

图 6-10　错误的包含关系

图 6-10（a）中查看用户信息和修改密码用例包含登录用例，即使用户已经登录了，当执行查看用户信息或修改密码时，都得再登录 1 次，这显然是不合适的。修改方法是取消包含关系，登录用例作为查看用户信息用例和修改密码用例的前置条件。

图 6-10（b）中商品管理用例和添加商品用例、查询商品用例、商品上架用例之间使

用包含关系也不适合，一是添加商品、查询商品、商品上架等功能是商品管理的子功能，是功能的分解，用例的包含关系不是功能分解。二是在进行商品管理时，添加商品、查询商品或商品上架等行为是根据用户选择而执行的，而不是执行商品管理用例时一定会执行的，这显然不符合包含关系的概念。所以，这里修改为扩展关系更为适合。如果用例设计粒度较粗，且不希望将商品管理用例划分得太细，那么也可以只保留商品管理用例，并在其描述中详细列出包括添加商品、查询商品或商品上架在内的所有操作。

6.4 建立静态模型

静态模型也称为对象模型，任务是建立问题域的概念模型，把问题域中的实体转换为信息域的类与对象及它们之间的关系。在面向对象分析阶段，对象模型的建立是从用户的角度出发进行的，这样可以尽早地获取用户的反馈，有助于分析的顺利进行。同时，对象模型也是软件设计的基础。

静态模型通过建立类图及类间关系来反映业务领域，包括类的属性、方法、关系及主题划分。

6.4.1 识别类

1. 识别候选类

类和对象是对问题域中的领域概念和实体的表示，但是要从问题域中识别出类，并不是一件很容易的事。面向对象方法是用例驱动的开发方法，在识别类时，可以从用例的业务场景入手，通过对用例进行"语法解析"，查找用例描述中的每个名词或名词短语来识别候选类。

对于分析出来的名词，可以从以下几个方面来判断是否为候选类。

（1）外部实体：产生或使用系统信息的实体，可以是人员，外部系统、设备。

（2）事物：问题域中被处理的事物，如合同、订单、报表、生产计划等。

（3）事件：系统环境下发生的事情，如员工请假、所有权转移、考试等。如果一个事件涉及多个对象的多个操作，可以将事件定义为实体类进行描述。

（4）角色：由和系统交互的人员扮演，如经理、工程师、销售员等。

（5）组织单元：部门、团队等。

（6）场地：如会议室、生产车间、办公室等。

除了应用上述方法外，还可以使用以下方法识别类，如根据数据产生者、数据使用者、数据管理者或观察者及帮助类。

例如我们可以根据下面借书场景的问题陈述识别候选类。

读者在图书馆借书时，首先在图书馆的查询图书的计算机上输入图书名，搜索相关图书；找到要借的图书后到相应的图书室取出，把借书卡和要借的图书交给图书管理员，图书管理员用读卡器读取借书卡，获取读者的借书记录，借书记录无异常再用扫描仪读取图书信息，办理借书业务，借书完成。

根据对问题的陈述，使用名词或名词短语解析并应用上述的 6 点可识别出的候选类：读者、图书馆、图书、计算机、图书室、借书卡、图书管理员、读卡器、扫描仪、借阅记录、图书信息。

2. 审查与筛选

通过上面使用名词识别出来的类只是候选类，还要对每个候选类进行审查，认真分析哪些才是我们真正需要的类。可以从以下几个方面进行审查。

（1）与需求相关：类应该与问题域紧密相关的，在业务领域中不需要用到的类应该去除。例如在一个超市销售管理系统中，保安与超市的销售业务无关，不保留；而收银员负责超市的销售，与问题域相关，则保留。

（2）合并同义的类：对同一实体可能有不同的描述，要尽量选取符合业务领域相关的名称作为合并后的类名。

（3）抽象和分解类：在同一主题中，可以考虑抽象和分解同一主题的类，便于系统的更改和完善。如果有几个类具有相同的属性或方法，应该考虑抽象出这些类的父类。如果一个类具有不相关的职责，可以对类进行分解。例如管理员类、会员类都具有用户名、密码属性，具有登录方法。可以抽象出一个用户类作为这两个类的父类。

（4）类的属性和方法：类具有多个属性和方法，如果一个类只有一个属性或一个方法，在分析阶段最好把该类与其他关联类合并。例如班级都有辅导员，假如辅导员类只一个姓名属性，可以删除辅导员类，把辅导员姓名作为班级类的一个属性。

（5）推迟实现：在面向对象分析阶段，不应过早地考虑如何实现目标系统，对于涉及实现过程的类，可以考虑推迟到设计阶段再去完成。

对上述借书场景中找出的类进行筛选，可得到以下类：借书卡、图书室、图书、图书管理员、扫描仪、读卡器、借阅记录。

借书卡是读者的代表，在系统中通过借书卡获取读者信息，借书卡和读者实际上是同义的，所以合并为读者类，在读者中加入借书卡的二维码编号和有效期作为属性。图书信息和图书也是同义的，合并为图书类即可。

图书馆在系统业务中并不需要处理，不是系统需求。计算机是系统运行的硬件设施，与系统的业务需求无关。

在判断一个候选类是否需要时，Coad 和 Yourdon 提出了 6 个特征，只有符合以下 6 个特征的才是需要的类。

（1）保留信息：类记录了系统需要的信息，只有记录了这些信息系统才能正常工作。

（2）所需服务：类必须具有一组可确认的、系统必需的方法。

（3）多个属性：类应该具有多个属性，只有一个属性的类可能在设计中有用，但在分析阶段最好作为另一个类的某个属性。

（4）公共属性：类应该定义一组适合于该类所有实例的公共属性。

（5）公共方法：类应该定义一组适合于该类所有实例的公共方法。

（6）必要需求：在问题域中出现的外部实体，以及任务系统解决方案运行时所必需的生产和消费信息，几乎都需要定义为系统的类。

3. 类的命名

（1）类名应体现应用领域特征，应尽量使用领域概念或词汇命名。

（2）类名应该要涵盖类的所有对象，不能是对象的子集。如果类的实例中有飞机、汽车等，类名可命名为交通工具。

（3）类名应尽可能采用名词或名词短语。如果类名为动词或动宾短语，则该类表示的是类间的关系，一般用于关联类。

4. 对象与类的表示法

通常用一个由水平线划分为三个分栏的实线矩形表示类，在最上面的分栏放类名，中间的分栏放属性名，最下面的分栏放方法列表，方法列表中每个属性和方法各占一行。对象是类的实例，一个类的各个对象所拥有的操作都是相同的，所以对象只需要描述对象名和属性值，在名称分栏中，一般格式为"对象名：类名"。在 UML 中类和对象的符号如图 6-11（a）、（b）所示。

若要指明类或对象的角色，可以在类名后加上"[角色名]"。

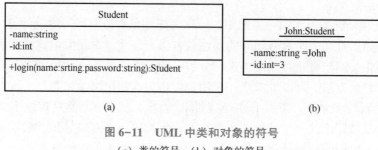

图 6-11　UML 中类和对象的符号
（a）类的符号；（b）对象的符号

如果在对象符号中省略了对象名，如"：类名"，则对象为匿名对象，表示该类的所有对象在同一场景中任务相同。

在 UML 中，类也可以分为边界类、实体类和控制类，可以使用图 6-12 中边界类、实体类、控制类示意图来表示。

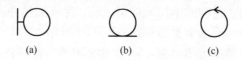

图 6-12　边界类、实体类、控制类示意图
（a）边界类；（b）实体类；（c）控制类

边界类代表系统与参与者的边界，描述参与者与系统之间的交互，通常界面控制类、系统和设备接口类都属于边界类，在分析时，应该根据用例的业务活动建立边界类，为参与者与用例之间构建输入/输出界面。

实体类描述系统中必须存储的信息及相关的行为，通常对应现实世界中的事物。实体类只描述实体本身的信息，怎样使用实体类对象，不属于实体类的范畴。例如有一把刀，只需描述刀的型号、材质、规格等，至于使用这把刀来切菜还是剁排骨，这只能由使用者决定。

控制类代表系统的逻辑控制，描述一个或几个用例具有的事件流的控制行为，实现对用例行为的封装。

随着开发方法的发展，在 Web 应用程序中实际上可分为以下几个层次结构：视图层、控制层、业务逻辑层、数据访问层和实体层。视图层用于输入/输出，里面包含了边界类。控制层和业务逻辑层中的类实际上是控制类的细分。在控制层中的控制类用于负责接收界面发送的请求消息，再调用业务逻辑层中的类进行业务处理，最后根据业务处理结果决定由哪个界面输出结果。实际上控制层中的控制类成了业务的调度器，在设计阶段可设计为 Servlet、COM+、Java 类、C++类等。业务逻辑层中的控制类为业务逻辑类，用于对一个或多个用例场景中的行为进行封装，例如在用户管理的业务逻辑类中，可对用户登录、注册、修改用户信息、查询信息等操作进行封装。实体层中则包含的是实体类。

6.4.2 确定属性

1. 属性的概念

事物一般都具有一定的性质，属性是用来描述对象性质的一个数据项。

对属性的抽象与问题域和系统责任高度相关，抽象时应该只考虑在系统中直接要用到的属性，与问题域和系统责任无关的属性不要添加到类中。例如在图书管理系统中，用到的读者的属性有编号、姓名、联系方式等，但是对读者的身高、体重这些与问题域和系统责任无关的属性，不应作为读者类的属性。

属性除了名称之外，还有可见性、数据类型或初始值，格式如下：

[可见性] 属性名 [：类型] [＝初始值]

在分析阶段，可见性、类型和初始值都可以省略，但在设计阶段可见性和类型不应省略。

可见性可以为公有的、受保护的、私有的和包范围的。若可见性为公有的则表示该属性可以由拥有它的对象和其他对象访问，在类符号中用"＋"表示；若可见性为受保护的则表示该属性能够由拥有它的对象和该对象所属类的子类的对象访问，在类符号中用"＃"表示；若可见性为私有的则表示该属性只能由拥有它的对象访问，在类符号中用"－"表示；若可见性为包范围的则能够由拥有它的对象和该对象的类所在的包中的其他类的对象访问，在类符号中用"～"表示。如图 6-11（a）中，name 和 id 属性的可见性均为私有的。

在面向对象分析中，属性也可以分为类属性和实例属性两种，在上面的叙述中，属性都是实例属性，在不会引起歧义的情况下通常简称为属性。对实例属性而言，同一类的不同对象都有自己的值。

如果一个属性，能够被该类的所有对象共享，称为类属性。若一个类有一个类属性，则该类的所有对象使用同一数据空间来存取该属性的值，所以一个类的任何对象，它们的每一个类属性的值都是相同的。类属性在 Java 语言和 C#语言中用 static 关键字修饰。在类符号中，类属性下方要加下划线。

2. 识别属性

问题域和系统责任是识别属性的基础，如下是识别属性的一些启发策略。

1）根据问题域识别属性

根据对象所在的问题域，思考对象应该具备哪些属性才能满足业务需求，这需要对问题域进行深入分析。如在图书馆借书时，通过扫描二维码读取要借图书的信息，这时图书类中应该定义有二维码这个属性。

2）根据系统责任识别属性

考虑类的职责，分析类的对象保存或管理了哪些信息，根据这些信息来识别属性。考虑类的方法实现的功能，也能够识别出属性。例如在图书管理中，图书借阅类需要保存图书的借书时间，则应设立借阅时间这个属性。

3）根据一般常识识别属性

对于实体类对象，可以根据常识和经验知道类需要有哪些属性。例如对于职员类，根据常识应该具有姓名、性别、出生日期等属性。对于传感器类，为了实现报警功能应该设立临界范围属性。

4）根据对象的状态识别属性

如果对象具有不同的状态且在不同状态下的行为是不一样的，例如对于订单类，存在新建状态、待收款状态、待发货状态等，则可以设立一个状态属性保存订单的状态。

5）根据需求中的特定描述识别属性

例如需求描述为白色的汽车，可考虑在汽车类中定义颜色这个属性。

6.4.3　确定服务

服务定义了对象的行为，由对象中的方法实现，需要在对象所属类中进行定义。由于方法是动态的，对象之间的交互通过方法实现，只有面向对象分析的动态模型建立完后，才能完全确定类的所有方法。

1. 类的方法分为 3 类

（1）功能方法：实现用户对功能、性能和领域的需求。

（2）关联方法：实现类之间的动态关系。

（3）通用方法：这些部分方法不体现具体的功能和类之间的动态关系，但为功能和关系提供必不可少的行为。例如属性的初始化、资源的申请和释放、删除对象等。这类方法不一定在类图中给出，但是我们必须认识到它的重要性。

2. 定义类的方法

如下是定义类的方法的一些策略。

（1）分析问题域和系统责任。用户提出了哪些功能需求？功能需求涉及哪些类？在类中用什么方法实现？

（2）分析类之间的关系。类之间有哪些关系？哪些关系要通过类的方法实现？

（3）分析用户特定需求的描述。这里主要针对动词和动词短语描述的内容。

（4）分析对属性的处理。根据属性在类中的处理方式，定义处理属性的通用方法。

3. 方法的描述

方法的描述包括方法名和方法的详细描述。应该采用动词或动词短语对方法进行命名，并且该命名要能够准确地反映方法的职能。

在类符号中，类的每个方法都应填在方法分栏中，格式为：

[可见性] 方法名[(参数列表)][:返回类型]

方法的可见性与属性的可见性一样，分为公有的、受保护的、私有的和包范围的，含义与属性中的可见性含义相同。

6.4.4　确定结构

确定结构就是确定类间的关系，类间的关系有关联、泛化、依赖、实现等。

1. 关联关系

关联关系类间的一种静态关系，这种静态关系是指一个事物通过记录另一个事物的标识以访问对方所形成的关系。这种关系在现实中是大量存在的，并经常与系统责任相关。例如教师指导学生毕业论文、职工在某个公司工作、客户订购了某个商品等，这时教师和学生、职工和公司、客户和商品就具有了关联关系，如果这些关系是系统责任所需要的，则在 OOA 阶段应该把它们表示出来，用以帮助一个对象访问另一个对象。

关联关系在系统实现时，一般体现为在一个类中添加另一个类的对象或集合作为属性，使类的对象能够直接访问与其关联的类的对象。如学生属于一个班级，希望通过学生类对象访问班级类对象时，可在学生类中添加班级类对象作为属性。

1）表示方法

关联的符号为连接类符号的一条实线，实线上标出关联的名称，实线的两端标上关联的角色和多重性。

关联名用于描述产生关联的原因，通常使用动词或动宾短语命名。例如职工和公司的关联名为工作，学生和课程之间的关联名为选修，城市和城市之间的关联名为有航线。关联的表示方法示例如图 6-13 所示。

图 6-13　关联的表示方法示例

从图 6-13 可知，关联可以连接两个类，也可以连接到自身。连接到两个类的关联叫二元关联，连接到自身的关联称为一元关联，一元关联表示同一类的不同对象间的静态关系。

2）关联的导航性

关联的导航性是指一个类的对象到达另一个类的对象的能力，描述了关联关系中的方向性，即一个对象能否通过关联关系访问到另一个对象。如果没有指定关联的方向，表示关联的任一端都可以访问另一端，即通过关联的访问是双向的，称为双向关联。如果要对访问的方向进行限定，则表示关联的实线上要加表示方向的箭头。例如博客可以访问帖子，通过帖子可以访问帖子的评论。单向关联表示方法示例如图 6-14 所示。

图 6-14　单向关联表示方法示例

3）关联的多重性

通常在关联的两端写有表示数量约束的数字或符号，称为关联的多重性。关联的另一端上的多重性是指，本端的任意一个对象与另一端上相关联的对象的数量。一个多重性描述的数量范围由一个或一组正整数区间来指明，区间的格式为"下限..上限"。其中，下限和上限均可为正整数值，下限可以是 0，上限可以是符号 *，* 表示任意大的正整数值。如果一个多重性只有单个 *，它等价于 0..*。如果上限和下限相同，可以指定单个的值作为多重性的数量范围，例如多重性为 5..5，可以只写成 5。

以图 6-15 为示例对多重性进行解释。

对于类 A 的任意一个对象 a，多重性 Mb 的取值及其表达的含义如下。

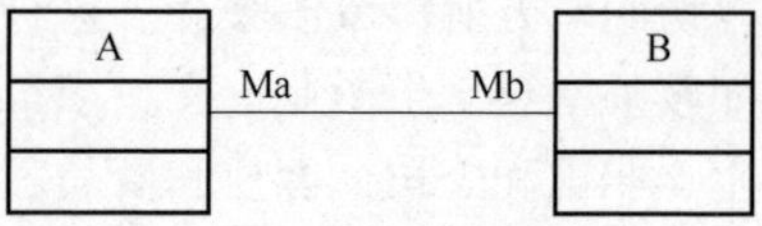

（1）若 Mb 的值为 1，表示 a 恰好与类 B 的一个对象关联。

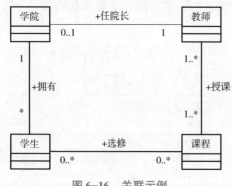

图 6-15　多重性的解释

（2）若 Mb 的值为 0..1，表示 a 最多与类 B 的一个对象关联。

（3）若 Mb 的值为 1..∗，表示 a 与类 B 的一个或多个对象关联。

（4）若 Mb 的值为 0..∗，表示 a 与类 B 的 0 个或多个对象关联。

（5）若 Mb 的值为 ∗，表示 a 与类 B 的 0 个或多个对象关联。

在实际的 OOA 中，多重性常用的有：0..1，1，0..∗，1..∗，∗。

我们以图 6-16 的关联示例为例对多重性进行说明。

在图 6-16 中，学院和教师之间关联的多重性：一个学院要有一个教师担任学院院长，一个教师可能是学院院长，也可能不是学院院长；学院和学生之间关联的多重性：一个学院有多个学生，一个学生属于一个学院；学生和课程之间关联的多重性：一个学生可不选修任何课程，也可以选修多门课程，一门课程可以没有学生选修，也可以由多个学生选修；教师和课程之间关联的多重性：一个教师至少要讲授一门课，一门课可以由一个教师或多个教师授课。

图 6-16　关联示例

4）关联角色

在关联的两端可以有一个名字，用以表示与该关联的端点相连的类所扮演的角色，这个角色称为关联角色，通常用名词给关联角色命名。带角色的关联示例如图 6-17、图 6-18 所示。

图 6-17 中，读者在借阅图书时，为图书的借阅者。图 6-18 中，有一个职工担任管理者角色，其他的为下属角色。

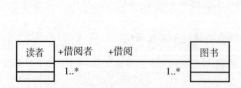

图 6-17　带角色的关联示例（读者与图书类）

图 6-18　带角色的关联示例（职工类）

在实际开发中，如果能够为关联指定角色，有助于更好地理解关联。当需要强调一个类在关联中的确切含义时，可使用关联角色，如果不需要强调，关联角色可以省略。

5）关联类

在 UML 中定义了关联类，关联类是具有关联和类双重特征的建模元素，可以把关联类看作是具有类特征的关联，也可以看作为具有关联特征的类。

什么时候需要关联类呢？例如在读者在图书馆借阅了一本书，借阅需要有借阅的书名、借阅时间、还书时间，可以考虑把它们当成读者的属性，但是在图书馆中，管理员有时也要查询这本书被谁借走了，所以图书的借阅只记录在读者类中是不方便的。因此可以为读者和图书的关联新建一个类，在这个类中记录读者、借阅的图书、借阅时间和还书时间等信息。综上，在类的关联中，有新的属性需要记录时，一般会新建一个关联类来描述关联关系。同样的道理，学生和课程的关联中，也应该建立一个名为选修或成绩的关联类，以记录学生选修课程的成绩。

关联类在表示方法上，是一个用虚线连接到表示关联的实线上的类符号，如图 6-19 所示。

在图 6-19 中，读者借阅了图书，所以读者类和图书类之间存在关联关系，在借书时，需要有借书时间、还书时间、借阅状态等信息，所以为读者类和图书类建立一个关联类（借阅记录类），用以保存这些信息。

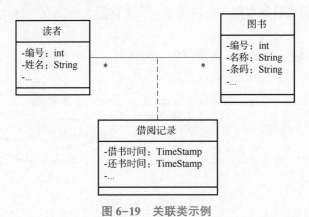

图 6-19　关联类示例

由于在面向对象的编程语言中并没有关联类的概念，所以有时候关联类也可以转换为普通类进行表示。如将图 6-19 中的关联类转换成图 6-20 中的普通类。

图 6-20　关联类转换成普通类示例

关联类转换成普通类后，注意关联的多重性的变化。

2. 聚合关系

在客观世界中，事物之间存在大量的整体-部分的关系。例如一个公司与公司的职工、一个班级与该班的学生、一辆汽车与它的发动机等。在 UML 中整体-部分这种关系可以应用聚合这个概念进行表示。

1）聚合

聚合是一种特殊的关联关系，特殊性在于它描述的是多个类之间的整体和部分的关联关系。识别聚合关系的直接方法，可在需求描述中查找有"包含""由……构成""是……的一部分"等词或短语的语句，这些词或短语直接反映了类之间的聚合关系。

UML 中表示聚合的方法是在整体类和部分类的关联关系的直线末端加上一个空心菱形，空心菱形在靠近整体类的一端。例如，一个公司一般会聘任 1 到多个法律顾问，公司是整体类，一个法律顾问也可以被 0 到多个公司聘请，是部分类，它们之间是聚合关系，如图 6-21 所示。

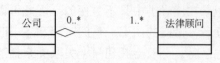

图 6-21　聚合表示示例

2）组合

组合是聚合的一种特殊形式，组合关系中一个部分类的对象在一个时刻只能属于一个整体类的对象，且整体类的对象管理部分类的对象。

由整体类的对象管理部分类的对象是指：整体类的对象负责部分类的对象何时属于它、何时不属于它，且在整体类的对象销毁前，要释放或销毁部分类的对象。部分类的对象可以先于整体类的对象而存在，也可以由整体类的对象创建。

由于部分类的对象只能在同一时刻属于一个整体类，所以在整体类一端的多重性不能多于 1。

在图 6-22 中，进一步说明了聚合与组合的区别。

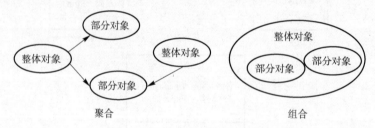

图 6-22　聚合与组合的区别

从图 6-22 中可以看出，聚合时一个部分对象可以同时属于多个不同的整体对象，而组合中一个部分对象只能属于一个整体对象。

在 UML 中，组合的描述符号与聚合类似，只是空心菱形变为实心菱形，如图 6-23 所示。

图 6-23　组合示例

在图 6-23 中，发动机和车轮是部分类对象，最多只能属于一个小汽车对象。

下面列举学校管理系统的部分类图。图 6-24 中，一个大学中有多个学院，一个学院属于一个大学；一个学院中有多个班级，一个班级只属于一个学院；一个班级有多个学生，一个学生只属于一个班级，上述这些关都属于组合关系。一个学院有多个教师任职，一个教师可以在不同的学院任职，这是聚合关系。学院开设了多门课程，一门课程只在一个学院开设；一个学生可以选修多门课程，一门课程能够被多个学生选修；一个教师可以教授多门课程，一门课程可以由一个或多个老师教授，这些都属于关联关系。

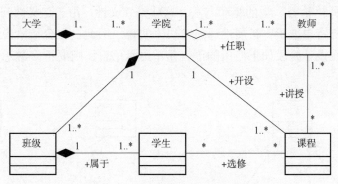

图 6-24 学校管理系统的部分类图

3）识别聚合与组合

可以从以下几个方面识别聚合或组合关系。

（1）物理上为整体的事物和它的组成部分之间的功能或结构上的关系。如汽车与发动机，计算机与主板等。

（2）组织机构与下级组织部门或成员的关系。例如学校和院系、公司和业务部、班级和学生等具有隶属关系的事物。

（3）空间上的包容关系。如生产车间与机器设备，教室与桌椅等。

（4）抽象事物整体和部分的关系。例如文章与段落、订单与订单明细等，在系统中有类表示且在类间有整体和部分关系的都在这个考虑范围之内。

3. 泛化关系

泛化也称为继承，用于描述一个类自动具有另一个类的属性和方法的机制。通过继承得到的类称为派生类、子类或特殊类，被继承的类称为基类、父类、超类或一般类。通过继承，子类可以具有父类的属性和方法，且可以添加自己特有的属性和方法，成为父类的特殊类。

1）概念及表示方法

泛化中，子类和父类之间的关系是一种一般和特殊的关系，子类是父类的一种类型。例如教师类和学生类是人类的子类，可以认为教师类和学生类都是人类的一种类型，或者说教师对象和学生对象都是人类对象。在 UML 中，泛化定义为"是一种"的关系，表明子类是父类的一种类型。

在 UML 中，泛化使用带空心三角形箭头的实线表示，箭头方向从子类指向父类。如图 6-25 所示，人员类是父类，学生类和教师类是子类，学生对象和教师对象都是人员对象。

2）单继承和多继承

在 UML 中，继承分为单继承和多继承两种，单继承是指一个子类只能有一个父类，多继承是指一个子类同时可以继承两个及以上的父类，如图 6-26 所示。在编程语言中，有的支持多继承，如 C++，有的只支持单继承，如 Java 语言。

多继承的继承关系使子类同时具有多个父类的属性和方法，利于功能的快速扩展，但其组织结构不再是树形结构而是网状结构，很容易产生继承的二义性。如"气垫船"继承了"汽车"和"轮船"两个类，但是当要驱动"气垫船"时，就不明确是访问"汽车"

类的驱动方法还是"轮船"类的驱动方法，这就是二义性。由于二义性问题，所以现代多种编程语言都只支持单继承，扩展性通过接口来实现。因此，在分析阶段，可以使用单继承或多继承，但在设计阶段如果使用的语言是单继承语言，则要把多继承转换成单继承或应用接口。

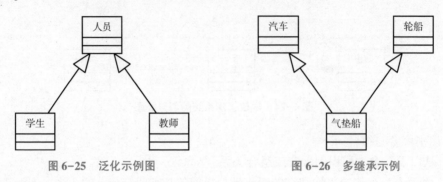

图 6-25　泛化示例图　　　　　　　　　　图 6-26　多继承示例

3）识别泛化

以下是识别泛化关系的策略。

（1）学习当前领域的分类学知识。因为问题域现行的分类方法能比较正确地反映事物类别之间的包含关系，体现类之间的泛化关系，例如交通工具的分类有汽车、轮船、卡车等。根据分类学知识，可以很容易地实现继承的层次。

（2）按照常识识别泛化。如果没有可以参考的现行分类方法，可以按自己的常识，从各种不同的角度考虑它们之间是否满足"是一种"的关系。例如，自行车是一种非机动车，汽车和摩托车都是一种机动车，非机动车和机动车都是一种交通工具等，可以分析出它们之间的继承关系，如图 6-27 所示。

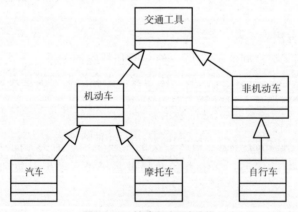

图 6-27　按常识识别泛化

（3）按定义识别泛化。如果一个类的对象的集合是另一个类的对象的子集，说明这个类是另一个类的一种类型，它们存在继承关系。例如所有猫类对象都是动物类的对象，动物类对象除了猫之外还有其他类型的对象，如狗类对象，所以猫类是动物类的子类。

（4）按属性和方法识别泛化。如果两个或多个类都具有一部分相同的属性和方法，可以考虑抽取出相同属性和方法构成一个类，作为这两个类的父类。例如教师类和学生类都有姓名、性别、身份证号等共同属性，可以抽取这些属性构成为一个名为人员类的父类。如果一个类中的属性和方法只适用于部分对象，说明可以由该类中划分出子类。例如在交通工具类中有载重和座位数属性，但是客车没的载重这个属性，所以可以把交通工具类分出两个子类，客车类和卡车类，从而形成继承关系。

4. 依赖关系

依赖用于描述具有较强关联的、多个元素之间的关系，表明一个元素（源元素）的定义或实现依赖于另一个元素的定义或实现，被依赖的元素的改变会影响到源元素的改变。在 UML 中，依赖可以用于多个建模元素，如用例、类、组件等。例如在用例图中，扩展和包含关系，其实也是依赖。

在 UML 中，依赖关系符号为两个建模元素之间的虚箭头，箭头方向由源元素指向被依赖的元素。例如，在人写字时，需要用到笔，不同的笔对写字是有影响的，所以人和笔之间存在依赖关系，表示方法如图 6-28 所示。

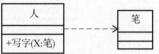

图 6-28　依赖关系示例

在程序实现时，依赖关系表现为一个类的方法中要调用另一个类的对象的方法或访问另一类的对象的数据。例如有一个类为用户管理类，里面有用户登录方法，该方法中要调用用户数据库访问类对象的查询用户的方法，也就是说用户管理类对象依赖用户数据库访问类对象才能登录，所以用户管理类和数据库访问类是依赖关系。

5. 实现关系

1）接口与实现关系

平时在定义类时，可见性为公有的操作就构成了一组外部可访问的操作，为其他的类提供服务。可以把这组操作组织起来，作为该类的一个或几个接口，则该类就提供了这些接口的实现。还有一种接口是纯粹的，如 Java 中的接口仅具有操作说明，没有实现，只作为实现它和使用它的类之间的桥梁。

在 UML 中，把一个接口定义为一个类、组件的对外可见的一组操作的描述符。它定义了类、组件对外提供的服务。这时接口定义了一个契约，在接口两端的遵循该接口契约的任何类、构件可以独立变更。这里要注意的是，接口定义的功能只能由类（也可以包含在组件中）来实现，UML 中的实现关系是指接口和接口实现类之间的关系。

图 6-29　接口的两种表示方法

2）表示方法

在 UML 中，接口有两种表示方法，如图 6-29 所示。

对于图 6-29 中的左边的方法类似于类的表示方法，可在方法列表分栏中添加方法，右边为接口的简图。

在类图中，假如有一个接口为 UserDao，定义了用户数据库访问接口，接口的实现类为 UserDaoImpl，使用接口功能访问数据库的类为 UserService 类，则它们的表示如图 6-30 所示。

图 6-30 中，接口 UserDao 和类 UserDaoImpl 为接口的实现关系，使用带空心三角形的虚线表示，箭头方向从实现类指向接口，类 UserService 需要调用 UserDao 中的方法，是依赖关系。

对图 6-30 中的接口采用简化形式后，图形如图 6-31 所示。

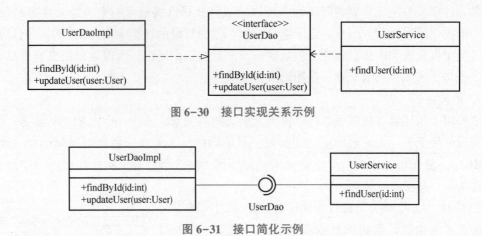

图 6-30　接口实现关系示例

图 6-31　接口简化示例

这时，接口的实现关系表示为接口和实现类相连的实线，使用接口的类和接口使用带半圆的实线表示依赖关系。

6.4.5　划分主题

1. 主题

划分主题的目的是为了降低系统理解的复杂度，将大型的复杂系统分解为多个不同的主题，每个主题描述系统一个相对独立的功能、性能或领域需求，从而可以让系统分析人员能够集中精力解决一个问题，减小同一时间分析问题的规模，从而提高分析的效率。对于简单系统而言，无需划分主题。对于主题的划分，主要依据类的识别及其关联，紧密关联的类可以确定为一个主题。主题是由一组具有较强联系的类组成的类的集合。

划分主题的方法有以下两种。

（1）自底向上：先建立类，然后把类中彼此关系较密切的类组织为一个主题。如果主题数量仍然很多，则可进一步将联系较强的小主题组织为大主题，直到系统中最上层的主题不超过 7 个，这种方式适合于小型系统或中型系统。

（2）自顶向下：先分析系统，确定几个大的主题，每个主题相当于一个子系统，将这些子系统再分别进行面向对象分析，建立各个子系统的类，确定子系统的主题。

2. 包图

1）包的概念

主题的划分可以通过包图来体现。包图是绘制模型元素分组以及分组之间关系的图，包图中的包是对模型元素进行分组的机制，把模型元素组织成为组，从而将这个组作为一个集合进行命令和处理。在 UML 中，包的表示符号如图 6-32 所示。

包可以用于不同的图，例如，在类图中可用包对类进行分组，在用例图中可以用包对用例进行分组。

一个模型元素只能被一个包所拥有，如果包被撤销了，其中的模型元素也要被撤销。在同一个包中，同一类型模型元素的命名是唯一的，但不同类型的模型元素可以有相同的名称。图 6-33 中是对图书馆系统中一个包的表示。

图 6-32 包的表示符号   图 6-33 图书馆系统中的业务逻辑包

2）包中元素的可见性

包中的元素的可见性有公有的，私有的、受保护的和包范围的，类似于类中属性和方法的可见性。公有的模型元素对包内外的模型元素都是可见的；私有的模型元素只对本包中的模型元素是可见的，但对子包中的模型元素是不可见的；受保护的模型元素除对包内的模型元素是可见的，对继承本包的子包中的模型元素也是可见的；包范围的模型元素对本包中的模型元素可见，也可以对子包中的模型元素可见。

3）包之间的关系

包之间的关系有拥有、依赖和泛化关系。拥有关系是指包可以有子包，表示包之间的嵌套关系。依赖关系是指在一个包中引入另一个包输出的元素，例如在业务逻辑包中的对象需要依赖数据访问包中的对象来实现数据库的访问，得到数据库操作结果。泛化关系表示一个包中的模型元素被另一个包中的模型元素继承。

下面列举图书馆管理系统的一个主题划分，如图 6-34 所示。图书馆管理系统按照三层架构模式的设计模式，系统分为了用户界面、业务逻辑和数据库访问 3 个主题。

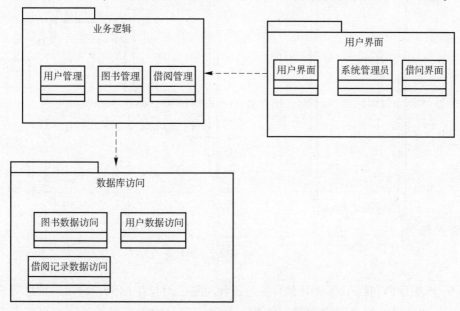

图 6-34 图书馆管理系统的主题划分

6.5　建立动态模型

通过类图建立的静态模型，对类的属性和方法进行了描述，刻画了与类相关的系统责任。但是，静态模型缺乏对对象行为的描述，没有说明对象之间是如何交互来实现系统的任务。对大型系统来说，对对象行为的分析，有助于明确系统任务的实现过程。

6.5.1　建立顺序图

顺序图是一种详细表示对象之间以及对象与参与者之间动态交互的图形，由一组相互协作的对象或参与者以及它们之间发送的消息组成，强调消息的发送的顺序。顺序图用于描述一个或少数几个用例的完成过程，能够进一步让分析人员明确系统功能的实现。顺序图也能用于帮助分析人员对照检查每个用例中描述的用户需求是否落实到对象中去实现，提醒分析人员补充遗漏的类或操作，还可以帮助分析人员发现哪些对象是主动对象，此外在面向对象设计（Object-Oriented Design，OOD）中的人机界面设计中也可以使用顺序图来描述参与者与界面对象的交互。

下面列举用户登录的顺序图，如图 6-35 所示。

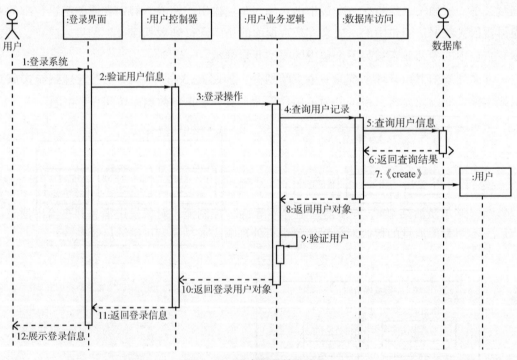

图 6-35　用户登录的顺序图

图 6-35 顺序图包括了登录用例的参与者和对象、对象生命线、激活、消息等多个组成元素。从图中可以看出顺序图是二维的，水平方向是对象或参与者，垂直方向表示时

间，从上到下表示时间的增加。图中的水平箭头表示对象之间传递的消息，例如方法的调用或返回结果，消息在图中的垂直方向上的位置表示消息的先后顺序。

1. 顺序图概述

1）对象与参与者

顺序图中，参与者和对象通常沿水平方向排列，排列时一般把存在交互的对象靠近排列，这样可以减少交叉的线条。在垂直方向上，如果一个对象在消息传递前就已经存在，则被放置于顺序图的顶端，如果一个对象在交互过程中被创建出来，则这个对象排列在与创建它的消息对齐的位置而不是在顶端。

2）对象生命线

对象生命线表示对象在一段时间内的存在。在顺序图中表示为与参与者或对象相连的垂直虚线。如果所有消息都执行完之后对象仍然存在，则对象的生命线要延伸到最后一个箭线的下方，如果一个对象在图中要销毁，则在对象生命线销毁的位置加上"×"标记且对象生命线不再向下延伸，下端与"×"标记对齐。

3）激活

激活是对象执行一个操作的时间，在顺序图中表示为一个垂直方向的窄长矩形，矩形的上端与操作的开始时刻对齐，矩形的下端与操作的结束时刻对齐。在激活上存在着进或出的表示消息的箭线，意味着执行该操作时收到或者发出消息，如收到对本操作的调用请求或本操作发出对其他操作的调用请求。如果一个操作递归调用自己或调用本对象的其他操作，称为自调用，如图6-36所示。

4）消息

消息是对象之间的通信的规格说明，这样的通信用于传输将发生的活动所需要的信息。它包含了控制信息（如调用）也包含了所使用的数据的规格说明。一个消息可以调用另一个对象的操作或调用本对象的操作，向另一个对象发送一个信号，创建或者撤消一个对象（可以自己销毁自己），还可能向调用者返回一个结果。

消息有同步消息、同步返回消息和异步消息，如图6-37所示。同步消息是"等待-继续"控制流，对象发送消息后会暂停活动，等到消息的接收对象处理消息并返回结果或响应后再继续后续操作。同步返回消息表示同步消息的接收对象处理完消息后向发送对象返回的响应或结果，并可以把返回值标示在返回消息的带箭头的虚线上，其在顺序图中可以省略（暗示激活结束）。异步消息是"不等待"控制流，对象发送消息并在给出消息内容后，不用等待消息的接收对象对消息进行处理响应或结果就可继续后续操作。

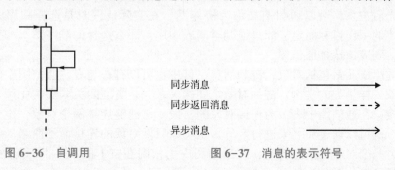

图6-36　自调用　　　　　　图6-37　消息的表示符号

此处列举客户机使用事务机制向数据库存储数据的顺序图，如图6-38所示。

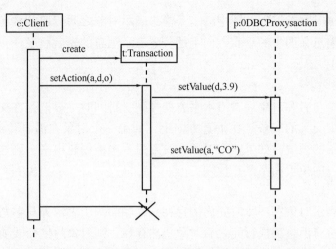

图 6-38　客户机使用事务机制向数据库存储数据的顺序图

客户机类 Client 的对象 c 创建了事务处理类 Transaction 的对象 t，对象 t 负责把一组数据作为事务提交到 ODBC 代理类 ODBCProxysaction 的对象 p，对象 p 把数据存储到数据库中。从图中可以看出，对象 c 的激活的底端比对象 t 激活的底端在垂直方向上更下面，而对象 t 的激活的底端又比对象 p 第二个激活的底端位置更下。这是由于激活是对象某个操作的执行时间，激活的顶端表示操作的起始时刻，激活的底端是操作结束的时刻，而一个对象的操作发出同步消息后将暂停执行，等待被调用对象的操作返回后才能继续执行，所以操作的结束时刻要比被调用操作的结束时刻更晚。因此我们在绘制时序图时，要注意激活的长度和位置。

2. 顺序图绘制步骤

（1）列出启动该用例的参与者。

（2）列出启动用例时参与者使用的边界对象。

（3）列出管理该用例的控制对象。

（4）列出该用例的业务逻辑对象。

（5）根据用例描述的所有流程，按时间顺序列出分析对象之间传递的消息。

6.5.2　建立通信图

在 OOA 过程中得到的类彼此合作，共同完成复杂的系统功能，体现系统性能。通信图主要刻画对象在共同完成系统功能时对象间的动态连接关系，并表示不同对象在系统中消息发送的先后关系，所以通信图又称为协作图。在实际建模时是选择顺序图还是通信图，要由具体的工作目标而定，如果强调时间或顺序，那么选择的顺序图，如果强调对象之间的交互，则应该选择通信图。

通信图的组成元素包括对象、链和消息，其中也可以有参与者。通信图中的对象与顺序图中的对象一样是类的实例。链是对象之间的关系，是类之间关联实例化产生的对象之间的临时连接，在通信图中表示为连接对象的实线。链能够连接两个对象，也允许一个对象连接自身。链可以通过命名来进行区分，也可以只做对象的连接而不命名。消息描述了一个对象到另一个对象的信息传递，在通信图中为依附在链上的一个带标签的实线箭头，箭头指向消息的接收对象。

为表示一个消息的时间顺序，可以给消息加一个数字前缀（从 1 号消息开始），在控制流中，每个新的消息的顺序号单调增加（如2，3等）。为了显示嵌套，可使用带小数点的号码（1表示第一个消息；1.1表示嵌套在消息1中的第一个消息；1.2表示嵌套在消息1中的第二个消息……）。嵌套可为任意深度。要注意的是，沿同一个链，可以显示多个消息（可能发自不同的方向），并且每个消息都有唯一的一个顺序号。

顺序图和通信图在语义上是等价的，它们可以从一种形式的图转换为另一种。将顺序图（也称为时序图）转换为通信图的过程如下。

（1）明确顺序图中的对象以及它们之间的消息传递。

（2）在通信图中创建与顺序图相同的对象和角色，具有消息传递的对象之间使用连接。

（3）使用箭线在通信图中表示对象或角色之间的消息传递，并在箭线上标上序号和消息。

（4）检查顺序图和通信图的一致性，包括消息的顺序、发送者和接收者等。

图6-39就是客户机使用事务机制向数据库存储数据的通信图。图6-39由图6-38转换而来，要注意的是转换时消息的编号。

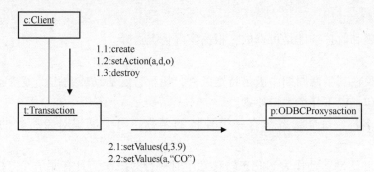

图6-39 客户机使用事务机制向数据库存储数据的通信图

6.5.3 建立状态图

状态图用于描述一个对象在生命周期内的所有可能的状态，以及引起状态改变的事件或条件，状态图的目的是通过描述某个对象状态和引起状态转换的事件和条件，来描述对象的行为。状态图由一系列状态、事件、条件和状态间转换共同构成。

图6-40为图书管理系统中图书对象的状态图，描述了图书对象在整个生命周期中状态的转换及转换的事件。

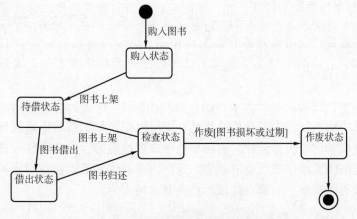

图6-40 图书对象的状态图

1. 状态图基本元素

1）初始状态和终止状态

初始状态是指状态图的开始状态，终止状态是指状态图执行完后的结束状态。符号表示如图 6-41 所示。

初始状态　　终止状态

图 6-41　初始状态和终止状态符号表示

2）事件

事件是指可触发状态转移的条件或动作，标记在状态的转移上。如图 6-40 中的购入图书、图书上架等均为事件。事件可能包括信号、调用、时间推移或状态变更。通常事件后面还跟有一个监护条件（布尔表达式）。当事件发生后，还要检验其监护条件，如果监护条件为假，则该事件不触发状态转移，例如作废事件，只有在图书损坏或图书过期时，才会触发图书对象从检查状态到作废状态的转移。

事件的格式如下：

```
事件名[(用逗号分隔的参数表)][监护条件 ]
```

其中参数表和监护条件是可选的，根据实际情况选择。

3）状态

状态是对象在其生命周期中满足特定条件、执行特定活动或动作、等待特定事件的状况。状态可能包括以下几个关键要素：

（1）状态名称：每个状态都有一个独特的名称，用于标识对象所处的特定条件或情况。

（2）动作和活动：动作表示状态转移发生时执行的操作，具有原子性，执行期间不可中断。活动通常是一系列动作的集合，在执行期间可以中断或停止执行。

（3）进入/退出动作：进入动作和退出动作是描述对象在进入或退出某个状态时所执行的动作。这些动作可以是原子动作，也可以是动作序列。进入动作是在对象进入一个状态时自动执行的动作，例如初始化变量、申请资源等，以确保对象在进入该状态后能够正常工作。退出动作是在对象准备离开该状态时执行的动作，例如释放资源、发送通知等，以确保对象能够正确地结束当前状态的工作进入下一个状态。

（4）内部转移：内部转移是指在不改变对象当前状态的前提下，对象对某一事件或条件做出的响应，执行相应的内部动作或活动。由于内部转移不会改变对象的当前状态，所以不会触发状态的进入/退出动作。

（5）子状态：子状态是嵌套在另一个状态中的状态。包含子状态的状态一般称为复合状态，复合状态通常包含一系列的子状态。

（6）延迟事件：在某个状态下暂时不处理而推迟到对象的另一个状态下排队处理的事件。

状态在图形中，用圆角矩形表示，图 6-40 中的购入状态、待借状态。如果需要描述对象在这个状态中所执行的内部动作或活动，则可以把表示状态的矩形划分成由水平线相互分隔的名称分栏和内部转移分栏。名称分栏中放置状态名。内部转移分栏给出对象在这个状态中所执行的内部动作或活动的列表，这些内部动作或活动执行时，不会引发状态间的转移，称为状态内转移。内部动作或活动的基本格式为：

```
事件名[(用逗号分隔的参数表)][监护条件 ] / 动作表达式
```

常用事件名有 entry、exit 和 do，这 3 个保留字的含义如下。

（1）entry/进入动作表达式：在进入状态时首先执行该动作，不能有参数表或监护条件。

（2）exit/退出动作表达式：在退出状态时最后执行该动作。不能有参数表或监护条件。

（3）do/活动表达式：在状态的入口动作执行后开始执行该动作，并且它与其他的动作或活动是并发的，直到对象离开该状态为止。

此外还有事件/defer，用特殊的动作/defer 表明一个事件被延迟，延迟事件形成了一个事件列表，这些事件在状态中发生但不处理，直到对象进入可处理延迟事件的状态才会处理。

除了 entry、exit 和 do 这 3 个保留字外，用户可以自己对事件进行命名。

微波炉对象状态图如图 6-42 所示。

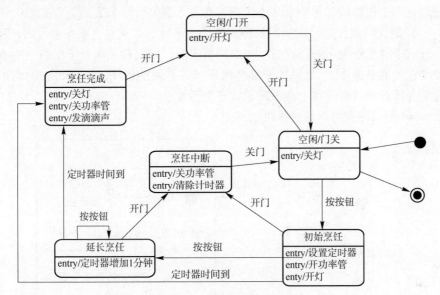

图 6-42　微波炉对象状态图

4）转移

转移是两个状态之间的关系，表示对象在源状态中执行一定的动作，并在某个特定事件发生且满足监护条件时进入目标状态。例如电梯在处于上升状态时，在将要到达某个楼层的事件发生后，如果有用户按了该楼层的按钮，则电梯将会转换为停止状态并开电梯门。

转移具有源状态、目标状态、事件、监护条件和动作等几个要素。当事件发生后且监护条件为真则执行动作，状态从源状态转换为目标状态。如果转移没有事件则表示源状态的动作或活动完成后自动触发转移。转移是单向的，只能从源状态到目标状态。

转移分为内部转移、自转移和状态间转移三类。

自转移是指当一个对象处于某个状态时，它接收到一个事件并根据该事件执行某些动作后，但对象仍然处于原来的状态。自转移具有以下特点：

（1）状态不变：处理完事件后，对象的状态没有发生改变。

（2）事件处理：对象接收事件后可能会执行事件相关的动作。

（3）中断当前活动：自转移可能会中断当前状态下的所有活动，使对象退出当前状态，再次进入该状态，在对象退出和进入该状态时，会触发进入/退出动作的执行。

在 UML 中，自转移的表示为一条从当前状态出发，指向同一状态的箭头，如图 6-42

中的延长烹饪状态的按按钮事件引发的自转移。

状态间转移是指一个对象在生命周期内由一个状态转换为另一个状态的过程，这种转移通常是由于特定的事件触发且执行相应的动作。状态间转移的表示方法示例如图 6-43 所示。

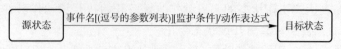

图 6-43　状态间转移的表示方法示例

5）复合状态

具有子状态（嵌套状态）的状态被称为复合状态。子状态可能被嵌套到任意级别。嵌套状态最多有一个初始状态和一个终止状态。在进入到复合状态之后，首先执行进入操作（如果有），控制权将被传递给该初始状态，再进入子状态。从复合状态出发的转移可能会以复合状态或子状态作为它的源状态。在这种情况下，控制权先离开子状态（并在可能的情况下发出它的退出操作），然后离开复合状态（并在可能的情况下发出它的退出操作）。源状态为复合状态的转移基本上会中断子状态的活动。

如图 6-44 所示为拨打电话的手机状态图。

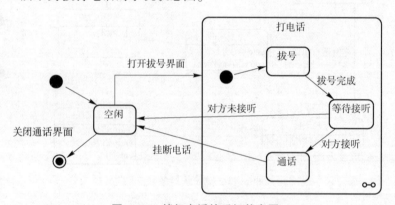

图 6-44　拨打电话的手机状态图

在分析建模时，并不需要对所有对象都建立其状态图，只需要对核心对象特别是在多个用例中都涉及的对象建立状态图。

2. 建立状态图的过程

（1）了解系统的主要功能和性能，确定与它们有关的主要对象。

（2）列出对象的生命周期内所有可能的状态。

（3）确定对象在状态转移时的触发事件。

（4）在对象中，选定一组与描述状态相关的行为属性和促使改变状态的方法。

（5）结合触发事件和行为属性值改变的先后顺序，建立软件系统的状态图。

6.5.4　建立活动图

活动图用于描述用例场景的活动顺序或描述从一个活动到另外一个活动的控制流，活动图所描述的内容可以是用例的处理流程，类中操作的处理流程，也可以是整个软件系统的业务流程。在分析阶段，可以用活动图对用例进行补充描述或对系统业务流程建模。

1. 活动图的基本元素

活动图的基本元素如下。

（1）起点：用实心黑色圆点表示，表明活动图行为的起始位置或状态。

（2）终点：在实心黑色圆点外加一个小圆来表示，表明活动图行为的结束位置或状态。

（3）活动：业务流程中的一个执行单元。用圆角矩形表示，矩形内写上活动名称。

（4）控制流：活动之间的转换控制，表示为两个活动之间的箭线，箭头指向将要转入的活动。

（5）分支与合并：控制流中的分支与合并用菱形表示。活动的后置条件不同，会产生不同的分支导致不同的控制流程。图 6-45 为分支与合并示例。

（6）并发：控制流也可以是并发的。用同步条表示并发控制流的分岔和汇合。图 6-46 为并发示例。

（7）对象流：用于把一个对象从一个活动传递到下一个活动，对象用矩形表示。图 6-47 为对象流示例。

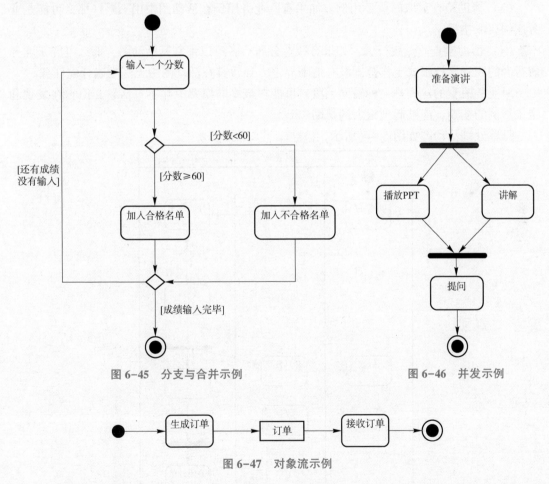

图 6-45　分支与合并示例　　　　　　图 6-46　并发示例

图 6-47　对象流示例

2. 泳道

上面的活动图中只描述了活动的执行顺序，并没有指定活动是由哪个执行者来执行的，在面向对象的观点来看忽略了执行者的职责。在面向对象方法中，对象的职责是很重要的，所以在绘制活动图时需要指定活动由哪个对象执行，在这里就要引入泳道的概念。

泳道通常由垂直分隔线把活动图分成若干个区域，从而把活动划分为若干组，每组活动被指定给相关的对象。通过划分泳道，明确了对象执行哪些活动，或者相关的操作分配给哪个对象。每个泳道必定与系统的某个对象相关，每个活动只能属于一个泳道。

3. 分析阶段活动图的应用

1）业务流程建模

在业务流程建模过程中，通常根据业务履行者来划分泳道，以业务履行者获取的业务用例作为活动来编制活动图。这种活动图对我们获取正确的业务用例和检查已经获得的业务用例有很好的帮助，具有以下好处。

（1）帮助发现遗漏的业务用例：如果用现有的业务用例不能完整的编制出实际的业务流程，那么可能遗漏了业务用例。

（2）帮助检查业务用例粒度：如果用现有的业务用例编制活动图感到别扭，那么可能是业务用例的粒度不统一。

（3）帮助检查获取的业务用例：如果有些业务用例在活动图中用不上，那么可能是业务用例获取错误。

（4）帮助检查业务履行者：如果有些业务履行者难以编制其活动图，那么可能是业务履行者的职责、权限或工作范围没有清晰界定，导致其在活动图中无法准确分配任务。

对业务流程的建模是一种辅助手段，可能在最终的模型中并不包括它，但它在发现和定义用例的初期，能够起到很大的帮助。

订单处理活动图如图 6-48 所示。

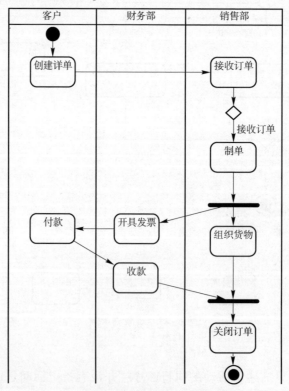

图 6-48　订单处理活动图

2）用例场景建模

获取业务用例后得到了参与者的业务目标，可以通过用例场景来说明如何达到业务目标。在分析阶段，通常以活动图来描述用例场景。活动图主要用于描述业务用例的工作流程，识别出业务用例中业务的关键步骤、决策点和并行流程，从而更好地理解业务需求。设计阶段也可以应用活动图对用例建模，但在设计阶段的活动图更侧重于将业务需求转化为系统实现，关注系统内部结构和实现细节，这时活动图中的泳道不仅限于外部参与者，还包括系统内部的对象和组件，活动图描述了参与者、系统内部对象和组件之间的交互和协作来完成用例的实现过程。

6.6　案例："高校小型图书管理系统"需求规格说明书（面向对象分析）

需求规格说明书是软件需求分析阶段产生的文档，对软件系统应该满足的需求作了详细描述，包括功能需求、性能需求、界面需求、接口需求等，从而使软件系统的目标和范围更明确。这有助于开发人员更好地理解用户需求，为软件开发提供清晰的方向，作为系统设计和实现、测试的依据及系统交付用户时验收的标准。

为了指导软件开发中软件系统需求规格说明书的编制，国家标准化管理委员会发布的《计算机软件需求规格说明规范》GB/T 9385—2008，该规范总体上分为引言、总体概述、具体需求、支持信息等几部分。又因为该规范并不是一个强制标准，所以在编写需求规格说明书时不同的企业有所差异，因此，在实际编写中，要根据实际需求和企业使用的规范进行编制。

以下是简化了的"高校小型图书管理系统"需求规格说明书。

1 引言
1.1 目的
本需求规格说明书旨在详细描述高校小型图书管理系统的系统需求，包括功能需求、非功能需求以及其他相关需求，以确保软件开发团队对系统的需求有清晰、一致的理解，能够准确理解系统需要完成的任务及最终目标。本规格说明书是设计阶段软件设计人员的设计依据和系统编程实现时需要参考的文档，也将作为项目完工后项目验收的依据，用于评估系统是否达到了对它的需求。对于用户而言，本规格说明书也是了解系统功能和操作方式的重要参考，有助于用户更好地使用系统，提高图书管理工作的效率和质量。

该文档预期读者为用户代表及项目开发组人员。

1.2 范围
高校小型图书管理系统的主要目标是为图书馆提供一套高效且易于操作的图书管理解决方案。系统包括了图书管理、借阅管理、用户管理、图书查询等基本功能，以及用户权限管理等辅助功能，图书的采购管理不在本系统的功能范围内。

1.3 定义、简写和缩略语
高校小型图书管理系统中的各部分内容的定义、简写和缩略语如下。

（1）高校小型图书管理系统：为高校图书馆开发的小型图书管理的应用系统，可简写为图书管理系统。

（2）图书信息：图书的基本信息，包括书名、书号、作者、出版社、库存数量以及书架等信息，便于读者查询借阅。

（3）借阅记录：包括借阅者的姓名、学生学号或教职工工号、所借书的信息、借书日期、还书的日期、续借日期、借阅状态等信息。

（4）借阅规则：对不同的借阅者有不同的借阅册数和借阅时间，对不同的借阅角色在违章情况时有不同的罚款措施。

（5）用户：用户为使用图书管理系统的人，主要有管理员、图书馆工作人员和读者3类。

1.4 引用文件

[1] 全国信息与文献标准化技术委员会. 计算机软件需求规格说明规范：GB/T 9385—2008 [S]. 北京：中国标准出版社，2008.

1.5 综述

需求规格说明书主要描述了系统的目标、功能需求和性能需求等方面，介绍了系统的主要目标和功能，以及系统的关键特性；详细描述了系统的主要功能需求，并通过用例模型进行了说明；明确了系统在响应时间、并发用户数等性能上的要求以及安全性、可扩展性、可维护性等方面的非功能性要求；明确了系统的运行环境、开发语言及开发工具等约束。

需求规格说明书分为以下几个部分。

（1）引言：描述了高校小型图书管理系统的开发目的、功能范围和术语的定义及引用的文件。

（2）总体描述：对高校小型图书管理系统作概括性的叙述，总体介绍高校小型图书管理系统的功能需求、用户特点及约束条件和依赖等。

（3）具体需求：使用用例模型对系统的功能需求、性能需求、界面需求、接口需求等需求进行具体叙述，使用类和对象描述系统的静态结构，应用活动图对系统的功能实现进行说明。

2 总体描述

2.1 产品描述

高校小型图书管理系统是专为高校设计的图书管理系统，旨在提高图书馆的管理效率与服务质量。该系统集成了图书录入、借阅管理、用户权限控制及数据统计等多项功能，实现了图书信息的数字化管理。通过友好的用户界面，用户可轻松查询图书信息、提交借阅请求，并享受便捷的在线支付服务。同时，系统注重数据安全、性能稳定、图书资源的有效利用和用户信息的安全保护。

2.2 产品功能

高校小型图书管理系统的用户主要分为管理员、图书馆工作人员和读者（包括学校学生和教职工）3类，不同的用户具有各自的功能需求，以下列出了3类用户的主要功能需求。

1）管理员的功能需求

管理员是图书管理系统的管理者，负责系统的整体维护和配置，其功能需求如下。

（1）用户管理。

创建、查询、修改和删除用户账户，如新生入学后根据学生的名单批量生成学生读者账户，学生毕业后删除学生账户。

（2）图书信息管理。

添加、查询、修改和删除图书信息，包括图书的书名、作者、出版社等基本信息和图书的库存信息。

（3）系统设置。

配置系统的基本参数，如查询图书时每页显示的图书数量；设置借阅规则，如设置不同用户的借阅期限、借书数量、罚款规则等。

（4）数据备份与恢复。

定期备份系统数据，以防数据丢失，并在必要时进行数据恢复。

2）图书馆工作人员功能需求

图书馆工作人员是图书管理系统的日常操作者，负责图书的借阅、归还和日常管理。其功能需求主要如下。

（1）图书借阅与归还。

处理读者的借阅和归还请求，记录借阅和归还信息。

（2）图书检索。

根据读者的需求查询图书信息，帮助读者快速找到所需的图书。

（3）读者服务。

解答读者的咨询，提供图书推荐和阅读指导等服务。

3）读者功能需求

读者的功能需求是设计高校小型图书管理系统时需要考虑的关键，直接关系到读者的使用体验和对图书馆服务的满意度。以下是读者的主要功能需求。

（1）图书检索。

能够方便地通过书名、作者、出版社、ISBN 号等关键信息进行图书的检索和查询。系统应提供模糊查询功能，允许读者输入部分信息以获取相关结果。

（2）图书借阅与归还。

读者可以在线预约借阅图书或直接借阅图书，图书到期前可以在线续借。读者可以在个人用户中心查询自己的图书借阅记录。

（3）个人账户管理。

读者要能够管理自己的个人账户，查询个人账户信息和修改个人的密码。

（4）数字资源访问。

系统应提供便捷的数字资源访问入口和下载功能。

2.3 用户特点

用户特点表如表 6-3 所示。

表 6-3　用户特点表

用户名称	简要说明	权限
管理员	系统管理员对整个系统进行管理，由学校的信息管理中心人员担任	全部权限
图书馆工作人员	图书馆的一般工作人员，负责图书的整理、维护、借阅与归还等日常操作	图书借阅与归还、图书整理、图书检索、读者服务
读者	由教师和学生组成，图书的借阅者	图书检索、图书借阅与归还、个人账户信息管理、数字资源访问

2.4 约束

高校小型图书管理系统的约束如下。

（1）根据用户类型不同，系统应设定不同的操作权限。

（2）应设定每个用户的最大借阅数量和借阅期限，不同类型的用户的借阅数量和借阅期限不同。

（3）系统应确保图书信息、用户信息和借阅记录等数据的完整性和准确性，防止数据丢失或被篡改。同时，应采取适当的安全措施保护系统免受非法的访问和攻击。

（4）系统应具备良好的性能和稳定性，能够处理大量用户的并发请求，避免因系统崩溃或响应缓慢而影响用户体验。

（5）系统应符合相关的法律法规和道德伦理要求，如保护用户隐私、尊重知识产权等，避免因违反相关规定而引发法律纠纷或道德争议。

2.5 假设和依赖关系

高校小型图书管理系统依赖于微信支付和支付宝支付接口完成用户的超期处理的支付操作。系统需要与这些支付接口进行集成，实现支付请求的发送和支付结果的接收。

3 具体需求

3.1 接口需求

1) 用户界面

针对高校小型图书管理系统的用户群体和使用场景，设计一个直观、易用且功能丰富的用户界面至关重要。以下是几个关键的界面需求。

(1) 登录界面：简洁明了，仅包含必要的登录字段，并提供清晰的登录指南。

(2) 导航菜单：应清晰列出所有主要功能。

(3) 查询界面：允许用户根据书名、作者、出版社等多种条件进行搜索，并对搜索出的图书提供较为详细的信息，方便读者选择。

(4) 用户个人中心：用户可以查看个人信息、借阅记录、收藏的图书列表等，在借阅记录中要能够显示当前借阅的图书的到期时间。

(5) 管理员后台界面：界面的左侧要有功能菜单，方便管理操作。

(6) 界面元素：能够自适应屏幕大小，确保内容的可见性和布局的美观性。

(7) 交互反馈：系统应该给予明确的交互反馈，以提升用户体验。

2) 硬件接口

扫描器接口，在借阅读书和归还图书时，系统需要与扫描器进行连接。硬件接口表如表6-4所示。

表6-4   硬件接口表

硬件名称	硬件类型及规格	信息类型及性质	通信协议
扫描器	USB接口类型		

3) 软件接口

高校小型图书管理系统的外部软件接口主要涉及与以下的系统或服务的交互。外部软件接口表如表6-5所示。

表6-5   外部软件接口表

组件类别	软件名称及版本	信息交换目的	所需服务及通信性质	共享数据
支付系统	支付宝和微信支付接口	图书归还超期、损坏、丢失处理的支付操作	支付服务	
数据库	MySQL数据库8.03版	数据存储和处理		
数字资源	网络期刊数据库	数字资源访问	数字资源的链接	
校园一卡通	校园一卡通系统	与校园一卡通系统对接，实现身份验证、借阅权限控制以及费用结算等功能		学生、教师身份信息

3.2 功能需求

高校小型图书管理系统功能使用用例模型描述，其用例图如图6-49所示。

(1) 图书借阅用例规约。

表6-6是图书借阅用例规约，主要描述了图书借阅参与者、基本事件流和备选事件流、前置条件、后置条件和业务规则等。

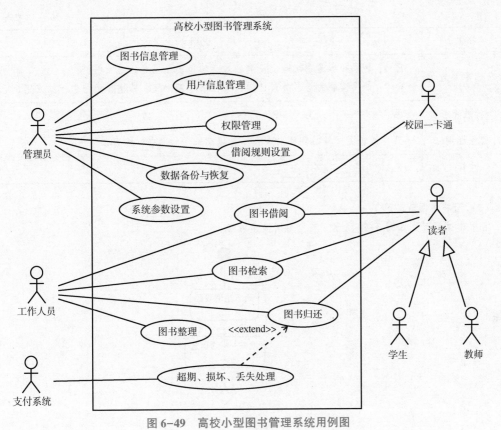

图 6-49　高校小型图书管理系统用例图

表 6-6　图书借阅用例规约

名称	说明
用例编号	UC001
用例名称	图书借阅
用例简述	本用例用于读者借阅图书和工作人员处理读者借阅
参与者	图书馆工作人员、读者、一卡通系统
触发器	读者借书时触发
前置条件	读者、图书馆工作人员已经登录系统
后置条件	用例成功后，在系统中添加图书借阅记录
基本事件流	(1) 图书馆工作人员进入借阅界面； (2) 读取读者一卡通信息； (3) 一卡通系统返回读者身份信息； (4) 核实读者的借书数量、是否有超期的图书； (5) 扫描读者借阅的图书的条码； (6) 系统检索图书信息并记录借阅记录； (7) 显示借阅结果

续表

名称	说明
备选事件流	E-1：如果一卡通系统验证没有通过，输出提示信息后结束用例； E-2：如果读者的借书数量已满或有图书超期未还，输出提示信息，结束用例
扩展点	无
业务规则	只有读者图书借阅数量未满且没有超期未还的图书，才可以借书
注释	无

（2）图书借阅活动图。

图书借阅活动图如图 6-50 所示，其他用例描述省略。

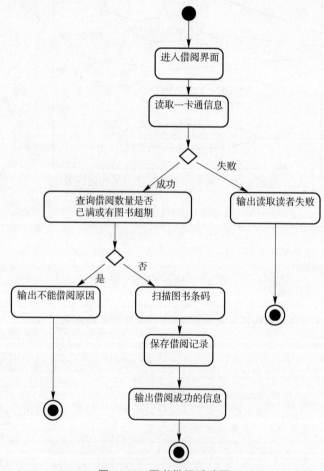

图 6-50　图书借阅活动图

3.3 类

高校小型图书管理系统的类有用户类（User）、管理员类（Admin）、图书馆工作人员类（Librarian）、读者类（Reader）、权限类（Permission）、书目类（Title）、图书类（Book）、借阅记录类（BorrowRecord）、预约类（Reservation）、图书类别类（Category）、支付接口类（Payment）等。用户类定义了用户的基本属性及用户登录、注销、修改个人信息的方法；管理员类继承自用户类，负责图书管理系统的整体配置、权限管理等；图书馆工作人员类继承自用户类，负责图书的借还、上架等日常图书管理工作；读者类为图书的借阅者，可以借阅图书、查询借阅记录、进行图书预约等；权限类记录用户的操作权限；书目类保存图书的基本信息，并将数据存储在数据库，用于用户检索图书；图书则是书目的实体对应物，图书类的信息包括书目，还包括每本书的条码信息；借阅记录类用于记录读者的借阅信息，主要的属性有借阅日期、应归还日期、实际归还日期、读者、借阅的图书等；预约类用于记录读者预约图书的活动信息，包括读者和其预约的图书和时间等；支付接口类定义了与支付宝或微信支付系统的接口实现。图 6-51 是高校小型图书管理系统类图。

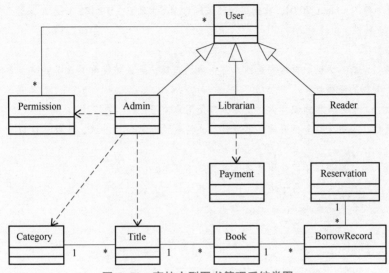

图 6-51　高校小型图书管理系统类图

（1）属性。

用户编号（userId）：整型，数据库自动生成。

用户名（userName）：字符串，由字母、数字组成，长度为 8~20 个字符，用于登录系统。

密码（password）：字符串，由字母、数字和特殊字符组成，长度为 8~20 个字符，用于登录系统。

真实姓名（realName）：字符串，由 2~20 个字符组成。

手机号（phone）：字符串，由 11 位数字组成。

电子邮箱（email）：字符串，需符合电子邮箱格式。

联系地址（address）：字符串，最大长度为 200 个字符。

权限列表（permissionList）：列表类型，用于记录用户的操作权限。

（2）方法。

登录方法（login）：登录系统，参数为用户名和密码，返回值为用户对象。

注销方法（logout）：退出登录状态，参数无，返回值无。

查询个人信息方法（queryUserInfo）：查询用户个人信息，参数无，返回值为用户对象。

修改用户信息方法（updateUser）：修改用户信息，参数为用户对象，返回值为布尔型，true 表示修改成功，false 表示修改失败。

其他类的属性和方法省略。

3.4 性能要求

系统的性能要求如下。

（1）稳定性：系统需要保持稳定运行，一年内出现故障总时间低于 1 小时。

（2）响应速度：系统应具有较快的响应速度，应在 1 秒内产生响应，在高峰时段的响应时间也应小于 2 秒。

（3）并发性：系统可以同时处理至少 100 个并发用户，在高峰时段能支持至少 200 个并发用户请求，并保证服务质量和响应时间。

3.5 设计约束

系统的设计约束如下。

（1）交付时间：从需求确认后 6 个月提交产品。

（2）系统运行平台如下。

硬件：CPU 为 Intel Xeon W5-2455X，12 核心 24 线程，内存为 DDR5 32 GB，硬盘容量 8 TB。

软件：操作系统为 Ubuntu 20.04，数据库管理系统为 MySQL8.03，JDK17，Web 服务器为 Tomcat 10.1.x。

3.6 软件系统属性

系统的属性如下。

（1）安全性：系统应保证数据的安全性，防止数据泄露、非法访问和篡改等；应具备数据备份和恢复功能，以确保数据的完整性。

（2）易用性：系统应操作简便、界面友好，方便用户使用。

（3）可扩展性：系统应具备良好的可扩展性，支持硬件和软件的升级，能够适应以后可能需要增加的功能。

（4）兼容性：系统应兼容不同的浏览器，以满足不同用户的需求。

（5）可维护性：系统设计应易于维护，代码具有良好的可读性和可测试性；具有完善的日志记录机制，有助于故障排查和问题解决。

4 附录

无。

6.7　实　　验

6.7.1　"高校小型图书管理系统"的用例模型

在本次实验中，学生需要完成高校小型图书管理系统的用例模型，完成用例图的绘制和用例规约的撰写。

用例建模的一般步骤如下。

1. 识别参与者

在建立用例模型前，首先要识别参与者。在识别参与者时特别要注意，参与者不仅仅只有操作系统的人员，与系统交互的外部设备和外部系统也应该作为参与者。在本系统中，参与者有管理员、图书馆工作人员、读者、支付系统和校园一卡通系统。

2. 识别用例

用例是用来描述参与者与系统如何交互以执行一个业务功能或一系列相关功能的文本。它用于捕获系统需求，并通过一系列动作和交互来定义系统的行为。具体的方法参见 6.3.2 小节。

3. 描述用例的基本过程

描述每个用例的基本过程，这个过程应该从参与者的角度出发，描述参与者与系统之间的交互步骤，以及系统如何响应参与者的操作。

4. 考虑可变情况

对于每个用例都要考虑可能发生的可变情况，如异常、错误或可选的步骤，这些情况通过备选事件流来描述，它们是基本事件流程的补充。

5. 复审并抽出共同用例

复审不同用例的描述，找出其中的相同点，并抽出这些相同点作为共同的用例。

6. 重复步骤并完善用例模型

重复上述步骤，确保所有参与者和用例都已找到，并且用例模型能够准确地描述系统的功能需求。

7. 绘制用例图

使用绘图工具在用例图中绘制出参与者、用例和系统边界，使用不同的连线表达参与者和用例之间的关系。

高校小型图书管理系统的用例图可参考图 6-49。

8. 使用用例规约描述用例

用例规约的格式参考表 6-1。

6.7.2 "高校小型图书管理系统"的类图

本实验要求学生完成高校小型图书管理系统的类图的绘制，在类图中不仅要有类的名称、属性和方法，还要有类之间的关系。

绘制类图的一般步骤如下。

1. 明确系统的需求和功能

在绘制类图之前，首先需要确定业务领域的范围，明确系统的需求和功能。

2. 识别系统中的类

通过分析系统的需求和功能来识别类，例如从用例的业务场景中识别出系统中的主要类。

3. 定义属性和方法

对于识别出来的类，需要确定类的属性和方法。

4. 确定类之间的关系

分析类之间的关系，常见的类关系有继承、关联、聚合、组合、依赖等。

5. 绘制类图

在类图中，使用矩形表示类，矩形内的三个分栏中列出类的名称、属性和方法。使用不同的箭线来表示类之间的关系。如果类之间的关联关系的多重性是多对多的，还需要使用关联类。如读者和图书之间，一个读者可借阅多本图书、一本图书在不同时间可以被多个读者借阅，所以添加借阅记录类作为关联类。高校小型图书管理系统信息借阅主题的类图如图 6-52 所示。

6. 验证类图

绘制完类图后需要进行验证，确保类图中包含了所有必要的类，检查每个类的属性和方法是否完整，有没有功能没有在类的方法中体现等。检查类之间的关系是否正确，关联关系的多重性和关联的方向是否正确。

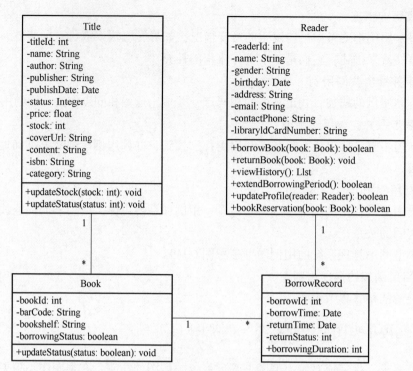

图 6-52　高校小型图书管理系统信息借阅主题的类图

7. 迭代和修改

根据验证的结果对类图进行迭代和修改，以不断完善和优化类图。

6.7.3　"高校小型图书管理系统"的活动图

活动图能够应用在多个方面，如业务流程、工作流程、操作过程和用例场景等，本实验要求学生完成高校小型图书管理系统中用例场景的活动图的绘制。

下面以图书预约用例的活动图的绘制说明活动图的绘制步骤。图书预约用例的活动图如图 6-53 所示。

1. 确定参与者

图书预约是读者在网上进行预约，所以参与者是读者。

2. 绘制泳道

绘制两条泳道，一条对应读者，一条对应系统。

3. 识别活动

根据图书预约用例规约中的事件流，识别出读者和系统的活动，按先后顺序绘制到对应的泳道中。

4. 添加转移的条件

使用箭线来表示活动之间的转移。对于顺序执行的活动，使用单向箭线；对于条件分支，添加决策点（菱形）实现条件判断；对于并发则使用同步条实现流程的分岔和汇合。

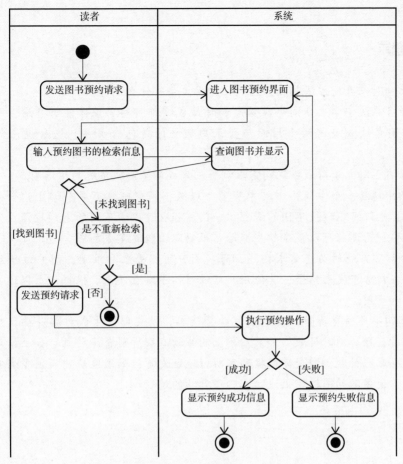

图 6-53 图书预约用例的活动图

5. 强化和优化

完成初步的活动图后，要检查是否存在不必要的活动、动作或转移；如果需要则进一步细化活动图，添加更多的细节或子活动。

其他用例的活动图读者自己完成。

6.8 本章小结

面向对象分析是以面向对象方法为指导，通过分析用户的需求建立问题域模型的一个过程。面向对象分析建立了三类模型：功能模型、静态模型和动态模型。功能模型由用例模型描述，通过外部参与者与系统的交互来确定系统的功能。静态模型描述了系统类与对象及它们之间的关系，确定了系统的结构。动态模型又称为辅助模型，通过活动图、状态图、顺序图、通信图等描述系统的控制结构，能够帮助开发人员更好地理解系统的行为特征以更好地支持系统设计，确保系统的质量和稳定性。

本章介绍了面向对象方法的概念及面向对象分析的基本过程，包括功能模型、静态模型和动态模型的建模过程及方法，并通过案例说明面向对象分析的需求规格说明书的格式及撰写方法。

 **习题六**

1. 与面向对象开发方法相比，结构化开发方法有什么优势？

2. 在教务系统中学生查询个人信息和考试成绩都需要登录才能够查看，那么查询个人信息、查询考试成绩这两个用例与登录用例之间是包含关系，这种说法对不对？为什么？

3. 根据自己对电子商城系统的需求调查，完成电子商城系统的用例图。

4. 大学中包括多个学院，学院中有多个班级，一个班级有多个学生，一个学院有多个老师授课，老师可以教授不同的课程，一门课程也可以由不同的老师授课，学生可以选修多门课程，一门课程可以多个学生选修。根据以上叙述完成类图。

5. 一个博客系统的功能需求描述如下：用户可以登录和注册，用户注册后可以有自己的博客并在博客中发表帖子，其他用户可以对帖子发表评论。根据以上描述完成博客系统的用例图和类图。

6. 顾客购买多项货物时，需要填写购货清单，销售部门生成订单并确认后，提交给仓库进行配货，顾客同时付款。如果清单上的货物有缺货则仓库补货；如果清单上的货物均有货，且顾客已付款，则仓库根据顾客所留地址发货；如果地址错误则重新确认顾客地址后再发货。使用活动图描述上述顾客购买货物的过程。

第7章 面向对象设计

面向对象分析对问题域进行分析和理解，建立系统的分析模型，得到用户的需求；面向对象设计在分析模型的基础上形成现实环境下的设计模型，涉及系统架构设计、问题域设计、数据库设计和用户界面设计等活动，更加侧重于系统的解决方案，更加接近真实的代码设计。面向对象分析和面向对象设计往往需要多次迭代和演进，随着对问题域理解的深入和用户需求的变化而不断地对分析模型和设计模型进行修改和完善。

学习目标

（1）理解面向对象分析和面向对象设计的关系。
（2）理解面向对象设计的任务及原则。
（3）掌握面向对象设计的模型。
（4）掌握问题域设计、人机交互设计和数据管理设计。
（5）理解任务管理设计。
（6）掌握实现模型的建立。
（7）理解常用的设计模式。

7.1 面向对象设计概述

面向对象设计是指用面向对象方法指导软件系统的设计。从 OOA 到 OOD 的平滑过渡，能够使 OOA 的分析结果直接映射为设计方案。在面向对象的软件工程中，把软件设计分为了系统设计和对象设计。系统设计主要根据开发环境及系统目标，确定实现系统的策略及系统的高层架构。对象设计确定系统中的类、关联、接口形式及实现服务的算法。系统设计与对象设计之间的界限比分析与设计之间的界限更加模糊，这两者都以对象设计为主，其在 OOD 的各个模型中都有体现。

7.1.1 面向对象设计与面向对象分析的关系

面向对象软件工程是以面向对象方法为基础，用 UML 模型元素描述需求、设计、实现和测试的系统开发全过程。OOD 是建立在 OOA 的基础上进行的系统设计，设计阶段的任务是把分析阶段得到的需求转变为符合各项要求的系统实现方案，通过不断加深、补充

OOA 的分析结果，完善 OOA 中的不足，从而进一步加深对需求的理解和把握。由此可知，从 OOA 到 OOD 是一个反复迭代的过程。UML 模型大大降低了从 OOA 过渡到 OOD 的难度、工作量和出错率，保证了分析人员在 OOA 到 OOD 的过程中，对设计人员指导的一致性和完整性，并且能有效跟踪系统后续的时效测试过程，对整个系统管理和开发工作进行质量评估。

从 OOA 到 OOD 是平滑的过渡，没有明确的分界线。OOA 建立系统问题域模型，OOD 是建立求解域模型，分析建模可以和系统的具体实现无关，设计建模则要考虑到系统具体实现的约束，如要考虑系统准备使用的编程语言、可用的软构件库（类库）、系统的设计模式以及程序员编程经验等约束问题。

7.1.2　面向对象设计模型

OOA 主要针对问题域，识别有关的对象以及它们之间的关系，产生一个映射问题域，满足用户需求，独立于实现的 OOA 模型。OOD 主要解决与实现有关的问题，基于 OOA 模型，针对具体的软、硬件条件（如机器、网络、操作系统、图形用户接口、数据库管理系统等）产生一个可实现的 OOD 模型。所以 OOD 需要加入系统实现相关的模型，从 OOA 到 OOD，是对 OOA 模型的调整和增补。

OOD 的逻辑模型有 4 个，分别是问题域模型、人机交互模型、任务管理模型和数据管理模型。

7.1.3　面向对象设计的任务

面向对象设计的任务一般分为以下几个。

1. 系统架构设计

在 IEEE1417-2000 中，系统架构定义为一个系统的基础组织，包含各个构件、构件互相之间与环境的关系，还有指导其设计和演化的原则。

系统架构一般涉及两个方面的内容，其一是业务架构，其二是软件架构。业务架构描述了业务领域主要的业务模块及其组织结构，例如子系统的划分。软件架构是一种思想，是对软件结构组成的规划和职责设定。一个软件里有处理数据存储、处理业务逻辑、处理页面交互、处理安全等许多可逻辑划分出来的部分，例如常用的三层架构、B/S 架构、微服务架构等。

在系统架构设计中，要根据系统目标、用户需求和运行环境，选择系统的业务架构、软件架构和子系统的划分等。

2. 问题域设计

根据系统实现的环境和架构，对问题域模型进行调整和优化。

3. 通过持久化设计完成系统的数据管理的设计

根据选择的数据库管理系统，实现持久对象到数据库对象的映射和对持久对象的读取、存储的管理。

4. 以界面设计为核心完成人机交互的设计

人机交互设计在 OOD 中是系统与外部进行信息交接的过程的设计，包括与外部系统的接口设计和与人员交互的界面设计。

5. 合理设计系统中的并发与任务调度，完成任务管理设计

现在的系统很多是多线程的系统，处理好并发及任务调度能够极大地提高系统的运行效率。

6. 完成系统的构件及系统部署设计

OOD 建立的实现模型，用于描述系统实现时的特性，包括系统代码文件的组织和软件系统在硬件上的部署，用构件图和部署图描述。

7.1.4　面向对象设计的原则

面向对象设计一般要遵循以下原则。

1. 信息隐藏和模块化

信息隐藏是为了提高模块的独立性，类将属性和方法封装在一起，对外提供公共接口以实现系统功能，对内提供对应的数据和存储，体现了模块化设计的低耦合和高内聚的特征。

2. 重用

重用是将原有事物不加修改或只做少量修改，就能够多次使用的机制。在软件开发中重用能够极大地提高项目开发的效率，很多软件开发企业都建有自己的可重用的类库。

3. 单一职责

一个类应该仅有一个引起它变化的原因，也就是说一个类应该只包含单一的职责，并且该职责被完整地封装在一个类中。一个类无论其定义的属性和方法数量有多少，都应该只涉及它相关的职责。例如在一个订单类中，有创建订单、修改订单、计算金额、发货等方法，可以看出发货和订单本身的相关操作是不同的职责，该类的设计违背了单一职责原则。

4. 规划和统一接口

在设计初期，主要明确类的职责和类之间的关系，统一类的方法接口，为产生关联的类提供一致的访问。

5. 优先使用聚合

在考虑类的重用时，应优先使用聚合，因为如果使用继承，则对父类的修改会影响子类的设计和实现，而使用聚合，只要确保对类的修改不涉及访问权限，就不会对外部类造成影响，同时也保证了引用类的单一原则。

6. 开放封闭

开放封闭原则是 OOD 中的核心原则，要求软件系统对功能扩展开放，对代码修改封闭，也就是说当需求变更时，能够通过添加新的接口和类实现功能扩展，但已有的类尽量不要去修改。

7.2　软件重用

软件重用，是指在两次或多次不同的软件开发过程中重复使用相同或相似软件元素的过程。软件元素包括程序代码、测试用例、设计文档、设计过程、需求分析文档甚至领域知识。通常，可重用的元素也称作软构件，可重用的软构件越大，重用的粒度越大。软件重用是提高软件开发生产率和目标系统质量的重要途径。

常用的软件重用形式如下。

（1）源代码重用：在新的项目中使用或继承已有的源代码。由于软件系统的复杂性，很难大规模地重用已有源代码。

（2）架构重用。架构重用很常见，随着软件架构风格和设计模式的推广和应用，架构重用已经对软件开发产生了重大的影响。

（3）业务建模重用。虽然不同的软件的业务领域各自不同，但人们还是总结出了一些常见业务领域的建模方法，重用这些业务领域模型可以降低因业务领域知识不足而造成的需求风险。

（4）文档及过程重用。软件文档和软件过程是软件开发中不可或缺的元素，有效地重用这些文档和过程也有助于提高开发效率和软件质量，降低开发成本。

（5）构件重用。构件又称为组件，是一个自包容、可复用的程序集。构件整体向外提供统一的访问接口，构件外部只能通过接口来访问构件，而不能直接操作构件的内部。

（6）软件服务重用。随着 Web 服务的提出，人们越来越关注软件服务的重用。面向服务的架构（Service-Oriented Architecture，SOA）提出了面向服务的软件架构，并定义了相应的标准。

7.3　问题域设计

OOD 的问题域设计以 OOA 的结果作为输入，按实现条件对其进行补充和调整。进行问题域部分的设计，要继续运用 OOA 方法，包括概念、表示法及一部分策略，不但要根据实现条件进行 OOD，而且由于需求变化或发生了新的错误，也要对 OOA 结果进行修改，以保持不同阶段模型的一致性。需要注意的是问题域设计工作主要不是对 OOA 结果的细化，而是 OOA 中未完成的细节要在 OOD 中完成。问题域设计和任务产要有以下几个方面。

7.3.1　调整需求

当用户需求或外部环境发生的变化，或由于分析员对问题的理解不透彻而建立了不能完整和准确反映真实需求的分析模型时，需要修改 OOA 确定的系统需求，通常首先简单修改 OOA 模型，然后将修改后的模型引用到问题域中。

7.3.2　复用类

如果已存在一些可复用的类，而且这些类既有分析、设计时的定义，又有源程序，那么，复用这些类即可提高开发效率与质量。例如，已经存在通用的图书类，新系统中的零售图书类完全可以继承它，从而减少程序代码的编写量。复用可分为直接复用和继承复用两种方式。

实际情况中，根据可复用的已有类与问题域类的相似程度的不同，有以下处理方法。

（1）如果两者完全相同，直接把可复用的已有类加到问题域。

（2）如果可复用的已有类的属性、方法比问题域类要多，将可复用的已有类直接加到问题域并删除多余的属性和方法。

（3）如果可复用的已有类的属性、方法比问题域类要少，使用问题域类继承可复用的已有类。

（4）如果可复用的已有类与问题域类相似，可把它的多余的属性和方法删除，再用问题域类继承它。

复用已有类的过程如下。

（1）选择有可能被复用的已有类作为候选类，标出这些候选类中对本问题无用的属性和方法，尽量复用那些无用的属性和方法最少的类。

（2）在复用的已有类和问题域的类之间添加继承关系。

（3）标出问题域类从已有类继承来的属性和方法。

（4）修改与问题域类相关的关联，必要时改为与被重用的已有类相关的关联。

7.3.3 增加一般类以建立共同协议

在设计过程中通常会发现，有时一些具体的类需要有一个公共的协议，即这些类具有相似的属性或方法，可以增加一般类定义这些属性和方法，让这些类继承一般类，从而把这些类组织在一起。

在 OOA 中创建一般类考虑的是问题域中多个类的共同特征，在 OOD 中则考虑的是这些类具有的共同实现策略。例如在系统中，很多时候要建立各个统计报表，可以考虑建立一个表格类，提供报表的基本属性和操作，以方便报表类继承。

7.3.4 按编程语言调整继承

在面向对象的编程语言中，有的语言支持多继承，如 C++，而有的语言只支持单继承，如 C#和 Java。所以在设计时，要考虑到编程语言对继承的支持情况进行继承的调整。

图 7-1 为公司人员多继续示例，接下来我们把图 7-1 中的多继承转换为单继承。

方法 1：通过聚合多继承转换成单继承。

在图 7-1 中，是以人员类为一般类进行分类，并从人员类派生了职员类和股东类，股东职员类同时继承了职员类和股东类。在图 7-2 中，把多继承的属性工资和股份取出封装为薪酬类，并与人员类聚合，这样，在不影响原有多继承的语义情况下，改变了多继承的形式。

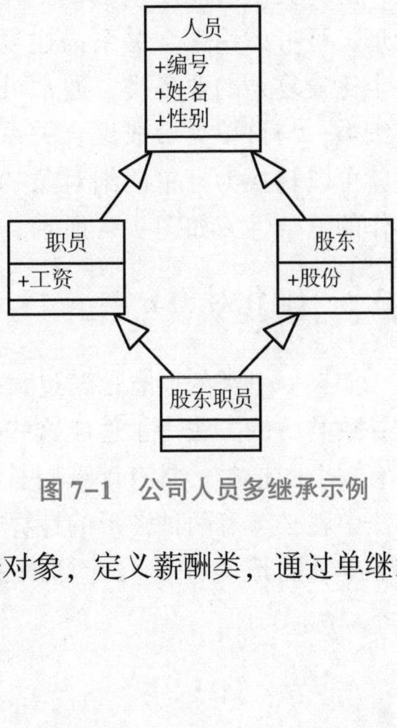

方法 2：将多继承转换为聚合方式。

图 7-3 是将图 7-1 的多继承转换为聚合方式。在图 7-3 中，职员类、股东类和股东职员类都是人员类的子对象，定义薪酬类，通过单继承薪酬类，在各自属性中设置具体的薪酬。

图 7-1 公司人员多继承示例

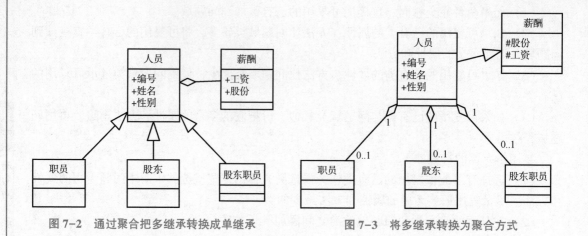

图 7-2   通过聚合把多继承转换成单继承   图 7-3   将多继承转换为聚合方式

7.3.5   提高性能

系统性能总是系统目标中的重要部分，性能的好坏主要取决于设计阶段的工作而不是编程的技巧，提高性能可以从以下几个方面入手。

（1）把需要频繁交换信息的对象，尽量放在一台处理机上。

（2）增加属性或类，以保存中间结果。对经常要进行的重复的运算，可通过设立属性或类来保存计算结果，以避免以后再重复计算。

（3）提高或降低系统的并发度，这可能要人为地增加或减少主动对象。

（4）合并通信频繁的类。若对象之间的信息交流特别频繁，或者交流的信息量较大，并且这些频繁的消息传送成为影响性能的主要原因，则可以把这些对象的类合并为一个类。

（5）用聚合关系描述复杂类。如果一个类所描述事物过于复杂，其操作也可能比较复杂，因为其中可能要包多项工作内容。对这种情况的处理，可考虑用聚合关系描述复杂类。例如订单类是一个比较复杂的业务类，通常可以从订单类抽出订单明细类，与订单类形成聚合关系，这样订单对象的操作就可以转换为订单明细对象的操作，降低订单对象操作的复杂性，如图 7-4 所示。

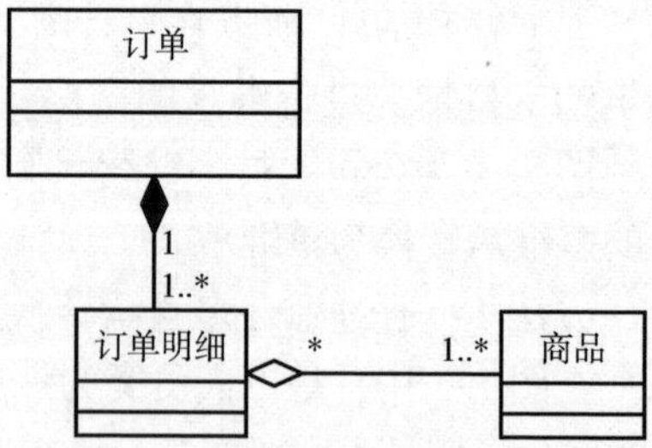

图 7-4   用聚合关系描述复杂类

7.3.6   细化对象分类

如果一个类的概念范畴过大，那么它所描述的对象的实际情况可能就有若干差异，这就导致类中的方法为了适应这些差异而使实现的算法的复杂度增加，影响执行的效率。例如有一个图形类，具有计算周长和面积的方法，在这些方法中，如果对象有矩形或圆形，方法中就必须有两种图形的计算方法。所以，可以把图形类细分为圆形类和矩形类，这两个类继承图形类并重写计算面积和周长的方法，这样就可降低算法复杂度，如图 7-5 所示。

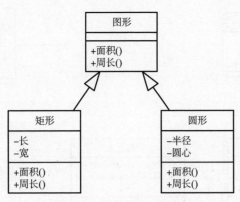

图7-5　细化对象分类示例

7.3.7　设计关联类

1. 转换复杂关联

1）多元关联转换为二元关联

在 OOA 模型中，类之间存在的多元关联在当前的编程语言中不能直接支持，所以在设计时要把多元关联转换为二元关联，方法是添加关联类。例如在电子商务网站中，存在如图 7-6（a）所示的关联关系，表示了顾客向商家购买商品。这种关联关系不能直接在编程语言中实现，所以可以添加一个关联类——订单类，通过订单类把这 3 者之间的三元关联转换为商家、顾客、商品与订单之间的二元关联，如图 7-6（b）所示。在转换后由于一个订单只能属于一个商家和一个顾客，但一个商家和一个顾客可以有多个订单，所以转换后商家、顾客与订单的关联都是一对多关联。而一个订单可以有多个商品、一个商品可以有多个订单，所以订单和商品的关联是多对多关联。

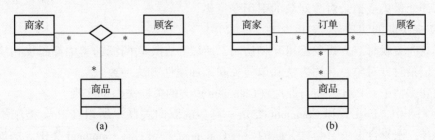

图7-6　多元关联转换为二元关联
（a）三元关联；（b）二元关联

2）多对多关联转换为一对多关联

多对多关联会给编程带来很大的麻烦，而且在类映射为数据库表时，多对多的关联不能直接映射，所以，对于多对多的关联关系一般会添加一个关联类，把多对多的关联转换为一对多的关联，以简化编程和实现类到数据库表的映射。例如在图书馆中，读者和图书是多对多的关系，可以增加关联类借阅记录，把多对多的关联转换为读者和借阅记录的一对多关联及图书与借阅记录的一对多关联，如图 7-7 所示。

图 7-7　多对多关联转换为一对多关联

2. 关联的实现方式

关联有双向关联和单向关联两种，在 OOD 中，决定了关联类对象的访问方向。到底使用单向关联还是双向关联，要看关联两端的对象是否需要互相访问，如果不需要互相访问，可设计为单向关联，如果要互相访问，则设计为双向关联。例如，在博客网站中，只需在显示帖子时才显示对帖子的评论，这时访问方向为从帖子对象访问评论对象，则帖子和评论之间可以设计为单向关联。如果一个系统中，经常需要学生访问所属班级，也经常需要班级访问该班的学生，则学生和班级应该设计为双向关联。

1）单向关联的实现

在单向关联中，关联的实现较为简单，只需在源端的类中设立一个属性，该属性是指针变量（如 C++）或引用变量（如 Java），用于指向或记录另一端类的对象。

如果另一端的多重性是 1，源端类添加的属性为一个指向对方对象的指针变量或一个记录对方对象的引用变量。如果另一端的多重性大于 1，则源端类添加的属性为指向对方对象的指针变量集或记录对方对象的引用变量集。

2）双向关联的实现

由于双向关联时双方对象都可互相访问，所以要在关联两端的类中都添加相应的属性以指向或记录对方对象。具体方法和单向关联添加属性方法一致。

下面列举帖子（Post）类与评论（Comment）类的关联关系的实现。

在图 7-8 中，Post 类和 Comment 类是一对多的双向关联，所以在 Post 类中添加了一个 List 集合，该集合记录了与之关联的所有 Comment 对象；在 Comment 类中，添加引用变量 Post，用于记录它所属的 Post 对象。

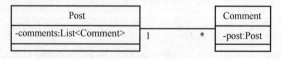

图 7-8　用 Java 语言实现关联的示例

7.3.8　设计类的属性

由于 OOD 阶段要考虑具体的编程语言，而 OOA 模型中的定义的属性来源于问题域中直观性的描述，缺乏对复杂属性和类间关系的仔细考虑，以及 OOA 中对一些细节的定义不完善，所以 OOD 要对 OOA 中定义的属性进行调整，要完善属性的定义。

1. 完善属性定义

按照语法：[可见性] 属性名[':'类型][' =' 初始值] 对属性的定义进行完善。按照面向对象的封装原则，尽可能地将属性的可见性设为私有的；根据编程语言支持的数据类型，确定属性的类型；如果属性有明确的初始值，要对属性设定初始值以保证对象启动时处于正常的初始状态。

2. 对属性的约束

如果属性有取值范围或特定取值，应该把它的可见性设为私有的，并提供对它访问的公共方法，在方法中对属性约束进行检查。

3. 可导出的属性

这种属性并不需要在类中定义，可以通过其他属性进行计算而得出。例如人的年龄并不需要定义，可以通过当前时间减去出生时间算出。

4. 复杂属性的处理

每个属性都有自己的数据类型。对于简单属性而言，一个属性只有一个单项数据，如年龄、性别等。但是有些属性是多个数据集合作为一个整体，例如地址，一个地址包括国家、省、市、区（县）、街道（镇）、详细地址等，对于物流行业而言，可把地址定义为一个类，把对地址对象的引用作为用户类中的一个属性。在企业的人事系统中，则可以把这些地址简化为一个字符串作为职工类的一个属性。所以复杂属性要根据实际情况处理，不能一概而论。

5. 关联的实现

类之间的关联关系，也要使用属性来实现，在 7.3.7 节中已有介绍，这里就不多讲。

7.3.9 设计类的方法

在 OOA 过程中，主要明确类所提供的方法和分析类间关系；而在 OOD 过程中，需要细化类的方法和优化算法，并希望通过类方法的识别，体现类间的动态连接。

（1）按照定义方法的格式：[可见性] 方法名[' ('参数列表')'][':'返回类型]，完善方法的定义。

（2）从问题域的角度，根据方法的责任，考虑实现的算法，即对象是怎样提供服务的。如果对象拥有状态图，可根据内部转换以及外部转换上的动作，设计算法的详细逻辑。

（3）若方法有前后置条件或不变式，要考虑编程语言是否予以支持。若不支持，则在方法中要予以实现。

（4）一个对象所要响应的每个消息都要由该对象的方法处理，通过分析类的对象相关的交互图，找出所有与之相关的消息，从而确定对象应该提供的方法。

（5）具有公共服务性质的方法，应该放置到继承结构高层的类中，使方法能够得到最大的重用。

7.4　人机交互设计

随着计算机的普及，越来越多的非计算机专业人员使用计算机，人机交互设计的友好性关系到软件系统的成败。一个软件系统即使功能再强大，如果界面设计糟糕，也不会让人喜欢。人机交互设计的优劣将直接决定用户是否愿意使用，是否能够快速、正确地使用系统。好的人机交互设计，不仅要求界面美观，还要求易于用户使用、符合用户的操作方式和习惯以及减少用户操作的失误。

在设计初期，通常会设计一个界面原型交给用户使用并评价，根据用户反馈结果进行修改设计。这个过程是一个反复迭代的过程，直到用户认可界面为止。以后的设计就可依照确定的原型进行设计。

人机交互设计突出人如何命令系统以及系统如何向用户提交信息，设计人机交互就是要设计输入与输出，其中所包含的界面对象以及其间的关系构成了系统的人机交互部分的模型。

1. 人机交互设计的策略

1）对参与系统交互的用户分类

根据用户的任务和权限，不同用户一般只会使用系统不同部分的功能，例如财务人员就只能对财务业务进行操作，不能对生产管理的业务进行操作。所以，可以定义具有不同权限的角色并将角色授予不同用户，以实现对用户的分类。人对界面的需求，不仅有人机交互的内容，还包括界面的表现形式及风格，前者是客观需求，是明确的，后者是主观需求，因人而异。因此还需要分析每类人员的主观需求，再设计他们偏好的界面。

2）对控制命令分类

早期的计算机系统都是以命令行的方式与用户交互，用户输入一条命令，调用系统函数执行相关的操作。在图形用户界面发展起来之后，可以通过单击菜单、按钮等发送操作命令。根据权限，每类用户能够执行的操作都不完全相同，导航式设计是广泛采用的控制命令设计，例如可通过不同的菜单栏对操作进行分类，根据用户权限动态创建或显示菜单栏或菜单，对用户进行不同流程、控制的指导，尽量避免用户错误的操作。

3）设计人机交互界面类

在图形用户界面中，需要为采用的窗口、菜单、对话框等图形元素定义类，或者继承修改已有界面类的外观。在设计时要注意界面只负责输入、输出和更新显示，不要在界面类中设计与业务逻辑相关的内容，尽量采用 MVC 的设计模式，把界面和业务功能分离。

2. 人机交互设计的原则

1）尽量保持一致性

同一用户界面的风格要保持一致，如窗口的组织方式、菜单项的命名和排列、图标的大小及形状的设置、任务执行顺序的排列等都要尽量一致。界面的一致性有助于减少用户的学习量和记忆量。

2）易学、易用、操作方便

易学指系统有大量表单、对话框、广泛的提示信息和指导信息，能够让用户快速掌握软件的操作。易用和操作方便指系统界面符合用户的操作习惯和需求，如常用的操作命令具有快捷键，界面图形元素排列合理，同一功能的元素集中等。

3）及时提供有意义的反馈

用户提交操作请求后，系统要及时响应，把操作结果及时反馈给用户。

4）尽量减少用户的记忆量

常人能够同时记住的信息为 7 条左右，如果输入的信息过多，设计的界面要按逻辑对信息进行分组，减少每次输入信息的数量。

5）减少重复输入的操作

可由系统生成的信息不应该重新输入，例如输入身份证后，人的年龄就不需要输入。

6）具有语境敏感的帮助功能

具有语境敏感的帮助功能可帮助用户快速方便地得到问题的解答，或能明确地知道当前要做的工作。

7）防止灾难性的错误

系统要采取预防措施，防止用户误操作或其他原因造成灾难性的后果，例如对删除数据要有警告信息，用户确认后再删除，对重要操作能够撤销等。

7.5　任务管理设计

在现实世界中很多任务是并发进行的，例如在企业中，企业的业务任务可由不同的人同时进行处理。所以，企业系统中会存在多个任务并发进行的情况，这些任务可称为控制流。控制流是一个在处理机上顺序执行的动作序列。在目前的操作系统中，一个控制流就是一个进程或线程。在应用系统中，控制流由主动对象启动，所以面向对象方法中，可用一个主动对象表示一个独立的控制流，由主动对象驱动进程或线程，即每个控制流（任务）都以一个表示进程或线程的主动对象为根。

构造一个多任务的系统，需要对系统中的任务进行设计，这不仅要在并发的任务之间划分工作，还要正确地设计相关对象之间的通信与并发机制，以确保它们在并发情况下能正确工作。

1. 任务的识别

1）主动对象代表的任务

在 OOA 中定义了主动类，主动类通常可从用例中获取，主动类的每个主动对象都代表一个任务。

2）系统分布方案需求的多任务

每一个分布站点都至少要有一个任务，即一个主动对象。

3）系统并发需求的多任务

例如，在图书管理系统中，要求借书和图书上架能同时进行，就需要有借书和图书上架两个并发任务。

4）为实现方便设计的任务

为实现方便设计的任务有事件驱动任务和时钟驱动性任务。

事件驱动型任务：这类任务主要完成通信工作，如设备、窗口、其他任务、子系统、外系统之间的通信。

时钟驱动型任务：某些任务在特定时间或每隔一个时间间隔被触发，去执行某些处理。例如某些设备要周期性地获取数据、与其他系统周期性地通信等。

5）不同优先级的任务

可根据任务的紧急程度设置任务优先级，如高优先级、低优先级和紧急优先级。

6）处理异常事件的任务

由于异常事件的发生，不能在程序的某个可预知的控制点对其进行处理，应该设立专门的任务处理异常事件。

7）为实行并行计算设立的任务

允许同时运行多个计算任务，这样能够更有效地利用计算机资源，提高计算效率。

8）起协调作用的任务

有时多个任务需要互相交互，可考虑增设一个任务，协调这些任务的交互。

2. 任务设计的过程

（1）确定事件驱动型任务。事件驱动型任务是由特定事件触发的任务，当系统检测到特定事件发生时，相应的任务会被激活并执行。

（2）确定时钟驱动型任务。时钟驱动型任务是指按照预设的时间间隔定期执行的任务，这种任务通常会在设定的时间点被触发，例如对数据库进行定时数据备份。

（3）确定优先任务。优先任务可满足高优先级或低优先级任务的处理请求。

（4）确定关键任务。关键任务是有关系统成功或失败的关键处理，这类处理通常都有严格的可靠性要求。

（5）确定协调任务。当系统中存在 3 个以上的交互任务时，应当增加协调任务。

（6）审查任务。审查每个任务的性质，去掉人为的和不必要的任务，使系统中包含的任务数最少。

（7）确定资源需求。设计者在决定到底采用软件还是硬件时，必须综合权衡任务、成本和性能等多种因素，还要考虑未来可能的扩充和可修改性。

（8）定义任务。说明任务的名称、功能、优先级，包含此任务的服务、任务与其他任务的协同方式及任务的通信方式。

7.6　数据管理设计

数据管理模型是系统存储或检索对象的基本设施，它建立在文件系统和数据库管理系统之上，并且对应用服务隔离了数据存储管理模式（文件、关系数据库或面向对象数据库）的影响。这样既有利于软件的扩充、移植和维护，又简化了软件设计、编码和测试的过程。

设计数据管理系统，既需要设计数据格式又需要设计相应的服务。

7.6.1 基于关系数据库的数据设计

通过 OOA 和 OOD 的过程，已经能够确定系统的类图。类图中的实体类的对象一般也是持久对象，需要把对象存储到数据库表中。在关系数据库中，类和对象与关系数据库之间存在着以下关系，如表 7-1 所示。

表 7-1   类和对象与关系数据库之间的基本对应关系

OOD	关系数据库	描述
类	表	类中属性的定义，对应关系数据库中表的结构
对象	行	对象是类的实例，对象的属性具有值，对应表中的行
属性	字段	类中的一个属性，对应表中的一个字段
关系	表间关系	类之间的关系通过表的连接关系表示

表 7-1 中，可以看出类和对象与数据库之间具有对应关系，在数据设计时，需要将类映射为数据库表并表示出类之间的关系。

对于与类的属性相对应的数据库表中的字段，可列出每个类的属性表，确定类中要存储的属性有哪些，然后把属性表规范为第二范式或更高范式，这时属性表中的属性可直接映射为数据库表中的字段，并根据属性的描述确定字段的数据类型及对字段的约束。将类的主属性设计为表的主键。为了提高数据库的访问性能及降低编程工作量，还可以添加一个自动增长的整数或通用唯一识别码类型的数据作为类的主属性及数据库表的主键。

数据设计中类间关系主要涉及关联关系和泛化关系，根据关系的类型的不同，其映射为数据库表后彼此之间的连接也有所不同。

1. 关联关系的数据设计

类间的关联关系有多重性，多重性有一对一关联、一对多关联和多对多关联 3 种。

1）一对一关联

一对一的关联关系有以下两种设计方案。

（1）如果关联两端的类的属性不多，可以直接把关联两端的类定义为一个单独的表，表中的字段包括关联两端类的属性。

（2）为关联两端的类各自定义一个表，在其中一个表中定义另一个表的主键为外键。

例如，一个学校只有一个校长，我们可将学校类和校长类映射为数据库表，如图 7-9 所示。

在图 7-9 中，把校长表的主键工号作为学校表的外键校长工号，从而把一对一关联映射为表间的连接关系。

2）一对多关联

一对多的关联，可以把关联两端的类分别映射为数据库表，再把一方类的表的主键定义为其他类的表的外键。例如，学生类和班级类是一对多的关联，把班级表中的主键班级编号定义为学生表的外键，如图 7-10 所示。

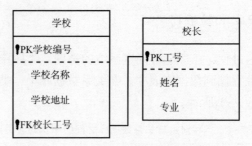

图7-9　一对一关联类映射为数据库表示例

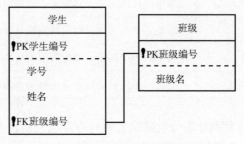

图7-10　一对多关联类映射为数据库表示例

3）多对多关联

多对多的关联关系，在OOD中对问题域的设计中通常会通过添加关联类的方法转换为一对多的关联关系，并从两个类转换成为3个类。数据设计时，需对转换后的3个类分别建表，在关联类映射表中定义另外两个类映射表的主键为外键。

比如学生类和课程类是多对多的关联关系，在设计时可添加选课类作为关联类，从而把多对多的关联关系转换为学生类、课程类与选课类之间的一对多的关联关系。在做数据设计时，分别建立表名为学生表、课程表和选课表的3个数据库表，在选课表中定义课程表中的主键课程编号和学生表中的主键学生编号为外键，如图7-11所示。

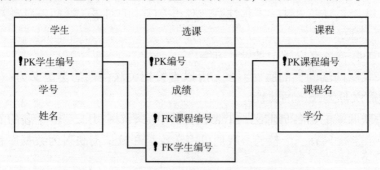

图7-11　多对多关联类映射为数据库表示例

2. 泛化关系的数据设计

对泛化关系的类进行数据设计，通常有以下两种方式。

（1）由于父类和子类之间的继承关系，子类对象具有父类对象的属性和方法，因此，可以只对子类映射，在子类映射的表中定义父类的属性。

（2）对父类和子类分别定义表，在子类映射表中定义父类表中的主键为外键，以实现子类和父类的泛化关系。

比如用户类和教师类、管理员类是泛化关系，根据方式（2）分别建立用户表、教师表和管理员表，在教师表和管理员表中添加用户表的主键编号为外键工号，如图 7-12 所示。

图 7-12　泛化关系类映射为数据库表示例

7.6.2　基于其他方式的数据设计

除了使用关系数据库进行数据设计外，还可使用面向对象数据库及文件系统进行数据设计。

1. 面向对象数据库的数据设计

面向对象数据库（Object-Oriented Database，OODB）是面向对象的方法与数据库技术相结合的产物，使数据库系统的分析、设计能与面向对象思想一样，符合人们对客观世界的认知。面向对象数据库系统与面向对象应用系统采用的数据模型是一致的，所以采用面向对象数据库系统存储与查询持久对象，只需要把要存储对象标记出来，而怎样存储和恢复对象，交由数据库系统去处理。

面向对象的数据库系统使用数据定义语言实现类和对象，提供数据操纵语言来实现对数据库的访问，所以，在面向对象数据库设计时，只需把要存储的对象标记出来，具体的访问操作在实现阶段完成。

2. 文件系统的数据设计

使用文件系统进行数据设计，首先要列出实体类的属性列表，并使属性列表符合所需的范式定义，如第二范式，再把符合范式定义的属性列表定义为文件的逻辑结构，进而按文件的逻辑结构读写文件。

由于文件系统没有专门的数据管理部分，所以需要设计与数据管理相关的内容，如存储并发、锁机制、数据访问安全性等。此外，文件存储的方式多样，如顺序存储、索引文件、倒排文件等，这些存储方式各有利弊，针对不同的应用领域。但无论采用哪种文件存储方式，都要考虑文件是否能进行高效的检索。

7.6.3　数据存取服务的设计

数据存取服务有如下两种实现方式。

（1）在实体类中专门提供数据访问的方法，实体类对象自己存储和检索自己，这种方式导致实体类的职责不明确，现在开发中不常用。

（2）专门设置一个数据访问对象，负责实现实体类对象的数据库访问服务。数据访问对象介于业务逻辑和数据源之间，用于向业务逻辑提供数据访问服务，从而使业务逻辑能够专注于业务功能的实现。在当前，这种方式已经发展为一个设计模式，称为数据访问对象（Data Access Object，DAO）设计模式。

典型的 DAO 实现有下列几个组件。

（1）DAO 接口：一个 DAO 接口声明了某个实体类的对象所需的所有的数据存储和检索方法，是数据存储功能的规约。

（2）DAO 接口的实现类：实现类负责具体实现 DAO 接口定义的数据存储和检索方法，是接口服务的具体实现。

（3）实体类：实体类对象需要存储到数据库表中，在业务中需要对其进行数据库访问操作。

（4）DAO 工厂类：使用 DAO 接口的实现类创建 DAO 接口对象。

7.7　建立实现模型

OOD 建立的实现模型，主要用于描述系统实现时的特性，包括系统的组织结构及软件系统在硬件系统上的部署，分别用构件图和部署图描述。在面向对象的系统设计阶段的后期，需要考虑如何对系统的构件进行描述、构造和组织，以及构件如何在节点上进行分布。

7.7.1　构件图

构件图是主要用于描述各种软件构件、构件的内部实现内容及构件之间的关系的图。构件图反映了软件构件间的关系，显示了软件的逻辑组成结构。

1. 构件

构件也称为组件，根据 UML 中的定义，构件是系统中的可替换的模块化部分，它封装了自己的内容；构件利用接口定义自身的行为。构件具有以下含义。

（1）一个构件是系统的一个模块，可以是源文件、动态链接库、类库、可执行程序及文档等，也可以是多个元素的复合。一个构件可封装内部成分。

（2）构件通过它的需接口和供接口对外展现行为，具有属性、操作和可见性，构件间具有依赖和泛化关系。

（3）构件是可替换的单元，在设计和运行时依据接口的兼容性，若一个构件能提供另一个构件所具有的功能，则前者可替换后者。类似地，系统可以通过添加具备新功能的新构件进行扩展。

（4）多个构件可以组装为更大粒度的构件，方法为把所复用的构件作为大粒度构件的成分，并把它们的需接口和供接口连接在一起。

在 UML 中，构件通常表示为一个矩形，在矩形的左边加上两个突出的小矩形，在矩形中标记构件的名称。构件可以有属性和操作，但在图形中经常会省略。构件的表示符号如图 7-13

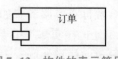

图 7-13　构件的表示符号

所示。

2. 构件的接口

接口由一组操作组成，它指定了一个契约，实现和使用这个接口的构件必须遵循这个契约，所以说接口是构件绑定在一起的黏合剂。

构件的接口分为供接口和需接口两种。供接口是构件实现的接口，是构件为其他构件提供服务的方法集合，一个构件应支持供接口所拥有的方法和约束。需接口是构件使用的接口，是一个构件为了完成功能而依赖的接口，需接口定义了构件所需的外部服务的方法和约束。一个构件可以实现多个供接口，也可以请求多个需接口。供接口和需接口的表示方法如图7-14所示。

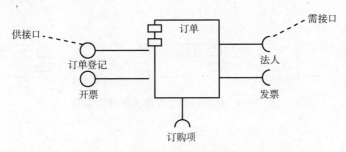

图 7-14 供接口和需接口的表示方法

一个接口，可以是某一构件的供接口，也可以是另一构件的需接口。如图7-15所示，图像传输接口为成像构件的供接口，又是图像处理构件的需接口。

图 7-15 图像传输接口同时作为供接口和需接口

需要注意的是，并不是所有构件都需要接口，在某些情况下，构件之间也可以通过其他方式进行交互，例如一个构件直接调用另外一个构件中的方法。

3. 组织构件

可以通过组织类的方式来组织构件，通过包对构件分组。也可以通过描述构件之间的依赖、泛化、关联、实现关系来组织构件。

4. 建立构件图

建立构件图的重要基础是确定构件，与系统有关的构件如下。

（1）面向对象开发过程中产生的代码文件，包括源文件和数据文件，以及通过源文件编译得到的中间代码、链接库、可执行文件等。

（2）系统中使用的其他构件，如开发环境提供的库文件、可执行程序等。

（3）与系统有关的文档。这些文档包括了除源程序和数据之外的其他文档，这些文档不能进行编译和执行。

建立构件图的一般过程如下。

（1）确定构件。构件存在于整个面向对象开发过程中，OOA的需求描述、数据字典定义等；OOD的接口设计、界面结构设计、数据设计和过程设计的定义；面向对向编程

（Object-Oriented Programming，OOP）编写的源文件，生成的链接库和可执行程序都是确定构件的主要依据。

（2）确定构件间的依赖关系。如可执行程序需要库文件的支持、OOP 中（如 C++）.cpp 文件通常包含同名的.h 文件中的定义等，都形成构件间的依赖关系。

（3）确定与构件相关的其他文档。

如图 7-16 就是一个简要的图书管理系统的构件图。

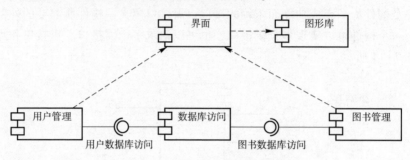

图 7-16　简要的图书管理系统的构件图

7.7.2　部署图

部署图表示软件系统在硬件系统中的部署，它反映了系统硬件的物理拓扑结构及在此结构上执行的软件或逻辑单元。在一般情况下，用部署图对系统的网络拓扑结构建模，也可以用它展示位于不同配置节点上的构件。部署图通常包含节点、节点间的连接，以及构件和节点间的部署关系。

1. 节点

节点是存在于运行时并代表一项计算资源的物理元素，一般拥有存储空间和执行代码能力。通常把节点当成一个可以在其上部署构件的处理器或设备。用一个立方体表示一个节点，并标上节点的名称。

2. 构件部署

一个节点上可以有一个或多个构件，一个构件也可以部署在一个或多个节点上。尽管节点和构件经常在一起使用，但二者有如下区别。

（1）构件是参与系统执行的事物，节点是执行构件的事物。

（2）构件代表逻辑元素的物理打包，节点表示构件的物理部署情况。

3. 连接

连接表示节点间交互的通信链路和联系。

4. 建立部署图

建立部署图的一般过程如下。

（1）确定系统配置的拓扑结构，定义物理节点。

（2）确定构件图中的构件在拓扑结构中的位置，这是构件在硬件系统上的配置。

（3）确定物理节点间的关系，确定部署在同一节点上的构件间的关系。

下面以一个简单的搜索引擎的部署图为例。

一个简单的搜索引擎，有 4 种节点，分别是逻辑服务器、通信服务器、数据服务器和客户端 PC。在每个节点中部署了不同的构件，在客户端 PC 节点中部署了客户端界面构件，在通信服务器节点部署了通信控制、客户端通信和数据通信 3 个构件，在逻辑服务器节点部署的是数据分析构件和搜索控制控件，在数据服务器节点部署了数据服务构件。通信服务器节点通过网络与其他服务器相连，使用 TCP/IP 协议进行通信，如图 7-17 所示。

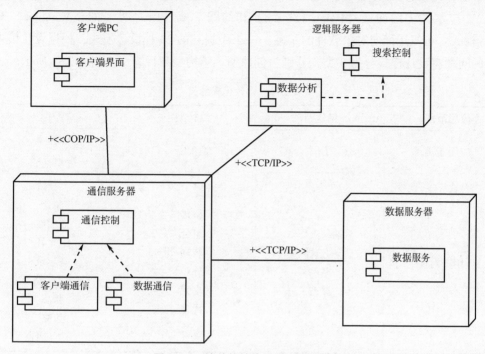

图 7-17   简单的搜索引擎的部署图

7.8   设计模式简介

OOD 并不是一件简单的事情，而要设计出架构良好的软件系统更不容易。为了提高系统的复用性、可移植性和可维护性，设计模式提供了一种解决方案。设计模式是指经过规范定义的、有针对性的、能被重复应用的解决方案的总结，也就是对一类问题的解决方案。设计模式源于很多项目中的成功设计，是由这些设计方式总结、归纳而来。在软件系统的设计领域，已经有很多设计模式。

7.8.1   设计模式概述

一个设计模式至少需要包含 4 个要素。

（1）模式名称：每种设计模式都有自己的名字，模式名称应体现模式的内容和特点。

（2）问题：设计模式都有其应用的场合，即该设计模式意图解决的问题，超出了这个问题就不应该再应用这种模式。

（3）解决方案：描述了针对特定的设计问题，可以采用怎样的设计方法，包括设计的组成成分、各成分的职责和协作方式以及各成分之间的相互关系。

（4）效果：描述了特定模式的应用对系统灵活性、扩展性、可移植性等各种特性的影响，它对评价设计选择以及对设计模式的理解非常有益。

目前，比较常用的是埃里克·伽玛（Erich Gamma）、理查德·赫尔姆（Richard Helm）、拉尔夫·约翰逊（Ralph Johnson）和约翰·威利斯迪斯（John Vlissides）写的《设计模式：可复用面向对象软件的基础》一书中提到的 23 种设计模式，根据设计模式要解决的问题将设计模式分为 3 类，分别为创建型、结构型和行为型，如表 7-2 所示。

表 7-2　设计模式分类

应用范围	创建型	结构型	行为型
应用于类	工厂	适配器	解释器 模板方法
应用于对象	抽象工厂 构造器 单例 原型	桥接 组合 装饰 外观 享元 代理	责任链 命令 迭代器 中介者 备忘录 观察者 状态 策略 访问者

7.8.2　单例模式

单例模式的 4 个要素如下。

（1）模式名称：单例模式。

（2）问题：在软件开发中，开发人员希望一些服务类有且仅有一个实例供其他程序使用。

（3）解决方案：为了确保一个服务类只有一个实例，定义静态成员变量和静态成员方法，以得到控制访问的唯一实例，如图 7-18 所示。在 Singleton 类中，通过将 Singleton 类的构造函数设为 protected 型（或 private 型）来防止外部对其直接初始化。其他程序必须通过 getInstance()方法来获得一个 Singleton 实例。在 getInstance() 中仅创建一次 uniqueInstance 就可以保证系统中的唯一实例。

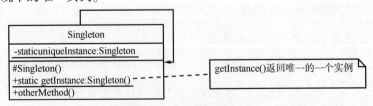

图 7-18　单例模式结构图

（4）效果：使用单例模式可以保证系统中有且仅有一个实例，这对于很多服务类或者环境配置类来说非常重要。

7.8.3 工厂模式

工厂模式的 4 个要素如下。

（1）模式名称：工厂模式。

（2）问题：在大型系统开发中，存在需要根据不同的运行环境动态加载相同接口但实现不同的类实例的情况，普通的创建方式必然造成代码同运行环境的强绑定，使软件产品无法移植到其他的运行环境。工厂模式就可以解决这样的问题，根据不同的配置或上下文环境加载具有相同接口的不同类实例。

（3）解决方案：定义一个抽象工厂，根据不同要求决定实例化哪一个具体工厂类，每个工厂实例再创建一个具体产品类实例，如图 7-19 所示。

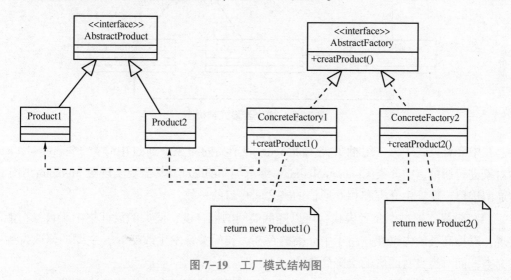

图 7-19　工厂模式结构图

在工厂模式中，有以下几个组成成分。

① 抽象工厂。工厂模式的核心，是具体工厂类必须实现的接口或者继承的父类。如图 7-19 中的 AbstractFactory 接口。

② 具体工厂。含有和具体业务逻辑有关的代码，由业务调用创建对应的具体产品的对象。如图 7-19 中的 ConcreteFactory1 类。

③ 抽象产品。是具体产品继承的父类或者实现的接口。如图 7-19 中 AbstractProduct 抽象类。

④ 具体产品。具体工厂所创建的对象就是具体产品类的实例。如图 7-19 中的 Product1 类。

（4）效果：可以根据具体的运行环境或配置，通过不同的工厂动态创建相同接口的不同类的实例。

7.8.4 中介者模式

中介者模式的 4 个要素如下。

（1）模式名称：中介者模式。

（2）问题：在一个复杂系统中会有很多对象，这些对象之间会相互通信，从而造成对象的相互依赖。修改其中一个对象可能会影响到其他若干对象，系统中对象的复杂耦合关系会降低系统的可维护性，使系统显得混乱且难以理解。

（3）解决方案：通过定义中介类的方式处理类间复杂的交互关系，消除类间多对多的关联关系，从而降低系统中类间耦合度。中介者模式结构图如图 7-20 所示。

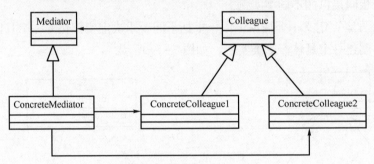

图 7-20 中介者模式结构图

在中介者模式中，一组抽象类 Colleague 的子类的对象，通过中介类 ConcreteMediator 的对象进行通信，中介类 ConcreteMediator 继承类 Mediator，其需要实现类 Mediator 中定义的通信接口，保证中介类和相互通信的类之间接口的一致。

（4）效果：通过中介者模式，可以降低类间的耦合度，使类的设计集中于自身功能的实现，以提高类的内聚性。由于中介类的存在，类间关系发生改变时，主要的修改发生在中介类，而对类自身的影响会降到最小。

此外，还有很多设计模式，在这里不再介绍，可以阅读有关软件设计模式的书籍。

7.9 案例："高校小型图书管理系统"软件设计说明书

高校小型图书管理系统软件设计说明书如下所示。

1 引言

1.1 编写目的

本软件设计说明书的编写目的主要是为高校小型图书管理系统的设计和开发提供明确的指导。通过详细描述系统的架构、功能需求、技术实现等方面的内容，为开发人员提供清晰、全面的编程实现依据，确保系统能够满足高校图书管理的实际需求，并具备良好的可扩展性和可维护性。

该文档预期读者为项目开发组人员。

1.2 项目背景

项目背景如下。

（1）项目名称：高校小型图书管理系统。

（2）项目提出者：由×××高校图书馆提出。

（3）开发人员：由×××项目小组进行开发。

（4）用户：使用本项的用户有图书馆系统管理员，图书馆工作人员，读者（包括教师和学生）。

（5）该软件系统与校园一卡通系统互联用于获取读者信息，并与支付宝和微信支付系统互联。

1.3 定义

相关定义如下。

（1）高校小型图书管理系统：为高校图书馆开发的小型图书管理的应用系统，可简写为图书管理系统。

（2）B/S架构：浏览端/服务器架构，系统的总体架构。

1.4 参考资料

[1] 中华人民共和国信息产业部.计算机软件文档编制规范：GB/T 8567—2006 [S]. 北京：中国标准出版社，2006.

[2] 高校小型图书管理系统需求规格说明书。

2 需求规定与运行环境

2.1 需求规定

高校小型图书管理系统是专为高校设计的图书管理系统，旨在提高图书馆管理效率与服务质量。该系统集成了图书管理、借阅管理、还书管理、读者管理、用户权限控制等多项功能，实现了图书信息的数字化管理。具体的需求参阅高校小型图书管理系统需求规格说明书中的用例。

2.2 运行环境

1）服务器

硬件：CPU 为 Intel Xeon W5-2455X，12 核心 24 线程，内存为 DDR5 32 GB，硬盘容量 8 TB。

软件：操作系统为 Ubuntu 20.04，数据库管理系统为 MySQL 8.03，JDK17，Web 服务器为 Tomcat 10.1.x。

2）客户端

IE 浏览器、谷歌浏览器、火狐浏览器。

3）外部软件系统

支付宝和微信支付系统

4）开发环境

Windows10 操作系统、Inteli IDEA 开发环境、JDK17、Tomcat 10.1.x 服务器、MySQL 8.03 数据库管理系统，Spring Boot 3 框架和 MyBatis 3.5 框架。

3 系统架构设计

系统总体上采用了 B/S 的架构设计，由服务器和客户端浏览器组成，用户通过浏览器向 Web 服务器提交服务请求，服务器返回请求功能的结构在浏览器中显示。

在服务器端，系统软件采用三层架构的设计模式，分别为控制器层、业务逻辑层和数据库访问层，每层中有相应的类，高校小型图书管理系统包图如图 7-21 所示。

在系统设计时，系统的类结构也需要根据系统的架构、设计模式和选用的编程语言进行细化和调整。在 controller 包中各控制器对象接收用户的请求，调用 service 包中相关的业务逻辑类对象的方法从而为用户请求提供服务，而在业务逻辑类对象方法执行过程中，通常要调用 dao 包中的数据访问对象实现对数据库的访问。最后是 model 包，该包中的类通常是实体类、VO 类或 DTO 类。

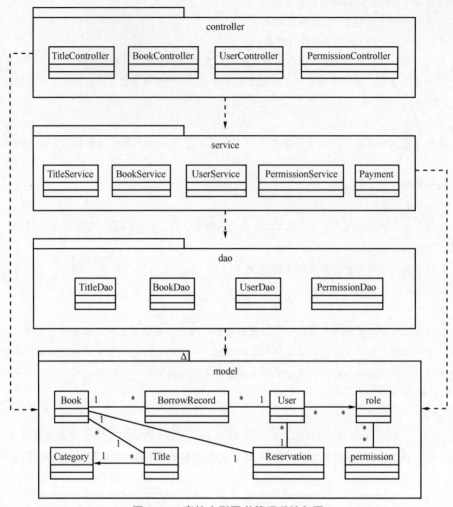

图 7-21　高校小型图书管理系统包图

4 类设计

TitleController 类的内容如下。

TitleController 类是一个控制器类，接收客户端的请求后调用 TitleService 类对象中的方法实现对书目的管理。

1）属性

private TitleService titleService，书目服务器，书目控制器方法执行时调用其方法实现对书目的管理功能。

2）方法

public String findTitleById(int id, Model model)：根据书目的编号查询书目信息；参数 id 为书目编号，参数 model 为 Spring 框架中的 Model 类对象；返回值为输出结果视图名称。

public String findTitle(Title title, Model model)：根据条件查询书目信息；参数 title 是用户提交的检索条件封装成的书目对象；返回值为输出结果视图名称。

public String updateTitle(Title title, Model model)：根据用户上传的书目对象更新数据库中的书目记录，书目对象的 id 属性为更新条件；参数 title 是书目对象；返回值为输出操作结果视图名称。

public String addTitle(Title title, Model model)：向数据库中添加图书的书目信息；参数 title 是添加的

书目对象；返回值为输出操作结果视图名称。

其他类的设计省略，同3.1类似，请读者自己完成。

5 用例设计

图书借阅用例内容如下。

1）功能说明

图书借阅用例描述读者在图书馆借书的功能场景。在读者借阅图书过程中，首先图书馆工作人员要进入借书界面，读者刷一卡通卡验证读者信息，然后图书管理员再刷图书条码登记借阅。

2）界面设计

图书借阅界面分为上下两个部分，上面为读者编号、读者姓名信息，下面为读者借阅记录信息，包括读者编号、读者姓名、借阅图书的编号、图书名、借阅日期、应还书日期、归还状态、办理人等信息。当读者借书成功后，在借阅记录中最前面显示当前借阅的图书。

3）交互设计

图书借阅顺序图如图7-22所示。

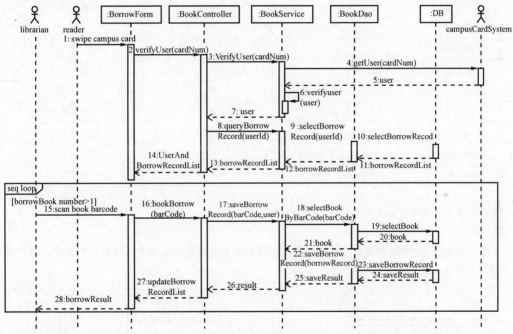

图7-22 图书借阅顺序图

在图书借阅用例中，参与者有图书馆工作人员、读者、校园一卡通系统，对象有借书界面、图书控制器、图书业务逻辑类、图书数据访问类、数据库等。在借阅图书时，图书馆工作人员首先进入借书界面，然后读者出示一卡通卡，读取卡号后到一卡通系统取出读者信息并验证，然后从数据库取出读者的借阅记录，最后和读者的信息一起输出到界面。然后图书馆工作人员通过扫描器输入读者要借的图书的条码，根据条码从数据库中查询出图书信息，并在业务逻辑层综合用户信息和图书信息生成借阅记录对象，保存借阅记录到数据库。

其他用例的设计省略。

6 数据库设计

6.1 数据库模型

在面向对象设计时，数据库表由实体类映射而来，根据映射规则，本系统共有以下数据库表：书目表（tb_title）、图书类型表（tb_category）、图书表（tb_book）、用户表（tb_user）、图书借阅表（tb_borrowRecord）、角色表（tb_role）、用户角色表（tb_user_role）、权限表（tb_permission）、角色权限表（tb_role_permission）、系统设置表（tb_setting）等。

6.2 数据库表

书目表（tb_title）

书目表保存了图书的基本信息，如表7-3所示。

表7-3 书目表（tb_title）

字段名	数据类型	约束	描述
id	int	主键，自动增长	书目主键
name	varchar（100）	非空	图书名
author	varchar（100）	非空	作者
isbn	char（15）	非空	国际标准书号
publisher	varchar（50）	非空	出版社
publish_date	datetime	非空	出版日期
edtion	varchar（20）		版次
impression	int		印次
total_pages	int		图书页数
price	numeric（8，2）	非空	图书定价
quantity	int	非空	图书库存量
category_id	int	非空，外键	图书类型编号
description	varchar（1000）	非空	图书描述
cover_url	varchar（200）	非空	封面图片路径

其他数据库表省略，读者可自己补充。

7 系统部署

系统分为客户端和服务器端两个部分，客户端使用浏览器向服务器端提交请求获取服务。高校小型图书管理系统部署图如图7-23所示。

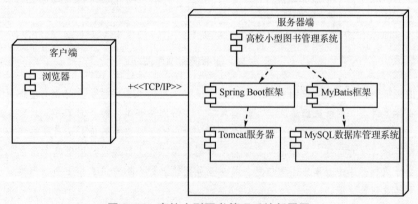

图7-23 高校小型图书管理系统部署图

8 附录

无。

7.10 实 验

7.10.1 "高校小型图书管理系统"的顺序图

在 UML 中，顺序图是一种详细表示对象之间及对象与参与者之间动态联系的图形文档。它能够展示对象之间的交互顺序，可以帮助开发人员深入理解用例中对象间的交互过程，检查每个用例中描述的用户需求是否已落实到对象上。

本实验要求绘制高校小型图书管理系统的图书借阅用例、图书归还用例、图书信息管理用例和权限管理用例的顺序图。

顺序图的绘制步骤一般如下。

（1）明确顺序图所表示的交互场景和涉及的参与者及对象。

（2）合理安排参与者及对象的顺序，交互密切的对象应尽可能相邻，在交互中创建的对象在垂直方向应安置在其被创建的时间点处。

（3）添加消息和激活。

（4）根据需要进一步细化消息的内容，包括消息的类型、参数、返回值等。

顺序图示例可参考图 7-22。

7.10.2 "高校小型图书管理系统"的通信图

本实验要求绘制高校小型图书管理系统的图书借阅用例、图书归还用例、图书信息管理用例和权限管理用例的通信图。

下面以图书预约用例的通信图的绘制说明通信图的绘制步骤。图 7-24 是图书预约用例的通信图。

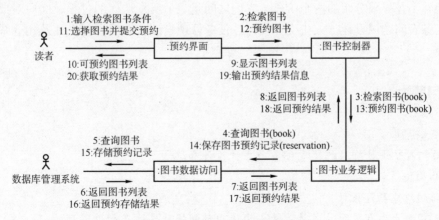

图 7-24 图书预约用例的通信图

通信图的绘制步骤一般如下。

（1）通过用例描述识别出参与者和对象。

（2）在有交互的对象或对象和参与者之间建立连接。

（3）添加对象交互时的消息，消息前要加上标号。

（4）如果消息有守护条件，要在消息上添加守护条件，守护条件通常以"［条件表达式］"的格式表示。

（5）调整对象和连接的位置和布局，使图形更易于阅读和理解。

7.10.3 "高校小型图书管理系统"的构件图

本实验要求学生建立高校小型图书管理系统的构件图。

构件也称为组件，是系统中的可替换的模块化部分，它封装了自己的内容；构件利用供接口和需接口定义自身的行为。一个构件是系统的一个模块，可以是源文件、动态链接库、类库、可执行程序及文档等，也可以是多个元素的复合，一个构件可封装内部成分。

绘制构件图的步骤一般如下。

（1）识别构件：确定系统中的每个软件构件，包括库、可执行文件、数据文件等。在对整个系统创建构件图时，一般可以选择功能模块为构件，如用户管理模块，这个构件中包含了与用户管理功能相关的类和接口。此外，构件还包含系统自带的第三方库或框架，如 Spring Boot、MyBatis 都应该是系统的依赖构件。

（2）确定构件之间的关系。构件之间一般有依赖、泛化、实现等关系。

（3）使用 UML 工具创建构件图模型。

实验可参考图 7-16 并在此基础上补充完善。

7.11　本章小结

面向对象设计是对面向对象分析的结果进行细化、补充和完善，面向对象分析和面向对象设计并不是界限分明的两个阶段，它们之间是一个反复迭代的过程。面向对象设计中的主要任务有问题域设计、人机交互设计、任务管理设计、数据管理设计及建立系统的实现模型等。

 习题七

一、选择题

1. 面相对象设计阶段的主要任务是系统设计和（　　　）。

　A. 结构化设计　　　　　　　　　　　　B. 数据设计

　C. 面向对象程序设计　　　　　　　　　D. 对象设计

2. 只有类的共有界面的成员才能成为使用类的操作，这是软件设计的（　　　）原则。

　A. 过程抽象　　　　B. 信息隐藏　　　　C. 功能抽象　　　　D. 共享性

3. （　　　）是表达系统类及其相互联系的图示，它是面相对象设计的核心，是建立状态图、协作图和其他图的基础。

A. 部署图   B. 类图   C. 构件图   D. 配置图

4. 下面所列的性质中，（   ）不属于面向对象设计的特征。

A. 继承性   B. 重用性   C. 封装性   D. 可视化

5. 下列是面向对象设计方法中有关对象的叙述，其中（   ）正确的。

A. 对象在内存中没有它的存储区   B. 对象的属性集合是它的特征表示

C. 对象的定义与程序中类的概念相当   D. 对象之间不能相互通信

6. 面相对象设计中，基于父类创建的子类具有父类的所有特征（属性和方法），这一特点称为类的（   ）。

A. 多态性   B. 封装性   C. 继承性   D. 重用性

二、简答题

1. 简述面向对象设计的原则。

2. 什么是设计模式？设计模式的目标是什么？

3. 面向对象设计的五大原则有什么？

第 8 章　软件实现

软件实现是把系统设计的结果转换成可运行的程序代码，包括生成代码、单元测试、集成测试、代码审查和性能优化等步骤。本章内容主要涉及程序设计语言、程序设计风格、程序效率及代码评审等。

学习目标

(1) 了解软件实现的基本概念。

(2) 了解程序设计语言的发展历程，掌握程序设计语言选择的准则。

(3) 掌握具有良好程序设计风格的代码方法并了解其重要性。

(4) 掌握提升程序效率的方法。

(5) 理解代码评审的方法和作用。

8.1　软件实现概述

软件实现是把系统设计的成果映射为通过某种程序设计语言编码、并通过软件测试后能够正确运行的程序。软件实现涉及编码、测试、优化、审查等多项活动，是一个迭代过程。它除了要求编写的代码完全符合软件设计确定的功能，还需要控制和降低程序复杂性，增强程序可维护性。

软件实现是软件开发过程中的重要活动，其任务是根据软件需求和软件设计，给出与软件系统一致的、完整的、可执行的代码。代码实现的功能描述来自需求分析，代码实现的模块接口、数据传递、模块间的关系定义来自系统设计。因此，需求分析与系统设计工作将直接影响代码质量，而代码质量又直接决定软件系统的实际运行效率及用户体验，并影响后续软件的可维护性。这就要求软件实现具有与需求规格和设计规格一致的描述，在编写代码完成功能的同时，还要体现系统性能，将软件体系结构、模块的抽象与分解、数据结构及存储等相结合，并在编码完成后通过软件测试、调试、配置等，发现代码中的缺陷、修改代码中的错误、完善代码设计的不足，提高代码执行的效率，从而满足用户需求。

在代码实现的最后阶段，还要进行代码评审，包括技术审查与管理复审。技术审查要看这些过程是否与需求和设计的规格描述保持一致。管理复审要看在软件系统的实现过程中，编码风格、代码版本管理、系统联机帮助、用户手册、安装部署文档等内容是否齐备、是否正确反映软件实现的全部内容。

随着软件技术的发展、编程语言的迭代、软件工具的更新，现代软件系统已无须完全重新编码，而是从建立和有效重用相关的函数库、类库、第三方构件等出发，这不仅能提高软件开发效率，还能提高软件质量。因此，软件实现也将随着网络发展、技术进步不断更新和完善。

8.2 程序设计语言

8.2.1 程序设计语言的发展

程序设计语言是人与计算机交换信息的中间媒介和工具，用于编写计算机程序，指挥计算机工作。从程序设计语言诞生以来，世界上公布的程序设计语言已有上千种，但只有很少一部分得到广泛的使用。20 世纪 60 年代以后，程序设计语言随着软件工程思想的不断发展，经历了从低级到高级、从简单到复杂、从非结构化到结构化再到面向对象程序设计的发展过程。因此，从软件工程角度来看，结合程序设计语言的发展历史，可以将程序设计语言大致分为如下 4 个阶段。

1. 第一代计算机语言——机器语言

机器语言是由二进制代码指令构成，不同的硬件系统具有不同的指令系统，由机器语言编写的代码不能随意在不同的机器上运行。机器语言难学难用，编程效率极低，编写的程序不容易修改和维护，并且很容易出现错误，这种语言已经被渐渐淘汰了。

2. 第二代计算机语言——汇编语言

汇编语言也是与系统硬件直接相关的语言，用助记符构成机器的指令系统。相比机器语言，汇编语言使开发人员对编码的理解和记忆更容易，减小了学习和使用的难度，降低了程序的出错率，可以提高对程序的修改效率，从而增加程序的可靠性。使用汇编语言编写的程序，需要通过汇编程序编译为机器语言，才能在计算机上运行。

第一、二代语言不利于计算机应用的推广，更不具备软件工程中提出的设计、维护等过程，它们已逐渐退出历史舞台。但是汇编语言也有自己的优点：直接访问系统接口，消耗资源少，运算效率高，更重要的是，它具有现代高级程序设计语言不具备或难以完成的系统操作，因而在一些有特殊要求的领域还有一定的应用。

3. 第三代计算机语言——高级语言

从 20 世纪 60 年代后期开始，高级程序设计语言逐步得到发展，其主要特征是不依赖于具体的计算机，编写的程序通用性较好，形式上接近于算术语言和自然语言，容易学习和使用。高级语言种类繁多，可以从应用特点和对客观系统的描述两个方面对其进一步分类。

早期的高级程序设计语言，如 ALGOL、FORTRAN、BASIC 等，现在看上去它们对应用领域的支持还较弱，但它们已具备高级程序设计语言的基本特征：结构化设计、数据结构的定义和表示、控制逻辑的支持以及与机器硬件的无关性等。

从 20 世纪 80 年代开始，面向对象程序设计语言开始崭露头角，C++、Java、VB、C#、Python 等相继出现。面向对象程序设计语言支持定义类、对象，具有封装性、继承性、多态性、消息机制等概念，具有良好的可扩展性、可移植性、可维护性等，为面向对象的分析和设计方法奠定了基础，为软件质量的提高提供了可靠的工程技术支持。

与这些较为通用的高级程序设计语言相对应的，还有一些专用于某个领域的程序语言。一般来说，这种语言的应用范围狭窄，移植性和可维护性不如通用的高级程序设计语言。随着时间的推移，被使用的专业程序语言已有数百种，应用比较广泛的有 APL 语言、Forth 语言、LISP 语言。

4. 第四代计算机语言——4GL

4GL（Fourth Generation Language）是非过程化语言，最早出现于 20 世纪 70 年代，其主要特征是用户界面友好，是声明式、交互式和非过程式的。典型的 4GL 应用有数据库查询语言和应用程序生成器。

目前 4GL 得到了一些商业方面的发展，如报表、多窗口、菜单、工具条等的生成。此外，用形式化定义的结构化需求描述、设计方案等都能通过 4GL 生成相应代码，并经过人工修改后，得到实际应用。

8.2.2 程序设计语言的选择

程序设计语言不是在编码时选择的，而是在软件设计前就需要确定的，这是因为软件设计要面向系统的实现，只有提前确定程序语言，才能更好地支持设计的思路，完成设计方案。

在选择程序设计语言时，要综合考虑程序员对编程语言的熟悉程度和可测试性、维护性等因素。尽量选择程序员熟悉的编程语言，这样可减少编码中的困难和测试的工作量并提高系统的可维护性。

一般来说，程序设计语言的选择要考虑以下几个方面。

（1）软件的应用领域。任何一种程序设计语言都不是对所有应用领域都适用的，它们具有自己的特点和相对最为适合的应用领域。如编写操作系统、编译系统等系统软件，可以优先考虑使用汇编语言或 C 语言；在大量使用逻辑推理和人工智能的专家系统领域，当首选 LISP 或 Prolog 语言；大数据分析和机器学习可选 Python；在 Web 应用中，选择 Java 较为合适。

（2）算法和数据结构的复杂性。科学计算、实时处理和人工智能领域中的问题算法较复杂，而数据处理、数据库应用、系统软件领域内的算法简单，数据结构比较复杂，因此选择语言时可考虑语言是否有完成复杂算法的能力，或者是否有构造复杂数据结构的能力。

（3）用户的需求。如果用户参与到开发、维护过程中，则应听取用户对程序设计语言选择的意见。

（4）开发和维护成本。这与程序设计语言及程序设计语言开发环境都密切相关，程序设计语言开发环境自身也是软件系统，也需要维护和技术支持。这些都将构成项目成本。

（5）软件工具的支持。若有些语言有支持程序开发的软件工具，则对于目标系统的实现和验证较为容易。良好的编程环境不但能提高软件生产率，还能减少错误，提高软件质量。

（6）工程项目规模。因为项目规模越大，其不可预测的因素也越多，因而需要程序设计语言在修改性、适应性、灵活性等方面给予更大支持。

（7）软件的可移植性要求。如果系统的预期使用寿命较长，或要在几种不同型号的计算机上运行，就应该选用标准化程度高、程序可移植性好的程序设计语言。

（8）编程人员对程序设计语言的熟悉程度。在选择程序设计语言时，还应该考虑到程序员对语言的熟练程度及实践经验。选择编程人员熟悉的程序设计语言，不仅开发效率高，也能保证软件质量。

实际上，在评价和选用具体语言时，通常要对上述各种因素加以综合考虑，权衡各方面的得失，然后做出合理的决定。

8.3 程序设计风格

程序设计风格也称为编程风格，是指在程序设计过程中设计人员所表现出来的编程习惯、编程特点和逻辑思维，例如标识符的命名规则、代码的注释、源文件的排版等。良好的程序设计风格的源程序，具有较强的可读性、可理解性和可维护性，能提高团队开发的效率。项目内部相对统一的程序设计风格使项目的版本管理、代码评审等工作更容易实现，设计人员能更好地控制软件的质量。以下是影响程序设计风格的几个关键因素。

1. 标识符命名

所谓标识符，就是源程序中用作变量名、常量名、数组名、类型名、函数名等用户定义的名字的总称。标识符的良好命名可以大幅度地提高代码的可读性、可理解性，有效降低维护成本。标识符命名除需要遵循程序设计语言的语法，还应尽量做到以下几点。

（1）使用具有实际意义的单词或短语命名。如订单类名用 Order，表示是否有效用 isValid，创建时间用 createTime 等。方法的命名要能体现方法功能，如根据用户编号查询一个用户可使用 findUserById。

（2）标识符长度要符合"最小长度最大化信息量"原则，在保持一个标识符明确意思的同时，应该尽量缩短其长度。

（3）命名规则尽量与采用的操作系统或编程语言本身的风格一致。例如在 Java 中，变量名、方法名、包名通常是小写字母开头，类名和接口名以大写字母开头，如果命名需要使用多个单词，则采用驼峰命名法。

（4）标识符命名不要过于相似，这样容易引起误解。

（5）在命名时尽量避免出现数字编号，除非逻辑上的确需要编号。

（6）在定义变量时，最好使用注释标注其含义和用途。

（7）避免不同级别的作用域的变量重名。程序中不要出现名字完全相同的局部变量和全局变量，尽管两者的作用域不同不会发生语法的错误，但是容易使人误解。

2. 代码中的注释

注释是对程序代码的解释和说明，允许用自然语言来编写，书写内容要言简意赅，不要冗长。注释对正确、有效理解代码起着关键的作用，程序员们可以通过注释比较容易理解自己或他人编写的源程序，更重要的是注释对如何理解甚至修改源程序提供了明确的指导。

注释一般分为序言性注释和功能性注释。序言性注释通常放在每个模块的开始，简要描述模块的功能、主要算法、接口特征、重要数据及开发简史，它对于理解程序本身具有引导的作用。功能性注释插在源程序当中，它着重说明其后的语句或程序段的处理功能，提高代码的可理解性。

代码中的注释主要包括以下内容。

（1）程序文件的整体叙述，简述本文件所定义的内容。

（2）程序主要的数据结构、常量、静态量、枚举量的定义说明。

（3）函数接口说明，包括函数参数、返回类型、简要功能描述及代码编写者、编写日期。

编写程序注释，需要遵循以下原则。

（1）注释是对代码的"提示"，不是文档，要简洁明了。

（2）好的注释应该解释为什么，而不是怎么样。

（3）注释应该准确、易懂，防止二义性。

（4）注释的位置应该与描述的代码相邻，可以在代码的上方或右方，不可放在下方。

（5）在修改或维护代码时，也要做好注释的维护。

3. 编排版式

在程序编写过程中，源程序中代码的编排版式应在不影响程序功能的前提下，加入换行、空行、空格等内容，并对代码的缩进进行控制，使源代码富有层次感，更易阅读和理解。

使用缩进控制的代码如下。

```java
/**
 * 使用选择排序法,对数组 array 进行排序
 * @param array 排序的数组
 * @return void
 */
    public void sort(int[] array)
    {
        int k, temp;

        for(int i = 0; i < array. length - 1; i ++)
        {
            k = i;
            //遍历待排序的数组元素,找出值最小的数组元素的下标
            for(int j = i + 1; j < array. length; j ++)
            {
                if(array[k] > array[j])
                {
                    k = j;
                }
            }
            //把本趟排序中最小的数组元素 array[k]和最前面的 array[i]交换值
            temp = array[i];
            array[i] = array[k];
            array[k] = temp;
        }
    }
```

没有使用缩进控制的代码如下。

```
/**
 *  使用选择排序法,对数组 array 进行排序
 *  @param array 排序的数组
 *  @return void
 */
public void sort(int[] array)
{
int k, temp;
for(int i = 0; i < array. length - 1; i++)
{
k = i;
//遍历待排序的数组元素,找出值最小的数组元素的下标
for(int j = i + 1; j < array. length; j++)
 {
if(array[k] > array[j])
{
k = j;
}
}
//把本趟排序中最小的数组元素 array[k]和最前面的 array[i]交换值
temp = array[i];
array[i] = array[k];
array[k] = temp;
}
}
```

从上面两个代码可以明显地看出，没有缩进控制的代码可读性要差一些，不容易理解。所以，代码的编排版式对程序的可读性和可理解性影响很大。

在编码排版时，可从以下几个方面入手。

（1）在每个类声明之后，每个函数定义结束之后，都应该加上空行。

（2）在一个函数体内，相对独立的程序块之间、变量声明结束之后必须加上空行。

（3）程序块要采用缩进控制。

（4）一行代码只做一个事情，只写一条语句。

（5）选择、循环等控制语句应该独立一行，执行语句不得紧跟其后，执行语句要包含在"｛｝"之间。

（6）代码行的最大长度控制在 70~80 个字符，如果代码行过长，代码行中的长表达式要在低优先级操作符处划分新行，操作符放在新行之首，划分出的新行要进行适当的缩进，使排版整齐。

（7）程序中的"｛"和"｝"要单独占一行。

4. 数据说明

程序由数据结构和算法组成，在编程时为了理解代码，对数据的说明也是一个重要的任务。为了使数据更容易理解和维护，在对数据进行说明时需要遵循如下的原则。

（1）在数据声明或定义时应该遵循一定的顺序，比如哪种数据类型在前、哪种在后。

如果能够遵循标准化的次序，在查找数据时就比较容易，方便测试和维护。

（2）对于复杂的数据结构，要对数据结构作整体说明，再对数据结构中的各个数据进行说明，做到整体结构和主要数据都有注释。

5. 语句结构

语句的构建是程序编写的重要任务，语句的结构应该力求简单、直接、一目了然，不要为了片面追求效率而导致语句复杂化，使程序难以理解。在语句的构建中，应该从以下几个方面加以考虑。

（1）在编写程序时，要注意理解性第一、效率第二。如果没有对效率的特殊要求，首先考虑的是程序的可理解性。

（2）一行只写一条语句，不要把多条语句写在一行。

（3）合理应用缩进体现程序的层次结构，同一个逻辑层次的语句应该左边对齐。

（4）尽量避免使用多层嵌套语句。

（5）在复杂的算术表达式或逻辑表达式语句中应该使用括号来清晰表达运算的顺序，排除理解的二义性。

（6）尽量避免复杂的判定条件。

（7）尽可能地使用各种类库、函数库，以减少出错的可能性。

（8）对于重复使用且具有一定功能的代码块可封装为公共函数。

6. 输入/输出

软件最终是交付给用户使用的，输入和输出的方式要尽可能方便用户的使用，符合用户的使用习惯。在软件系统运行的过程中，通常需要和用户交互才能完成任务，在用户输入时要有一些有用的提示，减少用户输入错误的情况。用户可以指定输出的格式，但要保证输入/输出格式的一致性。因此，对输入/输出的设计应该做到以下内容。

（1）输入/输出的格式在整个系统中应该统一。

（2）对用户的输入数据要实施严格的检验机制，及时识别出错误的输入，确保输入数据的有效性。

（3）输入数据应该有必要的缺省值。

（4）输入的步骤、操作尽量简单。

（5）在交互式的输入方式中，系统要给予用户正确的提示。

（6）给用户输出的反馈信息要及时、准确，对输出的信息要有解释、说明。

（7）异常引发的系统问题，需要有数据恢复机制和用户选择操作。

8.4　程序效率

程序效率是指对计算机资源利用率的度量，主要指计算机程序的运行时间和占用的存储空间，即运行时尽量占用较少空间，但能够较快地完成工作。程序效率主要取决于系统设计阶段确定的算法。通常，有以下几个方法可以提高程序的效率。

1. 设计高效的算法

设计逻辑结构清晰、高效的算法是提高程序效率的关键。下面使用 Java 对数组中的数据查找设计两种不同的算法，通过对这两种算法的分析来理解算法对程序效率的影响。

算法1：顺序查找算法。示例如下。

```
/**
 * 顺序查找法,从数组 array 中查找值等于 key 的数组元素
 * @param array 已经排序好的整型数组
 * @param key 要查找的值
 * @return 如果成功查找到,返回值为 key 所在的数组元素的下标,否则返回-1
 */
public int sequentialSearch(int[] array, int key)
{
    for(int i = 0; i < array. length; i++)
    {
        if(array[i] == key)
        {
            return i;
        }
    }
    return - 1;
}
```

算法2：二分查找算法。示例如下。

```
/**
 * 二分查找法,从数组 array 中查找值等于 key 的数组元素
 * @param array 已经排序好的整型数组
 * @param key 要查找的值
 * @return 如果成功查找到,返回值为 key 所在的数组元素的下标,否则返回-1
 */
public int    binarySearch(int[] array,int key)
{
    int low = 0, heigh = array. length - 1, mid;
    while(low <= heigh)
    {
        mid = (low + heigh) / 2;
        if(array[mid] == key)
            return mid;
        if(array[mid] > key)
            heigh = mid - 1;
        else
            low = mid + 1;
    }
    return - 1;
}
```

当数组已经排好序后，顺序查找算法的时间复杂度是 $O(n)$，而二分查找算法的时间复

杂度是 $O(\log_2 n)$，显然，二分查找算法的效率明显高于顺序查找算法。当数组特别大时，如 $n=10\,000$ 时，二分查找的时间复杂度为 $O(\log_2 10\,000)=O(13.288)$，也就是说最多查找 14 次就能确定要查找的数是否在数组中。可见，好的算法对程序效率的影响是巨大的。

2. 选择合适的数据结构

数据结构也是影响程序效率的重要因素。数据结构决定了数据如何在内存中存储、组织以及如何被访问和操作，这些因素直接关系到程序的运行速度和资源使用情况。

（1）数据结构的选择影响访问、插入、删除等操作的时间复杂度。例如，数组在访问元素时具有较快的速度，但在插入或删除元素时可能需要移动其他元素，从而导致较高的时间复杂度。而链表则允许在很短的时间内进行插入和删除操作，但在访问元素时可能需要遍历整个链表。

（2）数据结构的选择还影响程序的空间复杂度。例如哈希表查找操作时具有较高的性能，但需要额外的空间来存储哈希函数和哈希表本身；而有序数组虽然查找效率较低，但空间利用率更高。

（3）数据结构的选择也会影响缓存利用率。如数组等连续内存中的数据结构更容易被缓存命中，而如链表或树等分散在内存中的数据结构则被缓存命中的概率较低。

（4）数据结构的选择对并发性能也有影响。如线程安全的队列或栈支持并发操作，在多线程环境下程序能够高效运行。

（5）数据结构的选择还会影响代码的可维护性和可读性。清晰、简洁的数据结构可以使代码更易于理解和维护。而复杂、晦涩的数据结构会导致代码难以理解，增加开发和维护的难度。

在选择数据结构时，需要综合考虑时间复杂度、空间复杂度、并发性、可维护性和可读性等因素，找到最适合特定问题的解决方案。

3. 优化循环和递归

优化循环和递归是提高程序效率的重要策略。

循环的优化可考虑以下 4 点。

（1）在编码时提前终止循环或合并循环，可以减少不必要的循环迭代次数，例如使用条件判断在满足特定条件时提前退出循环。

（2）避免在循环内部进行复杂计算，将循环内部的复杂计算或函数调用移到循环外部，以减少每次循环迭代的计算量。

（3）将循环体中的多个迭代操作合并成更大的迭代操作，减少循环迭代次数，降低循环的开销。

（4）对于重复计算的结果，可以使用缓存进行存储，避免在每次循环迭代时都重新计算。

递归的优化可以考虑以下 2 点。

（1）可通过存储已经计算过的结果来避免重复计算，例如应用动态规划法使用表格来存储中间结果，避免重复计算，可显著提高性能。

（2）尽量使用迭代代替递归，以减少递归时函数调用栈的开销，从而提高程序性能。

4. 减少内存分配和释放

减少内存分配和释放也可以提高程序效率，因为频繁的内存分配和释放操作会消耗大量的时间和资源。以下是一些减少内存分配和释放的策略。

（1）当需要频繁创建和销毁相似对象时，考虑使用对象重用机制，避免频繁的内存分配和释放操作。

（2）尽量使用局部变量而不是全局变量，以减少内存访问的开销。

（3）避免在函数或循环中创建不必要的临时对象，尤其是在性能敏感的代码段中。可以通过使用局部变量、引用或指针来减少临时对象的创建。

5. 并发和并行编程

通过多线程、多进程、异步编程和任务并行化等技术，可以实现并发执行多个任务，从而充分利用系统资源，可有效提高程序性能。

6. 编译器优化

现代编译器通常具有许多优化功能，在编写代码时，利用这些优化功能进行代码优化可以提高程序的性能。

7. 使用性能分析工具

性能分析工具监测程序的运行并获取程序运行的数据，这些数据可以帮助开发者识别和解决性能瓶颈，从而显著提升程序的运行效率。

需要注意的是，不同的优化策略可能适用于不同的情况，因此在实际应用中需要根据具体问题选择合适的优化方法。同时，优化代码时也要注意保持代码的可读性和可维护性，不能为了程序效率而不顾代码的可读性和可维护性。程序良好的可读性、可维护性可以提高开发效率，降低系统的维护成本。

8.5 代码评审

代码评审又称为代码复查，是指在软件开发过程中，通过阅读源代码和相关设计文件，对源代码的编程风格、编码标准以及代码质量等进行系统性检查的过程。代码评审是软件开发中重要的环节，其目的是通过查找代码错误、系统设计缺陷并提出修改意见来提高代码的质量和可维护性，保证软件的总体质量。

代码评审主要分正式评审和轻量级代码评审。

1. 正式评审

正式评审是指在代码编写完成之后召开的评审会议上，对软件产品、代码、文档等进行正规的评审。评审会议由评审小组组织完成，小组成员包括组长、评审员、质量过程管理员和程序员。正式评审通常遵循以下步骤。

（1）明确评审目标和标准：在开始评审之前，评审者需要明确评审的目标和目的，包括需要评估的代码范围、评审的重点和标准等。

（2）准备评审材料：评审者需要准备相应的评审材料，如源代码、文档、测试设计等，确保评审过程中有充足的参考信息。

（3）召开评审会议：在评审会议上，评审小组会对评审材料进行详细的检查和讨论，发现其中的问题、错误和潜在的风险。

（4）记录评审结果：评审过程中，需要记录发现的问题、错误和建议，形成评审报告，作为后续修改和优化的依据。

（5）跟踪改进：评审结束后，开发团队需要根据评审报告进行改进和优化，确保软件产品达到预定的质量标准。

正式评审的优点在于其正规性和严谨性，能够确保软件产品的质量和稳定性。但是正式评审也可能存在如评审过程耗时较长、成本较高，以及可能受到评审团队成员的主观影响等问题。

2. 轻量级代码评审

轻量级代码评审采用非正式的代码走查方式，不需要组织正式会议，所以具有成本低、灵活性高等特点。轻量级代码评审的主要方式如下。

（1）瞬时的代码审查：该方式也称为结对编程，是指当一个开发者在编写代码时，另一个开发者会实时关注代码，注意其中潜在的问题，并在过程中给出提升代码质量的建议。这种方法在处理复杂业务问题时尤其有效，因为它能够聚集两个人的脑力来寻找解决方案，能覆盖到问题的一些边界情况。

（2）同步的代码审查：该方式也称为即时代码审查，是指一位开发者编写完代码后，立即与代码审查者一起审查、讨论和改进代码。

（3）异步的代码审查：该方式也称为有工具支持的代码审查，是指开发者在完成代码，并提交代码给代码审查者后，可以开始他的下一个任务。代码审查者可以按自己的时间表进行代码审查，不需要当面和开发者沟通，而是用工具写上反馈意见并通知开发者。开发者会根据反馈意见改进代码，再重新提交给代码审查者。重复以上过程，直到不需要改进。

（4）偶尔的代码审查：该方式也称为基于会议的代码审查。这种方式通常在特定的时间点举行会议，团队成员在会议上一起审查代码，并讨论可能的问题和改进建议。

8.6　本章小结

软件实现是将软件设计的结果使用某种程序设计语言编程实现，包括编码、测试、代码评审、优化等一系列工作。编程使用的程序设计语言需要根据系统的应用领域和开发人员对程序设计语言的熟练程度进行选择。编写的源代码要有良好的编程风格，要具有较强的可读性、可理解性和可维护性，使项目的版本管理、代码评审等工作更容易实现，有助于提高团队开发的效率，更好地控制软件的质量。

 习题八

1. 什么是软件实现？
2. 程序设计语言是如何分类的？
3. 面向对象的程序设计语言有什么特点？
4. 为什么要有良好的编程风格？
5. 提高程序效率的方法有哪些？
6. 代码评审是否可以不做，为什么？

第 9 章　软件测试

早期的软件测试开始于软件开发之后。随着软件复杂性的提升，软件体量的增大，为了保证软件质量，同时降低软件开发成本，软件测试不再始于软件开发之后，而是改为伴随于软件开发的各个周期，即软件开发和软件测试同步进行。软件测试在软件开发过程中的比重得到提升，软件测试也成为独立于软件开发之外的一个工种，本章将介绍软件测试的相关方法。

📖 学习目标

（1）理解软件测试的模型、原则、必要性。
（2）掌握软件测试常用的黑盒测试法，并设计相应的测试用例。
（3）掌握软件测试常用的白盒测试法，并设计相应的测试用例。
（4）理解软件测试的 4 个过程及其测试的目标和方法。

9.1　软件测试的概念、目的、原则

9.1.1　软件测试的概念、模型和步骤

软件测试，是一种用来促进鉴定软件的正确性、完整性、安全性和质量的过程，是一种实际输出与预期输出之间的审核过程。软件测试的经典定义是：在规定的条件下对程序进行操作，以发现程序错误，衡量软件质量，并对其是否能满足设计要求进行评估的过程。

软件测试是伴随着软件开发而产生的。早期的电脑硬件配置低，基于硬件配置运行的软件复杂性低、体量小，因此早期的软件开发＝写程序，早期的软件测试 V 模型如图 9-1 所示，以"编码"为分界线，软件测试仅仅是在软件的编码工作完成之后的一项调试工作而已。

随着电脑硬件配置的升级、软件实现功能的增多，软件的复杂性逐步提升，软件开发不再等同于写程序，此时的软件＝程序＋文档＋数据，此时的软件测试 W 模型如图 9-2 所示，软件测试伴随在软件生命周期的各个阶段。因此 W 模型的目的在于尽可能将软件缺陷扼杀在萌芽阶段，保证软件开发各个阶段的正确性。

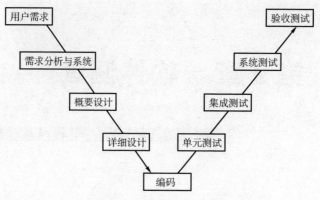

图 9-1　软件测试 V 模型

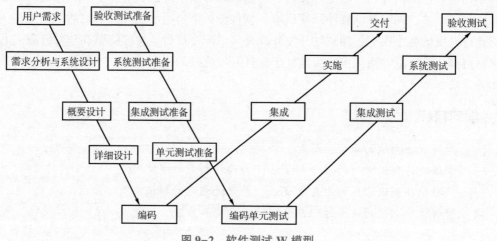

图 9-2　软件测试 W 模型

软件测试有如下 8 个步骤。

（1）根据项目、产品的需求提炼测试需求。

（2）根据测试需求和项目的整体计划，制订测试计划、测试方案等，包括测试的时间节点安排、人力资源安排、测试策略安排等，并对其进行评审。

（3）根据测试需求以及相关的设计文档，编写测试用例，即明确每个测试点的具体的操作步骤，预期结果等内容，并对用例进行评审。

（4）准备测试环境和测试数据，包括测试系统部署的硬件环境和软件环境。

（5）执行测试用例，提交测试过程中发现的 bug，并通过版本迭代进行回归测试，验证相关的 bug。

（6）完成内部软件系统的功能测试、系统测试之后，系统趋于稳定，提交客户进行验收测试。

（7）编写软件测试报告。

（8）对测试过程进行总结，并将测试过程中的所有文档进行归档。

9.1.2　软件测试的目的

美国质量控制研究院对软件测试的研究结果表明：越早发现软件中存在的缺陷，开发成本就越低；而在编码后修改软件缺陷的成本是编码前的 10 倍，在产品交付后修改软件缺陷的成本是交付前的 10 倍；软件质量越高，软件发布后的维护费用则越低。另外，据统计，软件测试费用占整个软件工程所有研发费用的 75%，如图 9-3 所示。

总之，从软件质量和软件开发成本的角度考虑，软件测试的目的是降低软件开发成本，提高软件质量。

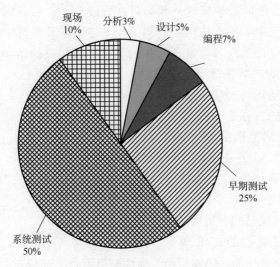

图 9-3　软件开发各个阶段费用比例图

9.1.3　软件测试的原则

同其他各行各业一样，软件测试也有一套原则，这些原则是软件测试员从以往的测试工作中总结出来，进而被同行认同后转化而来的，旨在提高软件测试效率，降低软件测试成本。在软件测试工作中，以下 6 条软件测试的基本原则，在软件测试领域广泛应用。

原则一：软件测试目的在于发现软件缺陷，不在于证明软件没有缺陷。

这世上没有完美的事物，软件也是一样，不存在一款没有 bug 的软件，哪怕软件的体量小如计算器，依旧会存在 bug，只是发现该 bug 的时间成本较高而已。在计算机的"计算器"程序中输入以下算式：

$$(4\ 195\ 835/3\ 145\ 727)\times3\ 145\ 727-4\ 195\ 835$$

如果答案是 0，就说明该计算机浮点运算没问题。如果答案不是 0，就表示计算机的浮点除法存在缺陷。

1994 年，英特尔奔腾 CPU 就曾经存在这样一个软件缺陷，而且被大批生产出来卖到用户手里；最后，英特尔为自己处理该软件缺陷的行为道歉并拿出 4 亿多美元来支付更换坏芯片的费用，可见，该软件缺陷造成的损失有多大。这个故事不仅说明软件缺陷所带来的问题，更重要的是说明对待软件缺陷的态度：软件测试目的在于发现软件的缺陷，不在于证明软件没有缺陷，不能因为没有发现 bug 便认为软件没有 bug。

原则二：穷举测试是不可能实现的。比如测试一个简单的算式：$X+Y$；要求 $1\leqslant X\leqslant$ 100，$1\leqslant Y\leqslant100$，你可以尝试 1+1，1+2，…，1+100；2+1，2+2，…，2+100；…；

100+1，100+2，…，100+100；但是时间上允许你把所有的数字都输入算式做穷举测试吗？显然是不可能的，这从功能本身出发也是多余操作。为了提高测试效率，在后续的章节中我们会介绍：通过等价类划分法和边界值分析法，提高软件测试效率，实现时间资源利用率的最大化。

原则三：尽早进行软件测试。在上述内容中，我们已经叙述过：软件越早测试越好。一个 bug 在需求分析阶段被发现，我们只需修改该 bug 所在的需求分析中对应的叙述文字即可，修改的成本和难度极低；同样一个 bug，如果在需求分析阶段没有被发现并修复，其步入软件设计阶段才被发现，我们就要更改相应的用例图、类图、活动图等专业设计图和修改相应的数据库设计；如果同样的 bug 步入编码阶段才被发现，我们不仅要修改该 bug 所在的方法，并且要测试调用该方法的方法，测试范围和难度的提升，增大了软件试成本。如图 9-4 所示，软件测试越到后期，成本越高。所以，尽早测试可以有效降低软件开发成本。

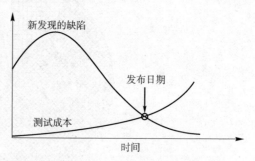

图 9-4　软件测试成本和软件缺陷预测图

原则四：注意软件缺陷的群集现象。我们可以将其理解为软件缺陷的扎堆现象，即 80% 的软件缺陷集中在 20% 的代码块当中，软件缺陷不是平均分布在每一行代码中。因此当我们在测试软件的时候，一旦某代码块中发现了 bug，说明该代码块中一定还有其他 bug，我们要对该代码块进行重点测试。

原则五：杀虫剂悖论。当我们反复使用相同的杀虫剂时，会有少量害虫产生免疫而存活下来，使杀虫剂失去药效。在软件测试中，杀虫剂悖论是指测试人员一直使用相同的方法去重复测试软件，随着时间的流逝，这种测试方法会变得很难发现 bug，甚至无法发现 bug。测试人员不能对不同的项目使用不变的测试方法，因此，该原则要求测试人员要意识到万事万物都是客观存在、相互联系且发生变化的，测试人员需要拓宽自身的知识视野，提高自我的认知能力，终身学习，经常审查和更新测试用例，提高测试用例发现 bug 的有效性。

原则六：程序员禁止测试自己编写的程序。因为思维定式，程序员很难发现自己编写程序中的错误；因为难以自我否定，程序员很难否定自己辛苦完成的工作成果；因为自我避险心理，程序员可能担心受到领导和同事的批评，所以掩盖自己程序中的错误。总之，让独立的测试员从旁观者的角度更容易发现程序中的错误和不足。

9.2　软件测试的方法

9.2.1　黑盒测试法

黑盒测试法，又称为数据驱动测试法。在使用黑盒测试法的时候，测试员将被测软件视为一个不透明的盒子，从外部看不到盒子内部的构造，即看不到软件的开发语言、

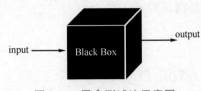

图 9-5　黑盒测试法示意图

程序的运行流程、输入数据的处理等过程。测试员以软件使用者、非软件开发人员的视角测试该软件。黑盒测试法如图 9-5 所示。测试员根据软件需求分析说明书的要求，往软件输入适当的数据，根据软件输出数据的正确性，判断软件在功能上是否满足用户的需求。

常见的黑盒测试法有等价类划分法、边界值分析法、判定表法、因果图法、错误推测法、正交实验法。

黑盒测试法常用于发现以下缺陷：

（1）软件是否有功能错误，或者功能数量上存在不足；

（2）软件是否能够正确地接收输入数据并产生正确的输出结果；

（3）软件是否有数据结构错误，从而不能接收用户指定的数据类型；

（4）程序是否存在初始化、终止问题。

如果软件存在上述缺陷，则判定软件内部存在 bug，至于 bug 在软件内部的具体位置则需要采用白盒测试法才能予以确定。

9.2.2　白盒测试法

白盒测试法，也称结构化测试法或逻辑驱动测试法。测试员以软件开发人员的视角测试软件。测试员在已知软件的开发语言类型、软件的运行流程、输入数据的结构要求及其处理过程，清楚被测软件内部的变量状态、逻辑结构、运行路径等的情况下，检验软件中的每条路径是否都能按预定要求正确执行，检查软件内部成分、内部动作、内部运行是否符合设计规格要求。白盒测试法如图 9-6 所示。

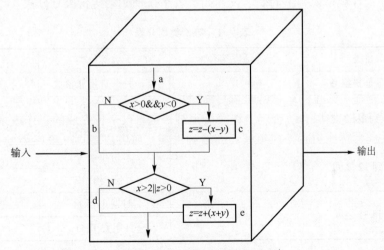

图 9-6　白盒测试法示意图

白盒测试法注重覆盖程序的结构特性或逻辑路径，也可以覆盖控制流图路径、业务流程图路径和数据流图等路径。一旦将上述流程图绘制出来，就可以设计相应的测试用例覆盖上述路径，从而有针对性的测试上述每一条路径的功能正确性，通过衡量被测试路径的覆盖率，以判断测试是否充分，是否达到相应的软件产品测试要求。

白盒测试法的基本原则如下：

（1）在执行测试时，先考虑各个分支是否被覆盖；

（2）再考虑完成所有逻辑条件分别为真值（True）和假值（False）的测试；

（3）如果有更高的质量要求，测试对象流程图中所有独立路径至少被运行一次，保证每一条路径功能上的正确性；

（4）检查内部数据结构，注意上下文的影响，以确保其测试的有效性。

白盒测试法常用于软件测试过程中的单元测试。常见的白盒测试法有：静态白盒测试法、逻辑覆盖法、基本路径覆盖法。

9.2.3 等价类划分法

1. 有效等价类和无效等价类

输入程序的数据中，凡是符合程序设计规格说明书的数据的集合，称为有效等价类；凡是不符合程序设计规格说明书的数据的集合，称为无效等价类。

例如，程序设计要求：NextDate 函数包含三个变量：year、month、day，函数的输出为输入日期后一天的日期（不考虑闰年和大小月）。例如，输入日期为 2022 年 3 月 7 日，则输出 2022 年 3 月 8 日；若输入日期不符合要求，则输出：输入数据无效。要求输入变量 year、month、day 均为整数值，并且满足下列条件。

C1：$1912 \leqslant year \leqslant 2050$。

C2：$1 \leqslant month \leqslant 12$。

C3：$1 \leqslant day \leqslant 31$。

根据程序设计规格说明书的要求设计如下表 9-1 所示的等价类划分表。

表 9-1 等价类划分表

有效等价类	等价类编号	无效等价类	等价类编号
年、月、日都是整数	1	年、月、日是非整数	5
年份在 1912 到 2050 之间	2	年份小于 1912	6
		年份大于 2050	7
月份在 1 到 12 之间	3	月份小于 1	8
		月份大于 12	9
日期在 1 到 31 之间	4	日期小于 1	10
		日期大于 31	11

由上述表格可见：在进行有效等价类和无效等价类的划分时，要重点考虑无效等价类的划分和设计，使程序接收非法数据时能做出相应的反馈，如等价类编号 5：年、月、日是非整数，则输入 20aa 年 bb 月 cc 日异常数据时，系统是否反馈"输入数据无效"，通过该测试提高系统对非法操作和非法数据的免疫性。

2. 有效等价类和无效等价类测试用例

根据设计好的等价类划分表，便可以进一步设计相应的测试用例。根据表9-1等价类划分表，设计如表9-2所示的测试用例。将测试用例输入程序，我们可以根据测试程序是否按照程序设计规格的要求接收或者排斥相应的测试用例来判断程序设计是否存在缺陷，如果程序接收了异常数据，则说明程序设计存在缺陷。

表9-2 有效等价类和无效等价类测试用例表

测试用例	输入数据			预期结果	覆盖等价类
	年	月	日		
1	2022	5	8	2022年5月9日	1、2、3、4
2	aa	bb	cc	输入数据无效	5
3	1900	6	6	输入数据无效	6
4	2300	6	6	输入数据无效	7
5	1978	−1	7	输入数据无效	8
6	1978	14	2	输入数据无效	9
7	1978	6	−1	输入数据无效	10
8	1978	6	33	输入数据无效	11

等价类划分法将程序可能的输入数据划分成若干部分（集合），从每一个部分中选取少量具有代表性的数据作为测试用例，避免了穷举测试的进行，保证设计出来的测试用例具有完整性和一定的代表性。

9.2.4 边界值分析法

测试经验表明，程序最容易在输入数据和输出数据的边界出现缺陷，如程序代码：if（1912<=year<=2050），程序员可能由于工作不严谨，错将代码写成：if（1912<year<2050），为了发现上述边界错误，边界值测试用例"year=1912"明显比非边界值测试用例"year=1913"更容易发现程序中的错误。因此，表9-2中的测试用例经过边界值分析法后可以优化为如表9-3所示的测试用例。

表9-3 经过边界值分析法优化的测试用例

测试用例	输入数据			预期结果	覆盖等价类
	年	月	日		
1	1912	1	1	1912年1月2日	1、2、3、4
2	2050	12	31	2051年1月1日	1、2、3、4
3	aa	bb	cc	输入数据无效	5
4	1911	6	6	输入数据无效	6
5	2051	6	6	输入数据无效	7

续表

测试用例	输入数据			预期结果	覆盖等价类
	年	月	日		
6	1978	0	7	输入数据无效	8
7	1978	13	2	输入数据无效	9
8	1978	6	0	输入数据无效	10
9	1978	6	32	输入数据无效	11

测试用例 1 和测试用例 2 通过取边界值的方式覆盖了所有的有效等价类日期，即 1912 年 1 月 1 日至 2050 年 12 月 31 日范围内的日期。测试用例 4 和测试用例 5 代表年份 year ≤ 1911 或 year ≥ 2051 的无效等价类测试用例集合，测试用例 6 和测试用例 7 代表月份 month ≤ 0 或 month ≥ 13 的无效等价类测试用例集合，测试用例 8 和测试用例 9 代表日期 day ≤ 0 或 day ≥ 32 的无效等价类测试用例集合。

9.2.5 判定表法

1. 判定表简述

判定表也称为决策表，用于分析在多个输入条件的不同取值组合下，会有哪些操作结果，将不同的条件组合及其不同的操作结果以表格的方式呈现出来。判定表由以下元素组成。

（1）条件桩：列出问题的所有条件，如表 9-4 中的 "你觉得疲惫吗?" 是一个条件桩。

（2）动作桩：列出可能采取的操作，如表 9-4 中的 "继续读下去" 是一个动作桩。

（3）条件项：列出条件桩的取值，如表 9-4 中的 "Y" 或者 "N" 是条件桩的两种取值。

（4）动作项：列出条件项各种取值下应该采取的操作，如表 9-4 中的 "√" 所对应的 "建议" 项。

表 9-4 判定表举例（Y 表示成立，N 表示不成立）

选项		规则							
		1	2	3	4	5	6	7	8
问题	你觉得疲惫吗?	Y	Y	Y	Y	N	N	N	N
	你对内容感兴趣吗?	Y	Y	N	N	Y	Y	N	N
	书中内容是你糊涂吗?	Y	N	Y	N	Y	N	Y	N
建议	请回到本章开头重读					√			
	继续读下去						√		
	调到下一章去读							√	√
	停止阅读，请休息	√	√	√	√				

2. 判定表的建立

判定表的建立步骤如下：

（1）列出所有的条件桩和动作桩；

（2）确定规则的个数，假如有 n 个条件，每个条件有两个取值（Y，N），则有 2^n 种规则；

（3）填入条件项；

（4）填入动作项，得到初始判定表；

（5）简化，合并相似规则。

简化就是合并。如果有两条或者多条规则，他们的条件项不仅相似，而且动作项相同，则可以考虑将其合并。如图 9-7 所示，判定表有 3 个条件，规则 1 和规则 2 中的两个条件取值相同，剩余的一个条件"书中内容使你糊涂吗？"取值不同，但是两个规则的动作项一样，都是"停止阅读，请休息"，则说明无论 3 个条件中的"书中内容使你糊涂吗？"成立与否，都不影响最终动作，则可以进行如图 9-7 所示的简化，无关的条件用划线替代。

选项	规则	
	1	2
你觉得疲惫吗？	Y	Y
你对内容感兴趣吗？	Y	Y
书中内容使你糊涂吗？	Y	N
停止阅读，请休息	√	√

简化 →

选项	规则
	1/2
你觉得疲惫吗？	Y
你对内容感兴趣吗？	Y
书中内容使你糊涂吗？	—
停止阅读，请休息	√

图 9-7 判定表简化

通过简化，我们缩减了判定表规则的数量，从而提高决策速度，这也是判定表（决策表）的最终目的所在，后续本书将通过具体示例对该目的予以展示。

3. 判定表法示例

某程序设计规格要求：……对于功率大于 50 马力且维修记录不全或已运行 10 年以上的机器，应给予优先的维修处理……请建立判定表并简化判定表。

（1）列出所有的条件桩和动作桩。

条件桩如下。

① C1：功率大于 50 马力；

② C2：维修记录不全；

③ C3：运行超过 10 年。

动作桩如下。

A1：进行优先处理；

A2：作其他处理。

（2）确定规则的个数。

① 条件个数：3；

② 每个条件的取值："Y"或"N"；

③ 规则个数：$2^3 = 8$。

（3）填入条件项。共计 8 项规则，结果如表 9-5 所示。

表 9-5　填入条件项

选项		规则							
		1	2	3	4	5	6	7	8
条件	功率大于 50 马力	Y	Y	Y	Y	N	N	N	N
	维修记录不全	Y	Y	N	N	Y	Y	Y	N
	运行超过 10 年	Y	N	Y	N	Y	Y	Y	N
动作	进行优先处理								
	作其他处理								

（4）填入动作项，分析程序设计规格的文字叙述，提炼"是否优先处理"公式：$C1 \wedge C2 \vee C3$，得到初始判定表，结果如表 9-6 所示。

表 9-6　初始判定表

选项		规则							
		1	2	3	4	5	6	7	8
条件	功率大于 50 马力	Y	Y	Y	Y	N	N	N	N
	维修记录不全	Y	Y	N	N	Y	Y	N	N
条件	运行超过 10 年	Y	N	Y	N	Y	N	Y	N
动作	进行优先处理	√	√	√		√		√	
	作其他处理				√		√		√

（5）简化，合并相似规则。可将规则 1 和规则 3、规则 5 和规则 7、规则 6 和规则 8 进行合并，合并结果如表 9-7 所示。

表 9-7　初步简化后的判定表

选项		规则				
		1/3	2	4	5/7	6/8
条件	功率大于 50 马力	Y	Y	Y	N	N
	维修记录不全	—	Y	N	—	—
	运行超过 10 年	Y	N	N	—	N
动作	进行优先处理	√	√		√	
	作其他处理			√		√

继续观察"是否优先处理"公式：$C1 \wedge C2 \vee C3$，发现根据逻辑运算规则，只要条件 C3 成立，动作都是"进行优先处理"，因此可以将表 9-6 中的规则 1、规则 3、规则 5、规则 7，规则 6、规则 8 进行合并，也就是对表 9-7 的合并结果进行深入简化，结果如表 9-8 所示。

表 9-8 深入简化后的判定表

选项		规则			
		1/3/5/7	2	4	6/8
条件	功率大于 50 马力	—	Y	Y	N
	维修记录不全	—	Y	N	—
	运行超过 10 年	Y	N	N	N
动作	进行优先处理	√	√		
	作其他处理			√	√

经过简化后的判定表可以帮助决策者快速做出决策，这也是判定表的重大意义所在。

9.2.6 因果图法

输入数据经程序的处理后转换成输出结果，对于程序而言，输入是因，输出是果。我们可以用因果图来表示输入与输出的关系，如图 9-8 所示。因果图研究的内容包括原因和结果之间的关系、原因和原因之间的约束。

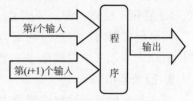

图 9-8 因果图中的因和果

1. 原因和结果之间的关系

C_i 表示第 i 个原因，E_i 表示第 i 个结果，原因和结果之间有四种关系，如图 9-9 所示。

（1）恒等：只要原因 C1 成立，结果 E1 一定成立。

（2）非：只要原因 C1 不成立，结果 E1 一定成立。

（3）与：只有原因 C1 和原因 C2 都成立，结果 E1 才成立。

（4）或：只要原因 C1 和原因 C2 至少成立一个，结果 E1 一定成立。

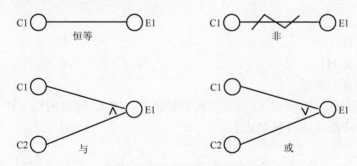

图 9-9 原因和结果之间的关系图

2. 原因和原因之间的约束

相比于原因和结果之间的关系，因果图更注重原因和原因之间的约束。原因和原因之间的约束有 5 种，如图 9-10 所示。

（1）互斥：E（Exclusion），原因 C1 和 C2 最多成立一个，不能同时成立。

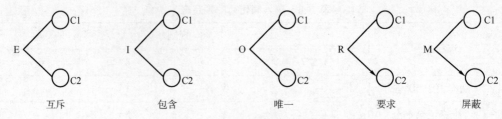

图 9-10　原因和原因间的约束关系

（2）包含：I（Include），原因 C1 和 C2 至少成立一个，不能同时不成立。

（3）唯一：O（Only），原因 C1 和 C2 有且只能有一个成立。

（4）要求：R（Request），原因 C1 向 C2 提出同步要求，当 C1 成立的时候，C2 必须也成立，即，原因 C1 成立时，C2 不能不成立。

（5）屏蔽：M（Masking），原因 C1 向 C2 提出屏蔽（不同步）要求，当 C1 成立的时候，C2 必须不成立，即，原因 C1 成立时，C2 不能成立。

当原因较多时，以互斥约束为例，约束关系可绘制成如图 9-11 所示的样式。其中 C_i 中的 $i \geqslant 4$，表示多个原因最多一个成立。

3. 因果图示例

某个程序的设计规格说明书中有如下规定。

向程序中输入两个字符，要求第一个字符必须是 A 或 B，第二个字符必须是一个数字字符，两个字符都符合上述要求则进行文件的修改；如果第一个字符不是 A 或 B，无论第二个字符是否为数字字符，都输出信息 L；如果第一个字符是 A 或 B，第二个字符不是数字字符，则输出信息 M。

（1）分析原因。

C1：第一个字符是 A；

C2：第一个字符是 B；

C3：第二个字符是一个数字字符。

（2）罗列结果。

E1：给出信息 L；

E2：修改文件；

E3：给出信息 M；

E4：不能出现的情况。

（3）绘制因果图，如图 9-12 所示。此处要注意原因 10 表示的是一种"中间结果"，其表示第一个字符是 A 或 B 已经成立。

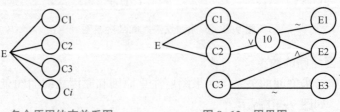

图 9-11　多个原因约束关系图　　　　图 9-12　因果图

（4）因果图转化为判定表。

依题意可得条件数：3；每个条件的取值："Y"或"N"；确定规则的个数：$2^3 = 8$；填入条件项和动作项可得如表9-9所示的判定表。

表9-9　因果图转化为判定表

选项		规则							
		1	2	3	4	5	6	7	8
原因	C1	Y	Y	Y	Y	N	N	N	N
	C2	Y	Y	N	N	Y	Y	N	N
	C3	Y	N	Y	N	Y	N	Y	N
	10			Y	Y	Y	Y	N	N
结果	E1							√	√
	E2			√		√			
	E3				√		√		
	E4	√	√						
测试用例		不存在	不存在	A1	AA	B9	BB	C1	CC

（5）简化判定表。由于第一个字符不可能同时既是A又是B，则可合并规则1和规则2；规则7和规则8表示：当C1 = N，C2 = N时，C1∨C2 = N，则无论C3是否是数字，C1∨C2∧C3 = N，则输出信息L，规则7和规则8合并；结果如表9-10所示。

表9-10　简化后的判定表

选项		规则					
		1/2	3	4	5	6	7/8
原因	C1	Y	Y	Y	N	N	N
	C2	Y	N	N	Y	Y	N
	C3	—	Y	N	Y	N	—
	10		Y	Y	Y	Y	N
结果	E1						√
	E2		√		√		
	E3			√		√	
	E4	√					
测试用例		不存在	A1	AA	B9	BB	C *

4. 因果图的特点

因果图的特点如下。

（1）输入和输出的关系，即原因和结果之间的关系有时候不能从程序的设计规格说明书中得到，故而无法将客户的需求分析转化成因果图。

（2）即使从程序的设计规格说明书中得到了原因和结果之间的关系和原因和原因之间的约束，但是限于程序复杂性高，势必造成因果图的庞大，原因和结果之间的关系线和原因和原因之间的约束线相互交叉，从而造成因果图的直观性和可读性降低。

（3）因果图最终需要转换成判定表，但是如果能直接得出判定表，则不需要绘制因果图。

（4）尽管有上述 3 个缺点，但是因果图依旧有其优点：因果图考虑了多个输入之间的相互组合、相互制约关系，能为测试员指出程序设计规格说明书存在的不足。

例如上述的因果图示例，经过因果图的因果分析，得出其存在的不足：一旦出现第一个字符不是 A 或 B，并且第二个字符不是数字字符，则程序的输出结果是输出信息 L 还是输出信息 M，又或者两者都输出？上述程序规格说明书没有说明，容易造成程序的输出性 bug。

因此，我们可以通过因果图的学习，观察和分析不同事物之间的联系，确定它们之间的因果关系，发现软件需求分析中人为上的疏忽与不足，提高软件底层设计的正确性。

9.2.7　正交实验法

1. 正交实验法简介

当测试用例在特性上不存在有效等价类和无效等价类之分，同时没有明显的边界值可划分，且测试用例量大时，即无法采用等价类划分法、边界值分析法、判定表法测试软件时，该采用何种测试方法？测试员从长期的测试工作中探索出正交实验法，该方法根据测试用例的正交性，从大量的测试用例中挑选出部分具有代表性的测试用例对软件进行测试，从数学角度而言，这些代表性的测试用例具有“均匀分布，整齐可比”的特点。正交实验法是研究多因素多水平的一种设计方法，它依据 Galois 理论从全面实验中挑选出部分具有代表性的水平组合进行实验，并对结果进行分析从而找出最优的水平组合。

什么样的测试任务需要用到正交实验法。例如，一个网络应用系统，共有 100 个需要测试的功能点，由于该系统用户量大，因此系统的运行环境复杂，其具体的运行环境组成如下。

（1）用户使用该系统时，使用的操作系统有 10 种：Windows XP、Windows 7、Windows 10、Windows 11、Linux、Mac OS 9、Mac OS X、Solaris 9、Solaris 10、Solaris 11。

（2）用户使用该系统时，采用的浏览器有 20 种：IE、世界之窗、360 浏览器、谷歌浏览器、火狐浏览器、苹果浏览器等。

（3）用户使用该系统时，系统显示的语言有 8 种：简体中文、繁体中文、英文、日文、德文、西班牙文等。

经统计，上述系统运行环境的组合是 $100 \times 10 \times 20 \times 8 = 160\,000$ 种，即有 160 000 种测试用例。如果将所有的组合测试一遍，即采用完全测试的方式，则工作量太大；采用等价类划分法不具可行性，因为所有的测试用例同属于有效等价类的范围；采用边界值分析法也不可行，因为上述测试用例明显不存在边界值；使用判定表法同样不可行，因为测试用例的数量太大。正交实验法弥补了上述测试方法的不足，其应用背景如下。

（1）某个事件的结果由多个因素的取值变化决定；

（2）影响事件结果的因素数量多，并且每一个因素自身有数种取值；

（3）测试用例量大，对每一种测试用例进行验证的工作成本高昂。

2. 正交表的构成与类型

经过正交实验法，将测试用例填入的表格称为正交表，其构成元素有：因素数、水平数、行数。

（1）因素数：正交表中列的数量。如上述网络应用系统中的功能点、操作系统、浏览器、语言4个因素，构成了正交表四个列的列名。

（2）水平数：单个因素的最大取值数量。如上述网络应用系统中的功能点的水平数是100，操作系统的水平数是10。

（3）行数：正交表的行数，表示要进行的测试次数，也就是最终选定的具有代表性的测试用例数，其数量=∑（每列的水平数−1）+1。

正交表的写作形式是：L $_{行数}$（水平数上标），如 $L_9(3^4)$，表示正交表中有4列，每列的水平数是3，正交表的行数9=（3−1）×4+1，类似样式的正交表称为：相同水平正交表；再比如 $L_8(4^1×2^4)$，表示正交表中共5列，其中有1列的水平数是4，剩余4列的水平数是2，正交表的行数8=（4−1）×1+（2−1）×4+1，类似样式的正交表称为：混合水平正交表。

正交实验法，就是使用已经造好了的表格——正交表来安排实验并进行数据分析的一种方法。它简单易行，测试用例表格化。

3. 正交实验法的应用步骤

正交实验法的应用步骤有如下6点。

（1）确定因素数。通过分析程序设计规格说明书，确定程序运行的因素数，要求正交表的列数≥因素数。

（2）确定每个因素的水平数。通过分析程序设计规格说明书，确定每个因素的最大取值数量。

（3）选择合适的正交表。根据因素数和因素的水平数，选择一个行数（实验次数）最少的正交表。

（4）填入变量的值。假设第 i 个因素的水平数是 n，则该因素的变量取值范围是 $1\sim n$，将变量的值映射到正交表。

（5）生成测试用例。将映射的值转换成对应的测试用例。

（6）视情况选择性的补充一定的测试用例，弥补正交表可能存在的不足。

4. 正交实验法的应用举例

某个设置文字属性小程序的程序设计规格说明书要求：对于输入的文字，可以进行字体、字符样式、字体颜色、字号4个属性的设置，每个属性的取值如下。

字体：仿宋、楷体、华文彩云；

字符样式：粗体、斜体、下画线；

字体颜色：红色、绿色、蓝色；

字号：10号、20号、30号。

正交实验法的步骤如下：

（1）确定因素数。小程序有4个因素决定最终的字体属性，分别是字体、字符样式、字体颜色、字号，所以因素数是4，则正交表的列数≥4。

（2）确定每个因素的水平数。每个因素的可取值有 3 个，则因素的水平数是 3。

（3）选择合适的正交表。根据因素数和因素的水平数，选择正交表 $L_9(3^4)$。

（4）填入变量的值。令集合 A、B、C、D 分别代表字体、字符样式、字体颜色、字号，则字体 ｛仿宋，楷体，华文彩云｝映射为集合 A ｛A1，A2，A3｝，同理字符样式 ｛粗体，斜体，下划线｝、字体颜色 ｛红色，绿色，蓝色｝、字号 ｛10 号，20 号，30 号｝分别映射为集合 B ｛B1，B2，B3｝、集合 C ｛C1，C2，C3｝、集合 D ｛D1，D2，D3｝，生成的正交表如表 9-11 所示。

表 9-11　填入映射值的正交表

测试次数	因素集			
	A	B	C	D
1	A1	B1	C1	D1
2	A1	B2	C2	D2
3	A1	B3	C3	D3
4	A2	B1	C2	D3
5	A2	B2	C3	D1
6	A2	B3	C1	D2
7	A3	B1	C3	D2
8	A3	B2	C1	D3
9	A3	B3	C2	D1

（5）生成测试用例。将映射的值转换成对应的测试用例，生成的正交表如表 9-12 所示。

表 9-12　填入测试用例的正交表

测试次数	因素			
	字体	字符样式	字体	字号
1	仿宋	粗体	红色	10 号
2	仿宋	斜体	绿色	20 号
3	仿宋	下划线	蓝色	30 号
4	楷体	粗体	绿色	30 号
5	楷体	斜体	蓝色	10 号
6	楷体	下划线	红色	20 号
7	华文彩云	粗体	蓝色	20 号
8	华文彩云	斜体	红色	30 号
9	华文彩云	下划线	绿色	10 号

9.2.8 静态白盒测试法

软件的测试方式分为静态和动态，静态测试是在不运行软件的前提下，通过审阅程序代码，发现代码的设计和编辑错误。软件的测试方法分为白盒测试法和黑盒测试法，白盒测试法注重程序的内在逻辑正确性。静态白盒测试法结合静态测试方式和白盒测试法，从技术底层的角度检测代码是否符合相应的标准和规范，是否符合程序设计规格说明书，是否符合深层的安全技术要求，其检测方式分为：桌面检测、代码审查、代码走查、静态结构分析。

1. 桌面检查

桌面检查是最早的一种代码检查方法，其过程由程序员完成，但是依据软件测试原则之一：程序员禁止测试自己编写的程序，程序员在软件测试过程中的工作比重逐渐降低，故程序员转而进行包括空行、空格、成对书写、缩进和对齐、代码行、命名、注释7个方面的书写规范检查工作。

（1）空行。

① 定义变量后要空行。尽可能在定义变量的同时初始化该变量，即遵循就近原则。如果变量的引用和初始化相隔较远，在后续的编程过程中程序员可能逐渐忘记代码的初始化，而引用了未被初始化的变量，就会导致程序出错。

② 每个函数定义结束之后都要加空行。

③ 两个相对独立的程序块之间必须要加空行。如上面的代码块实现的是一个功能，下面代码块实现的是另一个功能，那么它们中间就要加空行，提高代码块的间隔性。

（2）空格：编写代码时遇到类、变量、常量和函数，在其类型和修饰名称之间使用适当数量的空格并对齐。关键字原则上空一格，如：if(…)等。运算符的空格规定如下："::""->""["、"]""++""--""~""!""+""&"等几个运算符两边不加空格，其他运算符两边均加一空格，在函数定义时还可据情况多加空格或不加空格使代码保持对齐。","运算符只在其后空一个空格，需对齐时也可多加空格或不加空格使代码保持对齐。不论是否有括号，语句行后的注释语句都应添加适当的空格，使其与语句隔开并尽可能对齐。

（3）成对书写：如"{}""()"在书写的时候就要保证该符号的成对出现，再在符号的中间进行代码的编写。

（4）缩进和对齐：代码编写过程中要做到代码的分层递进，提高代码的平面可读性和美观性。

（5）代码行：做到一行代码只做一件事情，如定义一个变量、书写一条语句。

（6）命名：函数、方法、变量等命名要做到令代码审阅者知道其含义，严禁使用拼音命名。

（7）注释：至少对20%的代码进行注释，提高代码的可读性及后续的维护性。

程序员通过上述7个方面的检查，保证了代码书写、命名、排版等方面的规范，提高了代码的可读性和美观性，为后续测试员进行代码审查、代码走查、静态结构分析提供了便利。

2. 代码审查

代码审查是一种正式的代码审阅方式，由测试员和少量程序员共同进行，代码审查工作的进行步骤如下：成立代码审查小组，审查组组长将程序目录表和程序设计规格说明书发布给小组成员，小组成员阅读上述材料，熟悉程序及其设计要求，再由审查组组长召开代码审查会议，会议流程如下。

（1）程序员代表阐述程序的编写逻辑，测试员根据程序员代表阐述的内容有针对性地提出审查性问题，追踪代码设计和实现方面的不足。

（2）代码审查组组长依据常见缺陷检查表，组织组员进行集中式讨论。常见缺陷包括滥用异常捕获、缺少变更说明、子程序参数错误、变量的作用域过大、程序与设计规格要求不一致等。

（3）记录经讨论发现的代码缺陷，在审查会议结束之后汇总成《代码审查报告》，在报告中需要详细写明代码缺陷的位置、类型、严重程度、影响范围、发生的概率等，审查报告需要经过程序员代表的确认并存档。

（4）程序员根据《代码审查报告》改正程序中存在的缺陷后，代码审查小组依据《代码审查报告》重新评估该程序，确定程序中的缺陷已经得到修复，同时针对《代码审查报告》中记录的重大代码缺陷，在缺陷得到修复之后，要决定是否要再次召开代码审查会议，确保记录中的重大缺陷已被修复。

3. 代码走查

代码走查是一种非正式的代码审阅方式，代码走查也要成立代码走查小组，但是与代码审查不一样的地方在于以下几点：

（1）代码走查相较于代码审查正式性不高，小组对于需要进行走查的代码块具有自主选择权，往往仅对小组认定的缺陷集中度高的代码块进行代码走查；

（2）代码走查虽然也设计测试用例，但是测试用例的执行是在纸上、黑板上、走查人员的脑海中进行的，即代码走查通过测试用例对程序的演化进行推衍，通过这种推衍发现的程序缺陷往往比实际执行测试用例发现的缺陷数量还要多。

4. 静态结构分析

静态结构分析是以图形的方式表现程序的内部结构，从而发现程序内部的逻辑性错误，采用的图形有函数调用关系图、程序控制流图和内部文件调用关系图等。

静态结构分析是测试者分析程序源代码的数据接口、系统结构、数据结构等内部结构，生成函数调用关系图、程序控制流图、内部文件调用关系图等图形，清晰地标识整个软件的组织结构，通过图形将抽象的程序内部结构进行了形象化处理通过程序内部的接口分析、控制流分析、数据流分析、表达式分析，从而检查程序是否存在缺陷的一种检测方式。

静态结构分析通过程序各函数之间的调用关系展示了系统的结构，如列出所有函数，用连线表示调用关系。静态结构分析主要内容如下：

（1）检查函数的调用关系是否正确；

（2）是否存在孤立函数；

（3）明确函数被调用的频繁度，对调用频繁的函数可以重点检查；

（4）编码的规范性；

（5）资源是否释放；

（6）数据结构是否完整和正确；

（7）是否存在死循环；

（8）代码本身是否存在明显的效率和性能问题，是否有完善的异常处理和错误处理；

（9）类和函数的划分是否清晰，易理解；

（10）数据的声明、引用、计算、比较是否错误；

（11）对于金融类软件，要在代码层面，进行安全性静态分析，发现代码潜在的安全漏洞。

总之，桌面检查是程序员对程序的外在排版、命名、注释等进行检查，为后续测试员对代码进行审查和走查做好铺垫工作；而代码审查和走查是测试员以正式和非正式的方式审阅、讨论代码的逻辑正确性；静态结构分析是将抽象的代码图形化，通过图形反向分析代码的正确性。

9.2.9 逻辑覆盖法

逻辑覆盖法是白盒测试法中常用的动态测试方法之一。相较于静态测试对于代码的审阅，动态测试通过将程序运行起来，检测其运行过程中对代码逻辑结构的覆盖程度，通过运行结果分析代码是否在语句、分支、逻辑结构等方面有缺陷。所谓的覆盖指的是程序内部的语句单元、分支单元、逻辑条件单元等都至少被运行一次，因为逻辑覆盖法属于白盒测试法的一种，所以要求测试员对于程序内部的语句、分支等内部逻辑具有一定的了解性。常见的逻辑覆盖包括语句覆盖、判定覆盖、条件覆盖、判定—条件组合覆盖、多条件组合覆盖。

1. 语句覆盖

语句覆盖是指运行被测程序，保证程序中的每条语句至少被执行一次。反映在程序流程图中，语句覆盖是指程序流程图中的每一个"执行框"至少被程序的执行路径贯穿一次。

例如，如下程序：

```
if(A>1 && B==0)
    K=A+B;//语句 1
if(A==3 || X>1)
    K=A- B;//语句 2
```

依据上述程序绘制的程序流程图如图 9－13所示。

上图字符 a~d 表示程序的执行路径，为实现语句覆盖，选择执行路径 a→c→e，该路径覆盖语句 1 和语句 2，符合该路径的测试用例是 A＝2，B＝0，X＝2（取边界值更有利于发现程序错误），或者选择用测试用例 A＝3，B＝0，X＝2（此时 X取任意值都可以）。

语句覆盖的方法似乎能够比较全面地检验每一个可执行语句，但其实它是最弱的逻辑覆盖，较之后续其他类型的逻辑覆盖，语句覆盖在发现错误的能力发面是最弱的。例如，上述

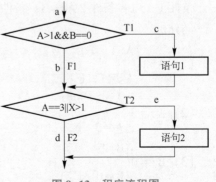

图9-13　程序流程图

程序中的代码 "A>1 && B==0" 和 "A==3 ‖ X>1" 程序员误写成 "A>=1 && B==0" 和 "A==3 ‖ X>=1"，上述测试用例依旧无法发现程序中的这两处错误，程序的执行路径依旧是 a→c→e。

2. 判定覆盖

判定覆盖是指运行被测程序，保证程序中每个判定的每个分支至少被执行一次。反映在程序流程图中，判定覆盖是指程序流程图中的每一个"判别框"至少取一次真值（T）和一次假值（F）。

以图 9-13 为例，T1 代表第一个判别框取真，T2 代表第二个判别框取真，F1 代表第一个判别框取假，F2 代表第二个判别框取假，实现判定覆盖的方案有以下两种。

(1) 方案一 $\begin{cases} \text{执行路径 a→c→e：覆盖 T1 和 T2，A=2，B=0，X=2。} \\ \text{执行路径 a→b→d：覆盖 F1 和 F2，A=1，B=1（此时 B 取任意值都可以），X=1。} \end{cases}$

(2) 方案二 $\begin{cases} \text{执行路径 a→c→d：覆盖 T1 和 F2，A=2，B=0，X=1。} \\ \text{执行路径 a→b→e：覆盖 F1 和 T2，A=1，B=1（此时 B 取任意值都可以），X=2。} \end{cases}$

上述两种测试方案都满足让程序中每个判定的每个分支至少被执行一次，符合判定覆盖的要求，同时，上述任意一种测试方案的测试用例在执行过程中都实现了语句覆盖，但是覆盖程度只是略有提高。就上述程序而言，程序员将代码 "A>1 && B==0" 和 "A==3 ‖ X>1" 误写成 "A>=1 && B==0" 和 "A==3 ‖ X>=1"，经验证，方案一的测试用例依旧不能发现 "A>=1 && B==0" 错误，但是可以发现 "A==3 ‖ X>=1" 错误，因为测试用例 A=1，B=1，X=1 在错误代码中的执行路径是 a→b→e，而不是原代码下的路径 a→b→d。同理方案二的测试用也不能发现 "A>=1 && B==0" 错误，但是可以发现 "A==3 ‖ X>=1" 错误，因为测试用例 A=2，B=0，X=1 在错误代码中的执行路径是 a→c→e，而不是原代码下的路径 a→c→d。因此判定覆盖较之语句覆盖，对于程序的覆盖程度略有提高。

3. 条件覆盖

条件覆盖是指运行被测程序，保证程序中的每个判定内的每一个条件的可能取值至少被执行一次。反应在程序流程图中，判定覆盖是指程序流程图中的每一个"判别框"内的每一个条件至少取一次真值（T）和一次假值（F）。

同样以图 9-13 为例，两个判别框内共有 4 个条件，分别是：

条件①A>1；条件②A==3；条件③B==0；条件④X>1（条件排序无先后之分）。

经分析：

(1) A>1 $\begin{cases} \text{A>1} & \text{T①} \\ \text{A<=1} & \text{F①} \end{cases}$；

(2) A==3 $\begin{cases} \text{A=3} & \text{T②} \\ \text{A≠3} & \text{F②} \end{cases}$；

(3) B==0 $\begin{cases} \text{B=0} & \text{T③} \\ \text{B≠0} & \text{F③} \end{cases}$；

(4) X>1 $\begin{cases} \text{X>1} & \text{T④} \\ \text{X<=1} & \text{F④} \end{cases}$。

当满足 T①、T②、T③、T④时，即条件①至条件④取一次真值时，A＝3，B＝0，X＝2。

当满足 F①、F②、F③、F④时，即条件①至条件④取一次假值时，A＝1，B＝1，X＝1。

4. 判定—条件组合覆盖

判定—条件组合覆盖顾名思义就是判定覆盖与条件覆盖的结合体，其要求运行被测程序过程中，既保证程序中每个判定的每个分支至少被执行一次，又保证程序中的每个判定内的每一个条件的可能取值至少被执行一次。

同样以图 9-13 为例，测试用例 A＝3，B＝0，X＝2 和 A＝1，B＝1，X＝1 符合条件覆盖，经分析，测试用例 A＝3，B＝0，X＝2 在程序流程图中的执行路径是 a→c→e，覆盖 T1 和 T2；测试用例 A＝1，B＝1，X＝1 在程序流程图中的执行路径是 a→b→d，覆盖 F1 和 F2，所以测试用例 A＝3，B＝0，X＝2 和 A＝1，B＝1，X＝1 既符合判定覆盖又符合条件覆盖。

上述测试用例组合下没有实现的判定覆盖该如何处理？此时只需再增加一条测试用例，令其执行路径是 a→b/c→e，覆盖 F1/T1 和 T2，则三组测试用例组合实现了判定—条件组合覆盖。

5. 多条件组合覆盖

多条件组合覆盖是指运行被测程序，保证程序中的每个判定的所有可能的条件取值的组合至少执行一次。同样以图 9-13 为例，其每个判定的所有可能的条件取值共计 8 种，如表 9-13 所示。

表 9-13　每个判定的所有可能的条件取值

条件取值	条件取值
① A>1，B==0	⑤ A==3，X>1
② A>1，B≠0	⑥ A==3，X<=1
③ A<=1，B==0	⑦ A≠3，X>1
④ A<=1，B≠0	⑧ A≠3，X<=1

将表 9-13 中的 8 种取值进行组合，得出如表 9-14 所示的多条件组合测试用例及其执行路径；或者将表 9-13 中的 8 种取值以另一种方式进行组合，得出如表 9-15 所示的多条件组合测试用例及其执行路径。为了实现路径覆盖，需要将程序流程图中的 4 条路径：a→c→e、a→c→d、a→b→e、a→b→d 都执行一遍，而由表 9-14 和表 9-15 可得，逻辑覆盖当中覆盖程度最严格的多条件组合覆盖也不一定满足路径覆盖，路径覆盖及其相关知识会在 9.2.10 节中进行讲解。

表 9-14　多条件组合方式 1

组合	测试用例	执行路径
①-⑤组合	A＝3，B＝0，X＝2	a→c→e
②-⑥组合	A＝3，B＝1，X＝1	a→b→e
③-⑦组合	A＝1，B＝0，X＝2	a→b→e
④-⑧组合	A＝1，B＝1，X＝1	a→b→d

表 9-15　多条件组合方式 2

组合	测试用例	执行路径
①-⑥组合	A=3，B=0，X=1	a→c→e
②-⑤组合	A=3，B=1，X=2	a→b→e
③-⑧组合	A=1，B=0，X=1	a→b→d
④-⑦组合	A=1，B=1，X=2	a→b→e

6. 各个逻辑覆盖之间的关系

凡是符合判定覆盖的测试用例一定符合语句覆盖，符合判定—条件组合覆盖的测试用例既符合判定覆盖，又符合条件覆盖，多条件组合覆盖作为逻辑覆盖当中最严格的覆盖类型，其测试用例符合其余所有覆盖。其中要注意的是：符合判定覆盖的测试用例未必符合条件覆盖；符合条件覆盖的测试用例未必符合判定覆盖；符合条件覆盖的测试用例未必符合语句覆盖。逻辑覆盖当中各个覆盖类型之间的关系及覆盖的严格程度如图 9-14 所示。

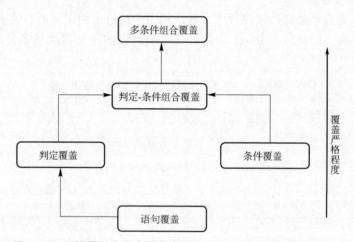

图 9-14　逻辑覆盖中各个覆盖类型之间的关系及覆盖的严格程度

7. 修正判定—条件组合覆盖

修正判定—条件组合覆盖要求如下：

（1）程序中的每个入口点和出口点至少被覆盖一次；

（2）程序中的每个判断的所有取值至少被覆盖一次；

（3）程序中的每个判断内的每个条件的所有取值至少被覆盖一次；

（4）程序中每个判断内的每个条件都能独立影响判断的结果，即其他所有条件不变的情况下改变该条件的值，判断结果改变。

9.2.10　基本路径覆盖法

伴随着软件体量的增大，程序内部的路径数量增多，对路径进行完全测试不利于测试效率的提高。如何挑选具有一定代表性的路径进行路径测试，是基本路径覆盖法要解决的问题。

1. 控制流图

控制流图是一种描述程序过程的抽象图形，与程序流程图有如下4点不同。

（1）控制流图的构成元素只有节点和带箭头的弧线或直线，不存在程序流程图中的执行框和判别框。控制流图使用节点代表语句、操作、判断，用带箭头的弧线或直线代表程序执行的先后顺序。常见的控制流图结构如图9-15所示，其中出度为2的点称为判定节点。

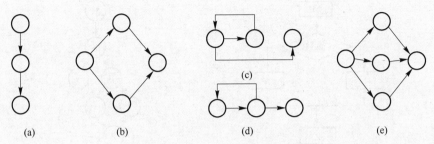

图9-15　常见的控制流图结构

（a）顺序结构；（b）选择结构；（c）while循环结构；（d）until循环结构；（e）多分支结构

（2）程序流程图转化成控制流图时，程序流程图中的普通语句（执行框）可以进行合并，过程如图9-16所示，合并后的控制流图节点的行号写2或3皆可。

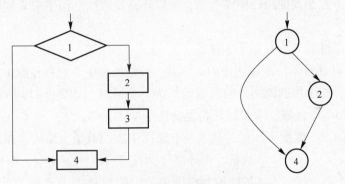

图9-16　合并程序流程图中的普通语句

（3）程序流程图转化成控制流图时，在选择或者循环结构中，分支的汇集处要人为的添加一个节点。如图9-17所示，控制流图中的节点4，就是程序流程图中的一个汇集处。

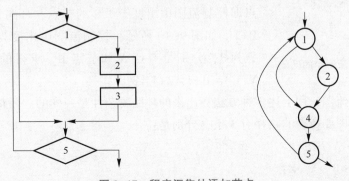

图9-17　程序汇集处添加节点

（4）控制流图的节点内不能存在复合条件。程序流程图中的某判别框内存在由 n 个条件表达式构成的复合条件表达式，该判别框转化成控制流图时要分解成 n 个单条件判定节点。

如图 9-18 所示，程序流程图中判别框内的 A 和 B 代表两个条件表达式，转化成控制流图时，要分解成两个单条件判定节点 A 和 B。

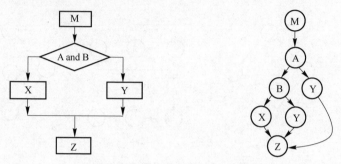

图 9-18　复合条件分解成单条件判定节点

2. 环路复杂性

环路复杂性=程序中的独立路径数，所谓的独立路径是指：和其他路径相比，该路径至少有一个路径节点是其他路径中没有的，所以环路复杂性是程序中必须覆盖的路径数量的下限。

计算环路复杂性的方法有如下 3 种。

（1）环路复杂性等于控制流图中的区域数。控制流图中节点和边圈出的一个闭环算为一个区域，同时，整个控制流图外的区域也算为一个区域，如图 9-19 所示，控制流图中共计 R1、R2、R3 3 个区域，求得的环路复杂性是 V(G)= 3。

（2）使用 McCabe 度量法，设 E 代表控制流图中边的数量，N 代表控制流图中节点的数量，则环路复杂性 V(G)= E-N+2，需要注意的是，一般的控制流图中，边的数量大于节点的数量。如图 9-19 所示，控制流图中共 8 条边、7 个节点，求得的环路复杂性是 V(G)= E-N+2=8-7+2=3。

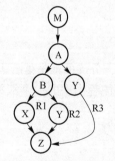

图 9-19　控制流图中的区域

（3）设 P 代表控制流图中的判定节点数量，判定节点即控制流图中出度等于 2 的节点，环路复杂性 V(G)= P+1。如图 9-19 所示，控制流图中出度为 2 的判定节点数为 2，分别是节点 A 和节点 B，求得的环路复杂性是 V(G)= P+1=2+1=3。

同一个控制流图，用上述 3 种方法算出来的环路复杂性是一样的。环路复杂性等于 3，代表上述控制流图要覆盖的路径有 3 条，分别是：

（1）M→A→Y→Z；

（2）M→A→B→X→Z；

（3）M→A→B→Y→Z。

设计测试路径的要点有两个：

（1）设计的路径由短到长；

（2）设计的路径由控制流图中入度为零的起始节点开始，到控制流图中出度为零的终止节点结束。

最后根据设计的测试路径，设计相应的测试用例，使程序按照既定路径执行，并输出相应的执行结果，如果程序没有按照既定的路径执行，或者某个输出结果与预计结果不相符，则说明输出该结果的执行路径存在程序设计上的缺陷。

3. 基本路径覆盖法实例

要求画出下列程序的程序流程图，并将程序流程图转换成控制流图，求出控制流图的环路复杂性，依据环路复杂性设计相应数量的测试路径，并写出相应路径的测试用例。

```
int Test(int i_count, int i_flag)          //第 1 行
{                                          //第 2 行
    int i_temp=0;                          //第 3 行
    while(i_count>0)                       //第 4 行
    {                                      //第 5 行
      if(0==i_flag)                        //第 6 行
      {                                    //
          i_temp=i_count+100;              //第 7 行
          continue;                        //第 8 行
      }                                    //
      else                                 //第 9 行
      {                                    //第 10 行
          if(1==i_flag)                    //第 11 行
              i_temp= i_temp+10;           //第 12 行
          else                             //第 13 行
              i_temp= i_temp+20;           //第 14 行
      }                                    //第 15 行
    }                                      //第 16 行
    return i_temp;                         //第 17 行
}                                          //第 18 行
```

绘制的程序流程图如图 9-20 所示。

将绘制的程序流程图转化成如图 9-21 所示的控制流图，其中程序流程图中的节点 7 和节点 8 可以合并为控制流图的节点 7，同时程序流程图中的程序汇集处要人为添加一个节点 15。

计算环路复杂性，如图 9-21 所示。

（1）环路复杂性=控制流图中的区域数。控制流图中共计 R1、R2、R3、R4 4 个区域，所以环路复杂性是 V(G)=4。

（2）使用 McCabe 度量法。V(G)=E−N+2=11−9+2=4。

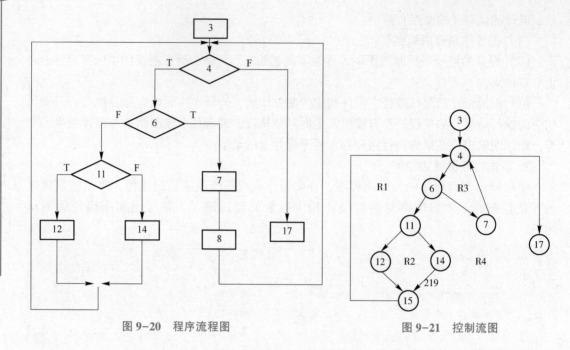

图 9-20　程序流程图　　　　　图 9-21　控制流图

（3）通过判定节点数，计算环路复杂性。控制流图中有节点 4、节点 6、节点 11 共计 3 个判定节点，$V(G)=P+1=3+1=4$。

由此可得共计 4 条路径要进行路径覆盖，设计的测试路径及其测试用例如表 9-16 所示。

表 9-16　测试路径及其测试用例

测试路径	测试用例
3→4→17	i_count = 0, int i_flag = 任意值
3→4→6→7→4→17	i_count = 1, i_flag = 0 i_count = 0, i_flag = 0
3→4→6→11→12→15→4→17	i_count = 1, i_flag = 1 i_count = 0, i_flag = 0
3→4→6→11→14→15→4→17	i_count = 1, i_flag = 2 i_count = 0, i_flag = 0

4. 基本路径覆盖法的意义

基本路径覆盖法的意义在于通过计算程序的环路复杂性，得出必须覆盖的路径数量的下限，提高路径测试的有效性、针对性。

某程序控制流图如图 9-22 所示。经统计和计算，其区域数为 6，判定节点是节点 2、节点 3、节点 5、节点 6、节点 9 共计 5 个，控制流图的边数 $E=16$，节点数 $N=12$，算得控制流图的环路复杂性是 $V(G)=6$，需覆盖的路径数量下限是 6。

但是可见的路径有如下 10 条。

路径 1：1→2→9→10→12。

路径 2：1→2→9→11→12。

路径 3：1→2→3→9→10→12。

路径 4：1→2→3→9→11→12。

路径 5：1→2→3→4→5→8→2→9→10→12。

路径 6：1→2→3→4→5→8→2→9→11→12。

路径 7：1→2→3→4→5→6→8→2→9→10→12。

路径 8：1→2→3→4→5→6→8→2→9→11→12。

路径 9：1→2→3→4→5→6→7→8→2→9→10→12。

路径 10：1→2→3→4→5→6→7→8→2→9→11→12。

在不考虑循环路径的情况下，就上述可见的 10 条路径，需要选择其中的 6 条路径进行测试，以提高软件测试效率和测试的针对性。

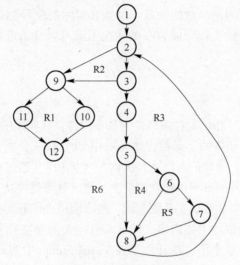

图 9-22　某程序控制流图

观察路径 1 和路径 2 会发现从节点 9 到节点 12，可选的途经节点是 10 和 11，如果经测试，从节点 9 到节点 12 的两条路径：9→10→12 和 9→11→12 不存在缺陷，则在后续的测试工作中只需选择其中一条路径即可，另外一条路径不需要进行重复测试。假设此处选用路径 9→10→12，则上述的路径 3 至路径 10 当中，但凡包含 9→11→12 的路径则不需要再进行重复测试，所以最终进行测试的 6 条路径如下。

路径 1：1→2→9→10→12。

路径 2：1→2→9→11→12。

路径 3：1→2→3→9→10→12。

路径 4：1→2→3→4→5→8→2→9→10→12。

路径 5：1→2→3→4→5→6→8→2→9→10→12。

路径 6：1→2→3→4→5→6→7→8→2→9→10→12。

大型软件的路径测试困难在于路径复杂、路径数量多，基本路径测试法的意义在于让测试员确定需要覆盖的路径数量的下限，而不是将所有可见的路径都进行覆盖，从而一定程度上降低软件测试员面临的困难。

9.3 软件测试的过程

9.3.1 软件测试过程简介

软件测试过程分为单元测试、集成测试、系统测试、验收测试 4 个阶段，测试过程示意图如图 9-23 所示。

图 9-23 软件测试过程示意图

上述 4 个测试过程之间是串联的关系，但是在实际的软件测试过程中，为了提高软件测试效率，一般在单元测试工作完成 80% 的情况下就可以开始进行集成测试，其他测试过程大致与此类似。

9.3.2 单元测试

单元测试中的"单元"指的是构成软件的基本构件，在实际的软件开发过程中，如果采用 C 语言开发软件，则单元指的是函数；如果采用 C#、Java 开发软件，则单元指的是方法或者类；上述函数、方法、类我们可以将其统称为"模块"，通过模块间的相互组合构成了我们认识的软件；因此单元测试采用白盒测试法，测试对象是模块，其目的是保证模块内部的逻辑正确性，为后续的集成测试、系统测试、验收测试提供底层技术保证。

为了更加生动形象的叙述上述内容，此处结合一个简单案例叙述上述内容。案例：输入 3 个整数，求最大值和最小值，在开发工具 Visual Studio 中实现如图 9-24 所示的代码。

```
namespace MinMax
{
    class Program//主类，输入三个整数，求最大值和最小值
    {
        static void Main(string[] args)...
    }

    public class Maximum
    {
        public void min(int x, int y, int z)...//返回最小值

        public void max(int x, int y, int z)...//返回最大值
    }
}
```

图 9-24 输入 3 个整数求最大最小值

如果以类为视角，则该软件有两个单元模块：Program 类和 Maximum 类；如果以方法为视角，则该软件有 3 个单元模块：Main 方法、min 方法、max 方法。此处采用方法作为软件的组成单元，则单元测试的对象如图 9-25 所示，包括 3 个方法（模块）内部的逻辑正确性，保证方法内部不存在

图 9-25 单元测试的对象示意图

以下错误：

（1）变量初始化错误、赋初值错误、变量无初值、变量名错误、变量存储空间溢出；

（2）运算符优先级使用错误；

（3）不同数据类型之间进行比较；

（4）程序内部循环结束条件错误，或者程序步入死循环；

（5）程序中输入3个整数，如果输入的是非整数数据，未对异常输入进行判断。

9.3.3 集成测试

1. 集成测试简介

集成即"组装"，将经过单元测试的模块按照设计规格说明书进行组装，从而组成理论上的软件，因为模块经过了单元测试，所以集成测试的对象是如图9-26所示的模块之间的接口，通过接口实现模块间的相互组合。

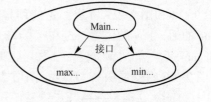

图9-26 集成测试的对象示意图

同样结合上述案例进行形象化展示，在 Visual Studio 中实现如图9-27所示的下画横线的代码。

```
namespace MinMax
{
    class Program//主类，输入三个整数，求最大值和最小值
    {
        static void Main(string[] args)
        {
            int x, y, z;
            Console.WriteLine("请输入第一个数");
            x = int.Parse(Console.ReadLine());
            Console.WriteLine("请输入第二个数");
            y = int.Parse(Console.ReadLine());
            Console.WriteLine("请输入第三个数");
            z = int.Parse(Console.ReadLine());
            Maximum a = new Maximum();
            a.min(x, y, z);
            a.max(x, y, z);
        }
    }

    public class Maximum
    {
        public void min(int x, int y, int z)...//返回最小值

        public void max(int x, int y, int z)...//返回最大值
    }
}
```

图9-27 实现方法之间的组合

通过方法之间的相互调用，实现方法之间的组合，接口在此处体现于调用的方法名、方法的参数的个数和类型。

2. 集成方式的选择

选择何种方式进行集成测试，直接影响测试成本、测试用例的设计、测试工具的选择

等。通常有两种集成测试方式：非渐增式集成和渐增式集成。

（1）非渐增式集成也称为一次性集成，这种方式是将经过单元测试无误后的模块直接进行组装。当软件模块较少时采用这种集成方式有其可取之处，但是当软件复杂性高，软件模块数量多时，此种方式不可取。因为模块多，意味着接口多，出现 bug 时测试员无法对发生"对接性"bug 的接口位置进行精确定位，从而影响测试效率。总之，非渐增式集成的特点是：欲速则不达。

（2）渐增式集成方式：把下一个要测试的模块（模块都已经经过单元测试）同已经测试好的模块结合起来进行测试。测试是在模块一个一个的扩展下进行，其测试的范围逐步增大，如此可以对发生"对接性"bug 的接口位置进行精确定位。其测试过程如图 9-28 和图 9-29 所示，先使用桩模块 S2 作为模块 min 的模拟模块，此时如果发现 bug 的话，bug 的位置一定在于接口 1（图 9-26 左侧箭头），如果没有发现相关 bug，则将 min 模块集成到软件当中，此时如果发现 bug 的话，bug 的位置则位于接口 2（图 9-26 右侧箭头）。总之，渐增式集成的特点是：按部就班，步步为营。

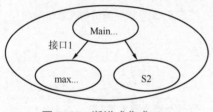

图 9-28 渐增式集成（1）

图 9-29 渐增式集成（2）

9.3.4 系统测试

系统测试是将经过集成测试的软件与硬件资源、网络资源相结合，硬件、网络作为软件运行的基础性资源和软件共同构成一个完整的系统，系统测试的对象如图 9-30 所示。

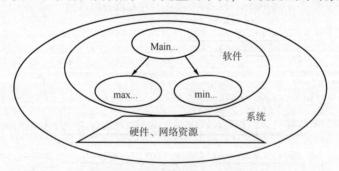

图 9-30 系统测试的对象示意图

系统测试包括如下项目。

（1）功能测试。功能测试是系统测试中最基本的测试，除了测试软件需求规格说明书中规定的功能之外，还需要测试复杂的功能组合、业务功能冲突、特殊业务功能、异常操作等情况。

（2）性能测试。性能测试的指标包括系统行为表现和系统硬件资源、网络资源的使用率。系统行为表现包括请求响应时间的长短、事物响应时间的长短、数据吞吐量的大小。

如系统规定，请求响应时间要控制在 5 s 之内。系统硬件资源、网络资源的使用率越低，说明系统正常运行时所消耗的硬件资源、网络资源越少，则系统的性能反应越好。

（3）安全测试。安全是指"使伤害或损害的风险限制在可接收的水平内"，安全测试是指，在软件的生命周期中，对软件进行前期交互、信息收集、威胁建模、漏洞分析、漏洞攻击、后渗透攻击、提交漏洞报告等一系列操作，从而得出系统的安全性漏洞，进而修补该漏洞，提高系统安全性。某些金融类软件对安全测试投入的成本和时间远高于普通软件。

（4）界面测试。软件的人机交互、操作逻辑、界面设计称为用户界面（UI）。随着计算机算力的提升，软件对人工替代性的增强，软件的功能越来越多，与早期的软件相比，现在的软件都有复杂的图形用户界面（GUI）。虽然 UI 不尽相同，但本质都是提供用户与软件之间交互的桥梁。

好的 UI 需要从用户的视角出发，考虑用户对于 UI 的 7 个要素（规范性、直观性、一致性、灵活性、舒适性、正确性、实用性）的追求。对于受众面广、用户多的软件，对于界面的测试力度更高，UI 要迎合不同年龄段、不同网龄、不同软件操作能力用户的需求，对于高龄老人，要有配套的"老人模式"，对于色盲用户，要有配套的"色盲模式"。

（5）兼容测试。兼容性测试要考虑软件自身的兼容性、软件和硬件之间的兼容性、软件和系统软件之间的兼容性。

软件自身的兼容性：软件自身的兼容性分为向后兼容和向前兼容，向后兼容是指可以使用以前版本的软件，而向前兼容指的是可以使用未来版本的软件。例如，Word 2022 可以打开 Word 2020 保存的文件，则为向后兼容。很明显，软件的向后兼容是必须的。

软件和硬件之间的兼容性：同一款软件是否可以在不同品牌的硬件设备中正常运行。例如，Windows 11 作为一款系统软件是否可以在苹果电脑、华为电脑等设备中正常运行。

软件和系统软件之间的兼容性：同一款软件是否可以在不同的操作系统中运行，例如，QQ 手机版是否可以在安卓、谷歌、鸿蒙等系统软件中正常运行。

（6）并发测试。并发用户是指同一时刻使用同一款软件从事相同操作的用户。并发用户的数量大小对于系统的性能有较大的影响，一旦出现最大并发用户数量访问系统的情况，系统的硬件配置需提供相应的访问资源，不至于影响用户对于软件的体验感。

计算平均并发用户数量的公式：

$$C = \frac{nL}{T} \tag{9-1}$$

计算最大并发用户数量的公式：

$$C_{\max} \approx C + 3\sqrt{C} \tag{9-2}$$

式（9-1）中，C 是平均并发用户数；n 是登录系统的用户数量；L 是登录系统的用户的平均在线时长；T 是用户可以使用系统的时间段长度。

例如某个信息管理系统有 3 000 万个注册用户，平均每天有 400 万个用户访问该系统，用户平均在线时长 4 个小时，系统规定用户只能在 09：00—17：00 时间段内访问该系统，求该系统的最大并发用户是多少？

由式（9-1）可得，平均并发用户数量 $C = \frac{nL}{T} = 400 \times 4 \div 8 = 200$ 万。

由式（9-2）可得，最大并发用户数量 $C_{\max} \approx C + 3\sqrt{C} = 200 + 3\sqrt{200} \approx 242$ 万。

即系统要考虑在 242 万个用户同时在线并从事相同操作的情况下，系统的硬件资源和网络资源能提供相应的访问资源，使系统不至于发生宕机等情况。

（7）负载、压力测试。负载测试是在逐步增加并发用户数量的情况下，观察系统的性能反应情况。压力测试是在系统处于最大并发用户的情况下，让系统额外处理其他任务，观察系统是否有宕机、崩溃等情况出现。

9.3.5　验收测试

验收测试分为 Alpha 测试和 Beta 测试。

Alpha 测试由开发方进行，为了防止思维定势效应，最好是由从未参与软件开发的其他项目组组员进行该测试，令该组组员作为模拟用户进行可控的模拟验收测试，发现项目开发小组没有发现的潜在缺陷。

Beta 测试由软件的最终用户进行，在用户实际工作环境和实际数据下进行的软件发布前的最终测试，测试的结果关乎用户对于软件的满意度。对于软件用户多的免费软件，如网游、购物、订车等软件，Beta 测试虽然是不可控的，但是有如下优点：可以为软件开发公司节约大量的人力成本和时间成本；可以收到大量的反馈，有利于软件的升级和迭代；可以提前抢占用户市场，提高软件知名度。综上所述，对软件测试四大过程的总结如表 9-17 所示。

表 9-17　软件测试四大过程总结表

测试过程	测试对象	测试方法	测试目的	测试的实施方
单元测试	模块	白盒测试法	保证模块内部的逻辑正确性	开发人员
集成测试	接口	黑盒测试法为主 白盒测试法为辅	保证模块间正常的相互调用	开发人员
系统测试	系统	黑盒测试法远远多于白盒测试法	保证软件与硬件、网络的契合性，外加功能、性能、安全、压力、兼容等测试	开发人员
验收测试	系统	黑盒测试法	Alpha 测试：为 Beta 测试做准备 Beta 测试：节约成本，抢占市场	用户为主 开发人员为辅

9.4　软件测试用例与测试标准

9.4.1　测试用例

测试用例（Test Case）是指对一项特定的软件产品进行测试任务的描述，要体现测试方案、方法、技术和策略。其内容包括测试目标、测试环境、输入数据、测试步骤、预期结果、测试脚本等，最终形成文档。简单地认为，测试用例是为某个特殊目标而编制的一组测试输入、执行条件以及预期结果，用于核实被测目标是否满足某个特定软件需求。

测试用例主要包含 4 个内容：用例名称，前置条件，测试步骤和预期结果。用例名称是测试内容的标题；前置条件是指执行用例需要满足的前提条件；测试步骤是描述用例的操作步骤；预期结果指的是测试结果是否符合预期（开发规格书、需求文档、用户需求等）目标。

测试用例模板如表 9-18 所示。

表 9-18　测试用例模板

用例 ID 号		用例名称		测试方法	
测试目的					
前提条件			特殊要求		
测试过程					
测试步骤与数据输入描述				预期结果	
序号	测试操作描述		输入数据		
1					
2					

9.4.2　测试标准

软件测试的六大测试质量标准如下。

（1）功能：测试软件的基本功能是否完整，以满足客户需求为导向。

（2）安全：

① 检测用户的隐私在前端页面以及数据传输过程中是否加密；

② 检查是否有 SQL 注入漏洞；

③ 检查是否有 XSS 攻击漏洞。

（3）用户体验：检测软件是否满足用户的审美、是否够人性化、是否好用好看。

（4）兼容性：根据不同的软件，分别检测其在不同的平台、不同的 APP、不同的操作系统等中是否能正常运行。

（5）性能：主要考虑软件的反应速度，以及多用户的使用场景。

（6）可靠：主要考虑软件是否能长时间正常运行。

9.5　实验：利用 Visual Studio 对"高校小型图书管理系统"的用户登录模块进行单元测试

本节以"高校小型图书管理系统"的用户登录模块为例，对登录单元模块进行单元测试，设计相应的测试用例。"高校小型图书管理系统"的登录界面如图 9-31 所示。"高校小型图书管理系统"的用户登录模块的测试用例如表 9-19 所示。

图 9-31 "高校小型图书管理系统"的登录界面

表 9-19 "高校小型图书管理系统"的用户登录模块的测试用例

用例 ID 号	T001	用例名称		用户登录模块的测试用例	测试方法	黑盒
测试目的	测试"高校小型图书管理系统"的用户登录模块功能的完整性					
前提条件	登录模块开发完成		特殊要求			
测试过程						
测试步骤与数据输入描述				预期结果		
序号	测试操作描述		输入数据			
1	不输入任何登录信息		不输入用户名、密码、验证码	提示用户"请输入完整的登录信息",并返回首页		
2	输入不存在的用户名,其余信息均正确输入		用户名为 abc(不存在),输入正确的密码和验证码	提示用户"用户名不存在",并返回首页		
3	输入错误的密码,其余信息均正确输入		输入正确的用户名 admin,密码为 123456(错误密码),输入正确的验证码	提示用户"密码错误",并返回首页		
4	输入错误验证码,其余信息均正确输入		输入正确的用户名 admin,正确的密码 admin123,但是输入的验证码错误的	提示用户"验证码错误",并返回首页		
5	输入正确的用户名、密码、验证码		输入正确的用户名 admin,正确的密码 admin123,正确的验证码	登录成功,并进入系统		

9.6 案例:"高校小型图书管理系统"的测试分析报告

进入图书管理系统之后,系统存在如下功能模块:图书管理模块、信息管理模块、借书模块、还书模块。

9.6.1 图书管理模块测试报告

该模块内的功能有：创建图书、查询图书、删除图书。测试分析报告如下。

（1）创建图书，该模块属于管理员的独有模块。

① 输入完整的图书信息：图书编号、图书名称、作者、出版社名称、价格、图书位置、可否借阅、图书简介 8 条数据输入正确，图书信息录入到系统中。

② 输入不完整的图书信息：图书编号、图书名称、作者、出版社名称、价格、图书位置、可否借阅、图书简介 8 条数据中，任意一条数据输入不完整，系统反馈相应的提示信息。

③ 输入完整的图书信息，但信息中含有非法数据：图书编号、图书名称、作者、出版社名称、价格、图书位置、可否借阅、图书简介 8 条数据中含有非法数据，如单本图书价格超过 10 000 元、图书编号不符合相应的规则等错误，系统反馈相应的提示信息。

（2）查询图书，该模块属于管理员和学生的共有模块。

① 输入正确的下列任意一条数据，如图书编号、图书名称、作者、出版社名称，系统反馈相应的查询结果。

② 输入不正确、不存在的下列任意一条数据，如图书编号、图书名称、作者、出版社名称，系统反馈"查询结果为空"。

（3）删除图书，该模块属于管理员的独有模块。

① 输入正确的下列任意一条数据，如图书编号、图书名称、作者、出版社名称，系统将查询结果反馈给管理员，管理员可以将相应的图书从系统中删除，后续借阅者查询将查不到相应的图书信息。

② 输入正确的下列任意一条数据，如图书编号、图书名称、作者、出版社名称，系统将查询结果反馈给管理员，但是对于部分处于"借阅"状态的图书，管理员无法将相应的图书从系统中删除，系统提示"删除已借阅图书，会造成该图书无法归还"。

9.6.2 信息管理模块测试报告

该模块内的功能有：个人信息创建、个人信息查询、个人信息修改、个人信息删除。测试分析报告如下。

（1）个人信息创建，该模块为学生独有的模块。

① 学生进入系统后，输入正确的学号、姓名、性别、院系名称、初始登录密码等正确信息，并将信息提交到系统。

② 学生输入的学号、姓名、性别、院系名称、初始登录密码等信息任意一项有误，系统不保存学生的信息，并给出相应的反馈。

（2）个人信息查询，该模块属于学生和管理员的共有模块，但是两者的查询权限不同，具体如下。

① 学生登录系统后，只能查询自身的个人信息和借阅记录，无法查看他人信息和借阅记录。

② 管理员登录系统后，可以查询所有学生的相关信息和借阅记录。

（3）个人信息修改，该模块为学生独有的模块。学生登录系统后，可以修改个人登录密码，其余信息如姓名、性别等信息暂不提供修改权限。

（4）个人信息删除，该模块为学生和管理员共有的模块。

① 管理员：学生毕业后，管理员通过输入学生学号的前两位，查询到整届学生信息，并对学生的信息进行集体删除，系统提示"删除成功"。

② 管理员：对毕业学生的信息进行集体删除时，其中如果有部分学生的图书处于"未归还"状态，管理员无法删除这些学生的信息，系统统计这些学生的名单给管理员。

③ 学生：学生毕业前，所有借阅图书已归还，可自行删除个人信息，系统反馈"个人信息已删除，可办理离校手续"。

④ 学生：学生毕业前，有部分借阅图书未归还，则无法删除个人信息，系统反馈"个人信息无法删除，归还借阅图书后，方可办理离校手续"。

9.6.3   借书模块测试报告

该模块的功能主要是学生借阅图书。

（1）学生成功登录系统之后，在借书模块界面中正确地输入下列任意一条信息：图书编号、图书名称、作者、出版社名称，系统反馈相应的查询结果，查询结果包括图书编号、图书名称、作者、出版社名称，以及图书的"可否借阅"状态，如果该书处于"可借阅"状态，学生可以到图书馆借阅该书。

（2）学生成功登录系统之后，在借书模块界面中输入下列任意一条信息：图书编号、图书名称、作者、出版社名称，若是上述输入的信息有误，系统反馈"查询结果为空"的查询结果。

9.6.4   还书模块测试报告

该模块的功能主要是系统用户归还图书。

（1）系统用户将本图书馆内已被借阅图书的条形码在扫描枪下进行扫描，图书可以正确归还。

（2）系统用户将本图书馆内未被借阅图书的条形码在扫描枪下进行扫描，系统显示"该书未被借阅，无需归还"。

（3）系统用户将非本图书馆馆藏图书的条形码、ISBN码在扫描枪下进行扫描，系统显示"该书非本馆所藏，无需归还"。

9.7 本章小结

本章节以软件测试常见的两种模型为切入点，首先叙述了软件测试的必要性和软件测试的相关原则；接着叙述了软件测试常用的测试方法，如黑盒测试法中的等价类划分法、边界值分析法、判定表法、因果图法；再叙述了白盒测试法中的静态白盒测试法、逻辑覆盖法、基本路径覆盖法；最后叙述了软件测试的四大过程及其测试对象等，同时简述了测试用例及其模板；并通过小型图书馆管理系统的测试报告叙述了相关的测试设计思路。通过本章的学习，我们需重点理解软件测试的必要性，并能针对简单的测试案例，通过白盒测试法和黑盒测试法设计相应的测试用例。

 **习题九**

一、判断题

1. Myers 提出的软件缺陷的群集现象指的是（　　）。

A. 在软件测试过程中，缺陷不会少量出现，而会成群出现

B. 在测试一个功能部件的过程中，通常一次会发现很多缺陷

C. 在测试的各个功能部件中，一般不是没有发现缺陷，就是发现许多缺陷

D. 一个功能部件已发现的缺陷越多，找到它的更多未发现的缺陷的可能性就越大

2. 在软件生命周期的哪一个阶段，软件缺陷修复费用最低（　　）。

A. 需求分析（编制产品说明书）　　　　B. 设计

C. 编码　　　　　　　　　　　　　　　D. 产品发布

3. 软件测试的目的是（　　）。

A. 发现程序中的所有错误　　　　　　　B. 尽可能多地发现程序中的错误

C. 证明程序是正确的　　　　　　　　　D. 调试程序

4. 下列中不属于测试原则的是（　　）。

A. 软件测试是有风险的行为　　　　　　B. 完全测试程序是不可能的

C. 测试无法显示潜伏的软件缺陷　　　　D. 找到的缺陷越多软件的缺陷就越少

5. 划分软件测试的方法属于白盒测试法还是黑盒测试法的依据是（　　）。

A. 是否执行程序代码　　　　　　　　　B. 是否能看到软件设计文档

C. 是否能看到被测源程序　　　　　　　D. 运行结果是否确定

6. 在软件测试用例设计的方法中，最常用的方法是黑盒测试法和白盒测试法，其中不属于白盒测试法所关注的是（　　）。

A. 程序结构　　　　　　　　　　　　　B. 软件外部功能

C. 程序正确性　　　　　　　　　　　　D. 程序内部逻辑

7. 软件测试的 W 模型由两个 V 字组成，分别代表（　　）。

A. 设计和开发　　　　　　　　　　　　B. 分析和编程

C. 开发和测试　　　　　　　　　　　　D. 编程和运行

8. 黑盒测试法中，使用最广的用例设计方法是（　　）。

A. 等价类划分法　　　　　　　　　　　B. 边界值分析法

C. 错误推测法　　　　　　　　　　　　D. 逻辑覆盖法

9. 在某大学学籍管理信息系统中，假设学生年龄的输入范围为 16~40，则根据黑盒测试法中的等价类划分法，下面划分正确的是（　　）。

A. 可划分为 2 个有效等价类，2 个无效等价类

B. 可划分为 1 个有效等价类，2 个无效等价类

C. 可划分为 2 个有效等价类，1 个无效等价类

D. 可划分为 1 个有效等价类，1 个无效等价类

10. 在确定黑盒测试法时，优先选用的方法是（　　）。

A. 边界值分析法　　　　　　　　　　　B. 等价类划分法

C. 错误推断法　　　　　　　　　　　　D. 判定表法

11. 在黑盒测试法中，着重检查输入条件的组合是（　　　）。

A. 等价类划分法　　　　　　　　　　B. 边界值分析法

C. 错误推测法　　　　　　　　　　　D. 因果图法

12. 用边界值分析法，假定 $1 <= X <= 100$，那么整数 X 在测试中应取的边界值是（　　　）。

A. $X = 1$，$X = 100$　　　　　　　　B. $X = 0$，$X = 11$，$X = 100$，$X = 101$

C. $X = 2$，$X = 99$　　　　　　　　　D. $X = 0$，$X = 101$

13. 正交实验法测试中，有 3 个输入因素，每个因素有 5 种测试数据，适合采用下列（　　　）正交表。

A. $L_{16}(4^5)$　　　　　　　　　　　B. $L_{17}(5^4)$

C. $L_9(3^4)$　　　　　　　　　　　　D. $L_8(2^7)$

14. 如果某测试用例集实现了某软件的路径覆盖，那么它一定同时实现了该软件的（　　　）。

A. 判定覆盖　　　　　　　　　　　　B. 条件覆盖

C. 判定—条件覆盖　　　　　　　　　D. 组合覆盖

15. 以下（　　　）测试方法不属于白盒测试法。

A. 基本路径覆盖法　　　　　　　　　B. 边界值分析法

C. 程序插桩　　　　　　　　　　　　D. 逻辑覆盖法

16. 如果一个判定中的复合条件表达式为 $(A > 1) or (B <= 3)$，则为了达到 100% 的条件覆盖率，至少需要设计（　　　）个测试用例。

A. 1　　　　　　　B. 2　　　　　　　C. 3　　　　　　　D. 4

17. 一个程序中所含有的路径数与（　　　）有着直接的关系。

A. 程序的复杂程度　　　　　　　　　B. 程序语句行数

C. 程序模块数　　　　　　　　　　　D. 程序指令执行时间

18. 条件覆盖的目的是（　　　）。

A. 使每个判定中的每个条件的可能取值至少满足一次

B. 使程序中的每个判定至少都获得一次真值和假值

C. 使每个判定中的所有条件的所有可能取值组合至少出现一次

D. 使程序中的每个可执行语句至少执行一次

19. 下面的程序段中，FUCTION1、FUCTION2 均为语句块。现在选取测试用例：M = 10，N = 0，P = 3，该测试用例满足了（　　　）。

```
If ((M>0) && (N == 0))
    FUCTION1;
If ((M == 10) || (P > 10))
    FUCTION2;
```

A. 路径覆盖　　　　　　　　　　　　B. 多条件组合覆盖

C. 判定覆盖　　　　　　　　　　　　D. 语句覆盖

20. 在下面的计算个人所得税程序中，满足判定覆盖的测试用例是（　　　）。

```
if (income<800)
    taxrate=0;
else if (income<=1500)
    taxrate=0.05;
```

```
else if (income<2000)
        taxrate=0.08;
else
        taxrate=0.1;
```

A. income＝(799，1 500，1 999，2 000)　　B. income＝(799，1 501，2 000，2 001)

C. income＝(800，1 500，2 000，2 001)　　D. income＝(800，1 499，2 000，2 001)

二、判断题

1. 所有满足条件组合覆盖标准的测试用例集，也符合分支覆盖标准。（　　）

2. 软件测试的目的在于发现错误、改正错误。（　　）

3. 条件覆盖能够查出条件中包含的错误，但有时达不到判定覆盖的覆盖率要求。（　　）

4. 在白盒测试法中，如果某种覆盖率达到100%，就可以保证把所有隐藏的程序缺陷都揭露出来了。（　　）

5. 白盒测试法的条件覆盖标准强于判定覆盖。（　　）

6. 判定覆盖包含了语句覆盖，但它不能保证每个错误条件都能检查出来。（　　）

三、解答题

1. 某种信息加密代码由3部分组成，这3部分的名称和内容如下。

(1) 加密类型码：空白或三位数字。

(2) 前缀码：非'1'或非'0'开头的三位数。

(3) 后缀码：四位数字。

假定被测试的程序能接受一切符合上述规定的信息加密代码，拒绝所有不符合规定的信息加密代码，试用等价类划分法，分析它所有的等价类，并设计测试用例。

2. 有一个处理单价为5角的饮料自动售货机软件，其规格说明如下：若投入5角或1元的硬币，按下"橙汁"或"啤酒"的按钮，则相应的饮料就送出来。若售货机没有零钱找，则一个显示"零钱找完"的红灯亮，这时再投入1元硬币并按下按钮后，饮料不送出来而且1元硬币也退出来；若有零钱找，则显示"零钱找完"的红灯灭，在送出饮料的同时退还5角硬币。根据该软件完成以下问题：

(1) 分析软件规格说明，列出原因和结果。

(2) 画出因果图。

(3) 列出简化后的判定表。

3. 根据图9-13，写出下列测试用例覆盖的路径，并从以下的（A）、（B）、（C）、（D）中选择相应的逻辑覆盖类型。

（A）语句覆盖；（B）判定覆盖；（C）条件覆盖；（D）判定条件组合覆盖。

供选择的测试用例如下。

(1) [(2,0,4),(2,0,3)]覆盖路径＿＿＿，[(1,1,1),(1,1,1)]覆盖路径＿＿＿，这4个测试用例符合逻辑覆盖中的＿＿＿。

(2) [(1,0,3),(1,0,4)]覆盖路径＿＿＿，[(2,1,1),(2,1,2)]覆盖路径＿＿＿，这4个测试用例符合逻辑覆盖中的＿＿＿。

(3) [(2,0,4),(2,0,3)]覆盖路径＿＿＿＿，这两个测试用例符合逻辑覆盖中的＿＿＿。

(4) [(2,1,1),(2,1,2)]覆盖路径＿＿＿，[(3,0,3),(3,1,1)]覆盖路径＿＿＿＿，这4个测试用例符合逻辑覆盖中的＿＿＿。

第9章　软件测试

第 10 章　软件维护

　　软件开发和测试之后，软件交付于用户，在用户使用过程中需要对软件进行一定的维护。所谓的维护有可能是对软件测试过程中没有发现的问题进行纠正的过程，也可能是根据用户的需求，对软件功能进行一定程度升级的过程。一项研究表明，超过 80% 的维护工作用于非纠正措施，用户提交的问题报告实际上是对系统功能的升级。软件维护也是软件生命周期的一个重要组成部分。

📖 学习目标

　　(1) 了解软件维护的定义和意义。
　　(2) 了解软件维护的类别。
　　(3) 掌握软件维护的过程和策略。
　　(4) 理解软件维护的风险、副作用、提高软件可维护性的方法。
　　(5) 理解软件自动化运维的分类和趋势。
　　(6) 理解正向工程、逆向工程和再工程的联系和区别。
　　(7) 了解软件估算的方法。

10.1　软件维护的概述

10.1.1　软件维护的定义

　　软件维护是软件生命周期的最后一个阶段。软件维护是指软件系统交付使用以后，为改正软件运行时出现的错误，或者为满足用户新需求而加入新功能的软件改进过程。

　　进行软件维护通常需要软件维护人员与用户建立一种工作关系，使软件维护人员能够充分了解用户的需要，及时解决系统中存在的问题。通常，软件维护是软件生命周期中延续时间最长、工作量最大的阶段。据统计，软件开发机构 60% 以上的精力都用在维护已有的软件产品上了。对于大型的软件系统，一般开发周期是 1 ~ 3 年，而维护周期会高达 5 ~ 10 年，维护费用甚至会达到开发费用的 4 ~ 5 倍。

软件维护不仅工作量大、任务重，而且如果维护得不恰当，还会产生副作用，引入新的软件缺陷。因此，进行维护工作要相当谨慎。

10.1.2　软件维护的分类

软件维护可以归结为以下 4 类：改正性维护、适应性维护、完善性维护和预防性维护。

（1）改正性维护：也叫纠正性维护，为了改正软件在测试阶段未被发现且需在特定使用条件下暴露出来的软件缺陷，其工作量大概占整个维护工作量的 20%。

（2）适应性维护：为了适应计算机的飞速发展，使软件适应外部新的硬件和软件环境，或者数据环境（数据库、数据格式、数据输入/输出方式、数据储存介质）发生变化而进行修改软件的过程。适应性维护策略：对可能变化的因素进行配置管理，将因为环境变化而必须修改的对象进行局部化，使其局限于某些程序模块中。适应性维护工作量大概占整个维护工作量的 25%。

（3）完善性维护：扩充软件功能数量，提升软件运行性能，提高软件的可维护性而进行的维护活动。主要维护策略：尽量采用功能强、方便的工具，原型化的开发方法等。完善性维护工作量大概占整个维护工作量的 50%。

（4）预防性维护：系统维护工作不应总是被动地等待用户提出要求后才进行，应进行主动的预防性维护，即选择那些还有较长使用寿命，目前尚能正常运行，但可能将要发生变化或调整的系统进行维护，目的是通过预防性维护为未来的修改与调整奠定更好的基础。预防性维护工作量大概占整个维护工作量的 5%。软件维护人员通常选择以下程序进行预防性维护：估计若干年以后仍将继续使用的程序；目前正在成功使用的程序；估计不久的将来要进行大的修改或完善的程序。

10.2　软件维护的特点和过程

10.2.1　软件维护的特点

软件维护具有如下 4 个特点：

（1）软件维护是软件生命周期中耗时最长，工作量最大的一个阶段，在整个过程中需要进行软件的改正性、适应性、完善性、预防性维护。

（2）软件维护不仅工作量大、任务重，而且维护不当会产生一些意想不到的副作用，甚至引起新的错误。

（3）软件维护是一个修改和简化了的软件开发活动，开发的所有环节几乎都要维护，需要采用软件工程原理和方式进行，才能保证软件维护活动的高效率、标准化。

（4）软件维护工作一直未受到软件设计者们的足够重视，有关软件维护方面的文献资料很少，相应的技术手段和方法也很缺乏，如此则变相增加了软件维护的难度。

10.2.2 软件维护的过程

软件维护过程包括建立软件维护机构、编写软件维护申请报告、确定软件维护工作流程、整理软件维护文档、评价软件维护性能 5 个阶段。

（1）建立软件维护机构。对于大型软件系统，建立一个专门的软件维护机构是必须的，较小的软件系统，也有必要委派一个专人负责软件维护工作。一个典型的软件维护机构包括维护管理员、修改批准人员、系统管理员、配置管理员和维护人员。典型的软件维护机构组织方式如图 10-1 所示。

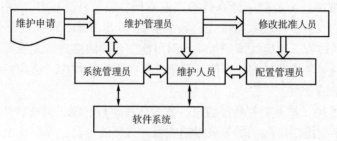

图 10-1 典型的软件维护机构组织方式

（2）编写软件维护申请报告。在维护活动开始之前，必须明确维护活动的审批制度，由软件维护小组提出维护申请，每个维护申请由维护管理员和系统管理员共同研究处理后，相应地做出软件变更报告，报告内容包括所需修改变动的性质、申请修改的优先级、为满足该维护工作所需的工作量（人员数、时间数等）、预计修改后的结果。软件维护机构在维护申请通过审批后，将维护任务下达给指定的维护人员，并监控维护活动的开展。

（3）确定软件维护工作流程。软件的维护工作流程包括以下两个子过程。

① 确认维护类型：该过程需要维护人员与用户反复协商弄清楚软件错误类型、该错误对业务的影响大小、该错误的严重程度，从而确定系统做什么样的修改。把上述情况存入维护数据库，由维护管理员判断维护的类型，针对不同维护类型，进行不同优先级别的安排。

② 实施相应维护：该过程根据维护的内容修改软件需求说明、修改软件设计、进行设计评审，通过单元测试、集成测试、系统测试、确认测试、软件配置评审等手段定位错误的位置，对源程序做必要的修改，修改之后必须进行回归测试，确定错误已经得到修改，并且没有因为对错误进行修改而引起新的错误的出现。

（4）整理软件维护文档。每项维护活动都应收集相关的数据，如修改程序后增加的源程序语句数量；修改程序后减少的源程序语句数量；每次修改所付出的人员数和时间数；软件维护申请报告的名称和维护类型，维护工作的净收益等。

（5）评价软件维护性能。评定本次软件维护花费的成本，评价维护过程中发现错误的精确性，客户对维护成果的满意度等。

软件维护工作流程如图 10-2 所示。

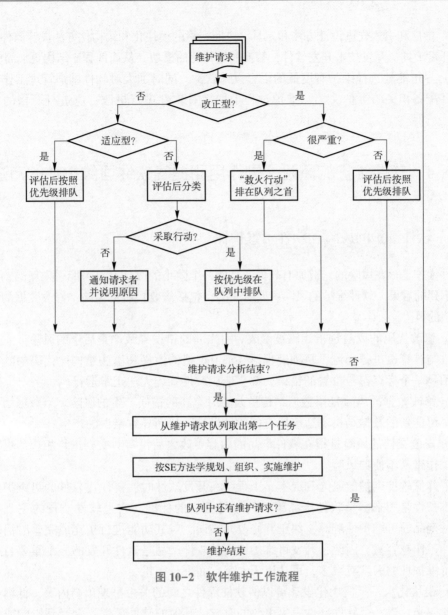

图 10-2　软件维护工作流程

10.3　软件维护的策略

　　选择好的软件维护策略有助于减少软件维护的工作量，常见的软件维护的策略如下。

　　（1）树立维护性的理念。在软件研发的过程中，就应该树立维护性的理念，充分地考虑软件运行的实际环境以及用户的具体要求，详细地分析可能会影响软件维护的各个因素，建立完善的软件维护质量标准。

　　（2）减少改正性维护比重，增加预防性维护比重。软件的维护过程中，应尽可能地减少改正性维护的工作量，尽可能地预想软件未来可能出现的改动，提升其可扩充性和可修改性。同时还要保证所编制的文档的质量，对每一个阶段都应进行严格的质量保证审查工作。

（3）推广和引入先进设计方法和工具。遵照严格的模块化和结构化方法设计软件，采用先进的开发工具、开发技术开发软件，替换非结构化的模块，从而使程序结构更加简单。

（4）尽可能地选择维护难度低的语言设计软件，同时加大对软件维护管理工作的重视力度，并配备相关的维护文档，维护过程中如需对软件进行更改，应进行严格的审核和控制。

10.4 软件维护的风险、副作用和提高软件可维护性的方法

10.4.1 软件维护的风险和软件可维护性

软件维护是存在风险的。对原有软件产品的一个微小的改动都有可能引入新的错误，造成意想不到的后果。软件维护的风险主要有 3 类，包括修改代码的风险、修改数据的风险和修改文档的风险。

（1）修改代码的风险是指代码被修改后引入新的错误导致严重后果的风险。人类通过编程语言与计算机进行交流，每种编程语言都有严格的语义和语法结构。代码中的微小错误，哪怕是一个标点符号位置的错误，都会造成软件系统无法正常运行。

（2）修改数据的风险是指数据结构被改动时有新的错误产生的风险。当数据结构发生变化时，可能新的数据结构不适应原有的软件设计，从而导致错误的产生。

（3）修改文档的风险是指在软件产品的内容更改之后没有对文档进行相应的更新而为以后的工作带来不便的风险。

为了降低软件维护的风险和成本，工程师在开发软件时就要注重软件的可维护性。软件的可维护性是用来衡量软件产品维护的难易程度的标准，它是软件质量的主要特征之一。软件产品的可维护性越高，纠正并修改其错误、对其功能进行扩充或完善时消耗的资源越少，工作越容易。因此，开发可维护性高的软件产品是软件开发的一个重要目标。影响软件可维护性的因素有很多，可从以下 8 个方面进行衡量。

（1）模块化水平。模块化设计可以使软件部件之间的关系呈现出高内聚、低耦合的状态。如此一来，当一个软件部件发生更改的时候，其他的软件部件不会受到影响或者只受到很小的影响。所以，如果软件的模块化水平越高、软件部件之间越是高聚合，那么软件维护的难度就越低。

（2）灵活性。灵活性是指软件可以很方便地增加一个新的功能或新的数据，而不需要进行大量的设计修改或代码修改。如果软件的架构设计合理，有很好的扩展性和灵活性，那么当维护需要增加新的功能或新的数据时，就不需要进行大量的修改，从而降低维护成本难度。

（3）简单性。简单性是指软件的设计遵循简单原则，如功能实现时尽量少用公共数据块、分离输入源和输出结果、避免重复代码等。遵循简单设计的软件相对来说可维护性也会较好。

（4）可测试性。可测试性并不指需求是否可测，而是指测试查找缺陷的难易程度。如果软件设计实现时遵循了简单原则，软件的单元测试、功能测试、性能测试都会比较容易进行，那么软件维护时所进行的测试难度也会比较低。

（5）可追溯性。可追溯性是指任何一个需求的功能点都可以很容易地找到其对应的代码，同时，任何一个单元代码都可以很容易地找到其对应的需求。如此，进行维护时可以很容易地根据软件的功能障碍推测出错误代码的位置。

（6）文档的质量。进行软件维护时，少不了相关技术文档的支持。需求、设计以及测试文档是否齐全，是否符合标准，是否逻辑清楚、描述准确、用词恰当、容易理解，这些都影响维护的进度和难度。

（7）自我描述性。软件可以通过文档自我描述，自我描述性反映的是软件可读性的高低。软件的自我描述性是通过代码中有效的注释、有意义的变量命名等实现的。如果软件的自我描述性好，即使维护人员不是软件的开发人员，其也能很容易理解代码、理解设计，这也可以降低维护难度。

（8）兼容性。兼容性是指软件能够在其外部环境发生一定程度变化时，仍然能够正常工作。软件的兼容性越好，需要维护的状况越少。

10.4.2　软件维护的副作用

软件在维护过程件中势必会对软件进行一定的修改，相关的改动有利有弊，故相较于软件维护的风险，对应的软件维护副作用如下。

（1）编码副作用：在使用程序设计语言修改源代码时可能引入错误。

（2）数据副作用：在修改数据结构时，有可能造成软件设计与数据结构不匹配，因而导致软件错误。

（3）文档副作用：对可执行软件的修改没有反映在文档中。

10.4.3　提高软件可维护性的方法

软件开发人员在开发过程和维护过程中都需要对提高软件产品的可维护性非常重视。提高可维护性的措施有以下 3 种。

（1）建立完整的文档。完整、准确的文档有利于提高软件产品的可理解性。文档包括系统文档和用户文档，它是对软件开发过程的详细说明，是用户及开发人员了解系统的重要依据。完整的文档有助于用户及开发人员对系统进行全面的了解。

（2）采用先进的维护工具和技术。先进的维护工具和技术可以直接提高软件产品的可维护性。例如，采用面向对象的软件开发方法、高级程序设计语言以及自动化的软件维护工具等。

（3）注重可维护性的评审环节，加强软件的测试和评估。在软件开发过程中，每一个阶段的工作完成前，都必须通过严格的评审和测试，因为软件开发过程中，每一个阶段的工作成果都与产品的可维护性相关。

10.5　自动化运维

10.5.1　自动化运维简介

自动化运维指的是通过运维工具或平台，实现信息技术（Information Technology，IT）

基础设施及业务应用的日常处理任务和运维流程的自动化，提高运维效率和降低运维风险，促进运维组织的成熟和各种能力的升级。自动化运维具体体现在自动化日常处理任务、自动化运维流程、自动化能力升级。

自动化日常处理任务包括设备发现、脚本执行、配置备份、配置检查、配置变更、作业调度、补丁分析和分发、操作系统安装等。

自动化运维流程包括变更流程、应用发布流程、应用部署流程、故障处理流程、灾备切换流程、资源交付流程等。

自动化能力升级包括变化适应能力、风险应对能力、业务运营能力、事件应对能力等。

10.5.2　自动化运维的分类

自动化运维可分为面向基础架构的自动化、面向应用的自动化、面向业务的自动化。三者之间既有一定的关联性，又是相互独立的，有着各自的目标和场景。

（1）面向基础架构的自动化运维是相对比较容易建设的自动化类型，自动化运维往往也是从基础架构这个类别开始建设，该类型的自动化主要目标是降低运维人员的工作量，如把运维工作中的日常巡检、补丁管理、资源创建等内容实现自动化、自助化。

（2）面向应用的自动化以应用为单位，应用中包含了各类的基础架构资源，但并不需要在基础架构的自动化完全实现之后才进行建设，可以在核心应用系统的更新部署自动化完成后再进行基础架构层面的自动化。当然也不是说应用的自动化完全不依赖基础架构的自动化，如自动扩容、自动部署与配置等应用的自动化对基础架构的自动化就有较强的依赖性。

（3）面向业务的自动化是运维自动化的最终目标，归结到底 IT 还是为业务提供服务。如果能够将运维自动化建设与业务关联起来，IT 服务的价值便能得到较好的体现。当然，面向业务的自动化也有非常高的建设难度，对业务流程、业务关联的系统化梳理往往不是IT 部门能够独立完成的。

10.5.3　自动化运维的组织模式

自动化运维的组织模式有 3 种：分散式、集中式、平台式。

（1）分散式。由各领域、各部门根据需求自行建设，"需求提出者""软件开发者""最终使用者"都是同一组人员。这种自给自足的建设方式没有统一规划，可能使用不同的运维技术，也可能会出现重复建设，很难形成合力，且各自为营的局面往往会产生维护成本高、系统稳定性低的风险。

（2）集中式。这是一种中央集权式的组织方式，组织一批独立人员投入自动化运维建设，其他团队作为需求提出者提出需求。这种模式可以统一规划和设计，专业性更强。但集中式的组织模式不容易调动其他团队的积极性，繁杂的运维需求很难准确收集，无法快速应对不断变化的运维需求。

（3）平台式。这种模式综合了分散式和集中式的特点，组织一个团队负责自动化基础平台的建设，各领域、各部门根据需求自行在平台上开发工具，既可以发挥多方的积极性，又可以形成统一的合力，较好兼顾了个性和共性。但平台式的组织模式对平台本身的建设提出了极高的要求，平台必须能够提供统一架构、统一认证、统一调用等支持，并且要能够实现自动化工具快速迭代。

10.6　正向工程、逆向工程和再工程

10.6.1　正向工程、逆向工程和再工程概述

正向工程也称为改造，从现存软件的设计中得到的信息去重构现存系统，以改善其整体质量。正向工程将应用软件工程的原则、概念和方法来重建现存应用。软件的原型（现存系统）已经存在，使正向工程的生产率高；同时，用户已对该软件有使用经验，因而正向工程可以很容易地确定软件新的需求和变化的方向。

逆向工程通过分析软件程序，在比源代码更高抽象层次上建立程序的表示过程，是设计的恢复过程。逆向工程工具可以从已存在的程序中抽取数据结构、体系结构和程序设计信息，提高逆向工程的效率。

软件维护束缚着新软件的开发。同时，待维护的软件又常常是业务的关键，废弃它们重新开发不仅十分可惜，而且风险较大。软件维护的此类问题引出了软件再工程。软件再工程是一类软件工程活动，通过对旧软件实施处理，增进对软件的理解，同时又提高了软件自身的可维护性、可复用性等。软件再工程可以帮助软件机构降低软件演化的风险，可使软件将来易于进一步变更，有助于推动软件维护自动化的发展。

软件再工程将逆向工程和正向工程组合起来，将现存系统重新构造成新的形式。再工程的基础是系统理解，包括对源代码、设计、分析、文档等的全面理解。但在很多情况下，由于各类文档的丢失，工作人员只能对源代码进行理解，即程序理解。

软件再工程分为以下两部分：

（1）逆向过程，从代码开始推导出程序设计或规格说明；

（2）改善软件的静态质量，提高软件的可维护性、复用性或演化性。

实施软件再工程的原因有如下 6 个：

（1）再工程可帮助软件机构降低软件演化的风险；

（2）再工程可帮助机构补偿软件投资；

（3）再工程可使得软件易于进一步变革；

（4）再工程有着广阔的市场；

（5）再工程能扩大 CASE 工具集；

（6）再工程是推动软件自动化维护的动力。

10.6.2　正向工程、逆向工程和再工程的关系

正向工程是从 UML 图形生成代码，逆向工程是从代码形成 UML 图形，再工程将正向工程、逆向工程组合起来。正向工程、逆向工程和再工程的关系如图 10-3 所示。

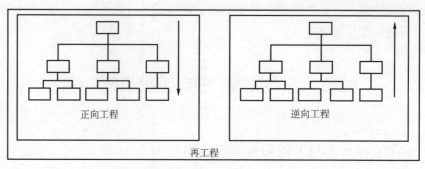

图 10-3　正向工程、逆向工程和再工程关系图

10.7　软件估算

　　软件估算是指以准确的调查资料和项目信息（如人员和设备信息）为依据，从估算对象的历史、现状及其规律性出发，运用科学的方法，对估算对象的规模、所需工作量和成本进行的测定。

　　软件估算的内容包括软件规模、工作量和进度。对于软件估算来说，有些内容可以做的很仔细，而大多数内容只是凭主观经验判断。所以多数估算难以做到 10% 以内的精确度，有的甚至误差达几倍，尤其是估算人员经验不足或估算项目没有可参考凭借的情况。尽管如此，软件估算人员必须从多方面提高估算的精确度，如此才能将有限的资源进行最大化处理，兼顾各方利益，同时杜绝资源浪费。

　　不同的软件开发阶段，估算的对象和使用的方法都会有所不同，估算的精确度也不一样。一般来说，随着项目的进展，对项目内容了解愈多，估算也会越来越精确。

　　估算的方法有很多，大致分为基于分解技术的估算方法和基于经验模型的估算方法两大类。基于分解技术的估算方法包括功能点估算法、特征点估算法、对象点估算法、代码行估算法等；基于经验模型的估算方法包括 IBM 模型、普特南模型、COCOMO 模型等。

10.8　本章小结

　　本章介绍了软件维护的定义和常见的 4 种维护类型，明确了软件维护的必要性；着重介绍了软件维护的特点和过程，以及在维护的过程中要采用的维护策略，好的软件维护策略有助于减少软件维护工作量；从 8 个方面介绍了软件的可维护性，指明了降低维护难度的方法；介绍了自动化运维及其组织模式，认为自动化运维是软件维护未来的必然发展趋势；最后介绍了软件的正向工程、逆向工程、再工程、实施软件再工程的原因及软件估算。

　　通过本章的学习，同学们要确立软件维护意识，提高对软件维护的重视程度，能运用系统性思维叙述软件维护的常见策略和提高可维护性的方法。随着 5G 网络的普及，未来 6G 网络的逐步来临，软件运维人员必须以科学发展的眼光意识到未来通过网络进行软件自动化运维的必然性。

 习题十

一、选择题

1. 因计算机硬件和软件环境的变化而作出的修改软件的过程称为 （　　）。

A. 改正性维护   B. 适应性维护

C. 完善性维护   D. 预防性维护

2. 下列属于维护阶段的文档是 （　　）。

A. 软件规格说明   B. 用户操作手册

C. 软件问题报告   D. 软件测试分析报告

3. 软件维护困难的主要原因是 （　　）。

A. 费用低   B. 人员少

C. 开发方法的缺陷   D. 得不到用户支持

4. 软件维护过程中因删除一个标识符而引起的错误是 （　　） 副作用。

A. 文档   B. 数据   C. 编码   D. 设计

二、解答题

1. 杀毒软件的病毒库升级属于哪种维护？为什么？

2. 游戏软件的升级属于哪种维护？为什么？

3. 从哪些方面可以衡量软件的可维护性？

第 11 章　软件项目管理

软件项目管理就是以软件项目为对象的系统管理方法，对整个软件生命周期的所有活动进行计划、组织、指导和控制，不断进行资源的配置和优化，不断与软件项目各方沟通和协调，努力使软件项目执行的全过程处于最佳状态，获得最好的结果。软件项目不同于一般的传统产品，它是对物理世界的一种抽象，是逻辑性的、知识性的产品，是人类智力产品，其规模和复杂度随着社会需求不断增大、开发人员的增加以及开发时间的增长而增大，同时也体现软件项目管理的必要性和重要性。事实证明，缺少科学有效的软件项目管理，软件项目的开发目标、进度、预算等都存在巨大的风险，因此必须有效地组织和管理相关的人力资源、各项事物及活动、技术方法、资金和物力等，才能更好地发挥管理效能。

学习目标

（1）理解软件项目管理的特点、过程和内容。
（2）熟悉软件项目管理各个阶段的任务。
（3）熟悉软件项目管理的常用工具的应用。

11.1　软件项目管理概述

11.1.1　软件项目管理的概念

软件项目管理是为了使软件项目能够按照预定的成本、进度、质量顺利完成，而对人员、产品、过程和项目进行分析和管理的活动。软件项目管理开始于任何技术活动之前，并且贯穿整个软件项目的生命周期。软件项目管理综合了管理科学、信息科学、系统科学、经济学、计算机科学和通信技术等知识，同时也有很强的实践性。软件项目管理的主要职能包括以下 5 项。

（1）制订计划：规定待完成的任务、要求、资源、人力、物力和时间进度等。
（2）建立组织：为了实施计划，保证任务的完成，需要建立分工明确责任到位的组织机构。
（3）配置人员：为了保证软件项目的实施，需要任用各种层次的技术人员和管理人员。
（4）动员指导：鼓励动员并指导软件人员完成所分配的工作，执行已制订的计划，采取一些措施纠正错误。

（5）监督和验收：对照计划和标准，监督和检查实施情况，验收实施结果，并有序地结束该项目或阶段。

11.1.2　软件项目管理的特点

软件项目是人类知识密集型和逻辑思维的产物，它将需求、思想、概念、算法、流程、组织和优化等因素综合在一起，属于看不见又摸不着的非物理性的产品。软件项目管理具有针对性、独特性、活动的整体性、组织的临时性和开发性、成果损失毁灭性等属性特征，由于这些特征，其过程更加复杂和难以控制。由此，我们归纳出软件项目管理的以下主要特点。

（1）目标产品抽象且难度大。软件项目涉及的范围广，成果是不可见的逻辑实体，软件产品难度大，需求变化往往较大，项目具有不确定性。要做好软件项目管理相关工作人员需要深入掌握软件项目的知识并且有软件开发实践经验。

（2）软件项目的定制化。软件项目具有特定的需求目标，需要满足特定服务器或硬件配置，特定的开发环境、开发方法、开发工具和开发语言。软件项目的这种独特性使实际软件项目管理也具有一定的独特性，与其他领域的大规模现代化生产有很大的不同，这也给软件项目的管理带来很多的不确定性。

（3）智力技术集成度高。软件项目开发充满大量高强度的脑力劳动，而各种需求、技术、环境等变化更新很快，致使项目开发很复杂且烦琐，难以确定且容易出错，维护管理也难，这会让软件项目的正确性和质量等受到很大的影响。

（4）人为因素影响大。软件项目都是团队完成，软件人员的技术水平和工作经验有差别，心理素质、职业素养、工作情绪和工作环境也有很大的不同，这些不同点都对软件项目的质量产生很大的影响。

综上所述，软件项目管理的这些特点决定了软件开发过程中会出如下问题：项目目标不够明确，难以量化；用户分布在各个不同的地域、企业或事业单位，协调难度大；项目执行过程中用户需求一般变化频繁，沟通起来也较难；安装使用的硬件复杂，使用和维护周期长，成本等不可控因素增多；项目设计队伍庞大，智力密集，对智力资源的协调显得尤为重要；软件项目使用范围无处不在，且用户单位千差万别，在项目执行过程中还会遇到各种始料不及的风险，使得项目的执行容易偏离原来的计划；现在的用户单位对软件系统功能要求高，导致项目的需求范围难以界定；用户无法准确表达自身需求或表达的需求不容易被开发人员理解，这时项目往往会偏离用户的需求，最终造成不可估量麻烦；项目具有一定弹性，不同的企业、不同的项目经理做相同的项目，结果也会不同。

11.2　软件项目管理的过程及内容

11.2.1　软件项目管理的过程

软件项目管理过程出现问题是软件项目失败的主要原因。有效的软件项目管理过程是软件项目成功的重要保证。软件项目的过程控制必须明确软件项目管理过程和任务，项目管理负责人除了要把握项目流程和进度，还需要具备优秀的信息化管理、沟通管理、冲突管理、风险管理、质量管理和集成管理等能力，及时化解软件项目中出现各种问题，保证软件项目的实施成功。软件项目管理主要侧重在人员、质量、过程、进度和成本等几个方面，管理的对象是软件项目的全部相关活动，这个相关活动范围有工作范围、风险、资源、资金、任务、过程、进度安排等。软件项目管理开始于项目技术工作之前，中间管理软件项目整个过程，最后终止于软件项目过程结束。

软件项目管理按照项目管理方式分为以下 5 个过程：

（1）启动过程：确定一个项目或某阶段可以开始，并要求着手实行。

（2）计划过程：进行（或改进）计划，并且保持（或选择）一份有效且可控的计划安排，确保实现项目的既定目标。

（3）执行过程：协调人力和其他资源，并执行计划。

（4）控制过程：通过监督和检测过程确保项目目标的实现，必要时采取一些纠正措施。

（5）收尾过程：取得项目或阶段的正式认可，并且有序地结束该项目或阶段。

在项目具体实施过程中，计划、执行和控制通常需要往复循环（称为核心循环）。软件项目管理与日常项目职能管理工作相比，更注重综合性的协调管理，有严格的时效限制和明确的阶段任务，需要在各种团队和不同业务环境中完成具体的管理，确保各个阶段制订的计划的完成。

软件项目管理的启动过程的主要任务是对投资、效益和成本进行分析，以及在可行性分析的基础上，确定项目的目标、约束和自由度，并进行决策和立项，同时做好项目研发和人员构成的准备工作。启动过程包括组建项目组，召开项目启动会议，下达正式的"软件项目开发任务书"，进行项目规划与计划以及项目实施方案的编写等工作。启动过程是一个新项目决策立项与开始准备实施的过程。重视启动过程，就是保证项目成功的首要步骤，也是为整个项目研发工程奠定一个良好的开端和基础。

在项目启动前做好准备和实施方案至关重要。主要包括以下几个方面。

（1）研发团队及项目干系人分析。组成一个优秀的研发团队是项目成功的关键，对项目干系人进行分析和优化，能更好地发挥团队作用。项目干系人主要包括项目经理、研发人员、需求用户、项目验收人员和相关管理人员等。

（2）明确研发项目的目标。研发项目的目标一定要明确，它是研发的方向和指标的依据，也是所有干系人的目标。研发项目的目标要在项目启动前达成一致，明确合理的项目目标有利于项目的顺利进行。需要明确的目标包括项目的功能、性能、可靠性、时间、成本和质量，还包括客户的满意度等。

（3）明确项目范围。为了确保项目的顺利实施，需要明确项目的任务、职责和范围，这对项目的管理及协调非常重要。如果项目范围不明确，研发和管理工作将产生混乱和重叠等问题，将严重影响项目的开发进度和质量。

（4）确定项目资源需求。在项目前期，要根据项目的目标和范围确定项目的资源需求，以便有效的管理和协调项目研发工作，确保项目的有效实施。资源需求包括人力、物力、财力、数据资源、软件和硬件等。

（5）制订项目实施计划。在项目启动时都需要有项目实施计划，便于项目按照计划进行具体执行、监控和管理。

软件项目计划是一个软件项目进入系统实施的启动阶段，主要工作包括确定详细的项目实施范围，定义最终的项目目标，评估实施过程中主要的风险，制订项目实施的时间、成本、预算、人力资源计划等。

软件项目的成本和工作量的评估很难成为一门真正精确的学科，因为其变化和影响的因素太多，人、技术、环境等都会影响软件开发的最终成本和工作量。但软件项目的成本估算又非常重要，因此人们不断地从理论和经验方面总结出一些规律，尽可能地降低盲目开发软件的风险。

项目进度控制的目的是增强项目进度的透明度，以便当项目进展与项目计划出现严重偏差时可以采取适当的纠正或预防措施。已经归档和发布的项目计划是项目控制和监督中活动、沟通、采取纠正和预防措施的基础。

在跟踪当前项目的过程中，有些任务是项目经理每周必须考虑的，比如跟踪项目预算、跟踪项目范围的状态、跟踪项目产品的进展与状态、跟踪项目进度、分析变化、管理有效的范围变化等。

11.2.2 软件项目管理的内容

软件项目管理涉及9个知识领域，包括整体管理、范围管理、时间管理、成本管理、质量管理、人力资源管理、沟通管理、风险管理和采购管理，软件项目管理的主要任务一般包括需求获取、系统设计、原型制作、代码编写、代码评审、测试等，根据这些任务可以简单定义项目所需的角色及其工作职责。在软件项目管理中，常见的角色及其职责如表11-1所示。

表11-1 项目角色和职责

角色	职责
项目经理	软件项目整体计划、组织和控制
需求人员	在整个软件项目中负责获取、阐述、维护产品需求及书写文档
设计人员	在整个软件项目中负责评价、选择、阐述、维护产品设计及书写文档
编码人员	根据设计完成代码编写任务并修正代码中的错误
测试人员	负责设计并编写测试用例，以及完成最后的测试执行
质量保证人员	负责对产品的验收、检查和测试的结果进行计划、引导并做出报告
环境维护人员	负责开发和测试环境的开发和维护
其他人员	另外的角色，如文档规范人员、网络工程师、硬件维护人员等

软件的系统架构、数据模型、开发模式和开发技术等对软件项目有决定性影响，但软件项目管理的关注点不是它们，软件项目管理有其特定的对象、范围和活动，其关注的是软件项目的成本、进度、风险和质量等，还需要考虑协调开发团队和客户的关系，协调内部个人和团队之间的关系，监控整个项目的进展情况、成本开支情况，随时报告问题并督促问题解决。

　　软件项目管理的五大过程和九大知识领域内容，贯穿、交织于整个软件开发过程，两者之间的关系如表11-2所示。项目启动过程，要注意对开发环境及项目干系人员进行分析，注重项目组成员的构成和优化；项目计划过程主要包括工作量、成本、开发时间的估计，并根据估计值制订和调整项目组的工作。项目启动后管理人员应全力抓好项目计划、执行和控制，在认真贯彻落实计划的过程中，努力控制在规定的时间、成本及质量内完成双方都满意的项目范围。管理人员应同时加强时间进度、成本和质量管理，通过各种手段和措施，控制软件开发中的进度、开发效率、费用和产品质量等要素；并注重风险评估，预测在未来可能出现的各种影响到软件产品质量、成本、进度等的潜在因素并采取有效措施进行预防；最后做好项目的收尾、评审和结题验收。

表11-2　软件项目管理知识领域内容在过程中的分布

知识领域内容	软件项目管理				
	启动	计划	执行	控制	收尾
整体管理		√	√	√	
范围管理	√	√		√	
时间管理		√		√	
成本管理		√		√	
质量管理		√	√	√	
人力资源管理		√	√		
沟通管理		√	√	√	√
风险管理				√	
采购管理			√		√

11.3　软件项目管理常见工具简介

　　从应用领域上来分，软件项目管理软件分为工程项目管理软件、非工程项目管理软件两大类。软件项目管理工具属于非工程项目管理软件，使用时需要提供软件工程方面的功能支持。工程项目管理软件比较典型的有梦龙、P3/P6等。除了以上两类，其实还有一类就是单功能型通用项目管理软件，比较典型的有Project、IBM、CR/CQ等。软件项目管理常见工具有：

　　（1）Microsoft Project（或MSP）是由微软开发销售的项目管理软件程序。该软件设计的目的是协助项目经理制定发展计划、为任务分配资源、跟踪进度、管理预算和分析工作量。

　　MSP适合用来管理大型的、复杂的项目，同时还能生成专业报告，可以直接提取应用到PPT中，方便向领导、客户展示。MSP有一定的学习门槛，专业人员用得比较多，其项目管理示意图如图 11-1 所示。

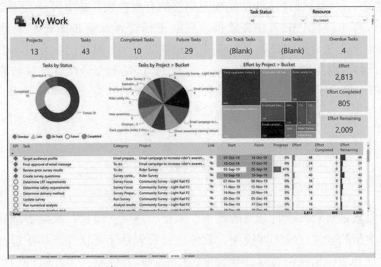

图 11-1　MSP 项目管理示意图

（2）PingCode 是北京易成时代科技有限公司开发的智能化研发管理工具。其基于高效协作与敏捷研发理念，为不同规模研发团队提供 Scrum、Kanban、知识库、迭代规划和跟踪、产品需求规划、缺陷跟踪、测试管理等功能，同时满足非研发团队的流程规划、项目管理和在线办公需要，是简单易用的新一代研发管理平台，致力于让研发管理自动化、数据化、智能化，帮助企业提升研发效能，如图 11-2 所示。

图 11-2　PingCode

截至 2022 年 4 月，PingCode 已完成研发管理侧 8 大子产品构建——覆盖目标管理（Goals）、需求管理（Ship）、敏捷/瀑布项目管理（Project）、测试管理（Testhub）、知识库（Wiki）、效能度量（Insight）、目录管理（Access）以及研发流程自动化等核心场景。实现了对项目、任务、需求、缺陷、迭代规划、测试、目标管理等研发管理全流程的覆盖，以及与代码托管工具、CI/CD 流水线、自动化测试等众多主流开发工具的打通。

（3）NIKU 公司的 Open Workbench、Welcom 公司的 OpenPlan、SAP 公司的 ProjectSystems（PS）Module 等软件都适用于大型、复杂工程项目的管理工作，且都偏向于工程项目或通用项目管理，针对软件或研发类项目，这类软件不能很好地满足要求。除此之外，惠普的 QC、Atlassian 的 Jira、开源的 redmine、微软的 TFS，以及 IBM 提供了一系列独立的解决方案，如 CR/CQ、Doors、RequisitPro 等倾向于解决软件项目管理的某一个方面的问题。

（4）国内的工程项目管理软件功能较为完善的有新中大、普华科技、同望科技、广联达、广安科技、邦永科技 PM2、建文软件、三峡工程管理系统 TGPMS、易建工程项目管理软件等，基本上是在借鉴国外项目管理软件的基础上，按照我国标准或习惯实现项目管理功能，增强产品的易用性。ProjectCenter（简称 PC）是上海泽众软件科技有限公司自主研发的一款基于现代管理学的项目管理软件，能够实现不同类型的项目管理，聚焦项目需求，控制项目进度，在有限资源下完成项目目标。

11.4　本章小结

软件项目管理是对软件项目开发的成本、人员、进度、质量、风险等进行分析和管理的一种活动。大量的软件开发实践说明，软件项目管理是保证软件产品质量和开发成功的关键。现代软件开发特别强调对软件开发全过程的跟踪和控制，因此软件项目管理贯穿了软件整个生命周期，项目管理的实施，可以对软件开发成本和进度进行有效控制，避免项目风险。软件项目管理的意义还不仅仅如此，进行软件项目管理也有利于将开发人员的个人开发能力转化成企业的开发能力，企业的软件开发能力越高，表明这个企业的软件生产越趋向于成熟，企业越能够稳定发展。

本章在介绍软件项目管理的概念及特点的基础上，对软件项目的过程、内容以及如何使用软件管理工具等重要问题进行了讨论，特别是对项目的组织及人员管理进行了讨论，因为人员既是开发过程中最不确定的因素，也是最重要的因素。

 **习题十一**

一、选择题

1. 从管理过程的角度，软件项目管理可分为项目启动、项目＿＿＿①＿＿＿、项目＿＿②＿＿＿、项目＿＿③＿＿＿和项目＿＿④＿＿＿ 5 个阶段。

 A.①需求分析 ②组织实施 ③监控 ④交付

 B.①计划   ②组织实施 ③监控 ④验收

 C.①运行   ②组织   ③监控 ④接收

 D.①设计   ②实施   ③监控 ④运行

2. 从管理过程的角度，软件项目管理的九大知识领域内容是集成管理、＿＿①＿＿管理、＿＿②＿＿管理、＿＿③＿＿管理、＿＿④＿＿管理、人力资源管理、沟通管理、风险管理、采购管理。

 A.①范围   ②时间   ③成本 ④质量

 B.①计划   ②实施   ③设计 ④验收

 C.①需求   ②组织   ③目标 ④协调

 D.①设计   ②实施   ③测试 ④维护

3. 软件项目启动过程的主要任务是确定项目的＿＿＿①＿＿＿、约束和自由度，并进行

_____②_____ 分析和可行性分析研究，如果符合企业的_____③_____则确定立项。立项的_____④_____是正式下达项目任务书。

A.①范围　　　　②可行性　　　　③利益　　　　④决策

B.①目标　　　　②投资/效益　　　③商业目标　　④标志

C.①目标　　　　②设计　　　　　③利益　　　　④原则

D.①需求　　　　②需求　　　　　③目标　　　　④标志

4. 软件项目管理通过一个_____①_____的、_____②_____的柔性组织，运用相关的知识、技术、_____③_____和手段，对项目进行高效率的计划、组织、指导和_____④_____，以优化项目目标的实现。

A.①标准　　　　②长期　　　　　③方法　　　　④管理

B.①临时性　　　②专长　　　　　③工具　　　　④控制

C.①长期　　　　②专门　　　　　③方法　　　　④管理

D.①标准　　　　②兼职　　　　　③数据　　　　④设计

二、简答题

1. 简述软件项目管理的 5 项主要职能。

2. 项目启动前应做好准备和实施方案，具体包括哪些方面？

3. 软件项目管理有其特定的对象、范围和活动，其主要关注的是软件的哪些方面？

第11章　软件项目管理

参 考 文 献

[1] 许家珨. 软件工程：方法与实践［M］. 3 版. 北京：电子工业出版社，2019.

[2] 贾铁军，俞小怡，沈学东，等. 软件工程与实践［M］. 2 版. 北京：清华大学出版社，2016.

[3] 吕云翔. 软件工程：理论与实践［M］. 2 版. 北京：人民邮电出版社，2018.

[4] 钟珞，袁胜琼，袁景凌，等. 软件工程［M］. 3 版. 北京：人民邮电出版社，2017.

[5] 许家珨，白忠建，吴磊. 软件工程：理论与实践［M］. 北京：高等教育出版社，2017.

[6] 韩万江，姜立新. 软件项目管理案例教程［M］. 4 版. 北京：机械工业出版社，2022.

[7] 郑天民. 系统架构设计［M］. 北京：人民邮电出版社，2017.

[8] 兰景英. 软件测试实践教程［M］. 北京：清华大学出版社，2016.

[9] Kenneth E. Kendall，Julie E. Kendall. 系统分析与设计［M］. 文家焱，施平安，译. 北京：机械工业出版社，2020.

[10] Dirk Huberty. 软件质量和软件测试［M］. 马博，赵云龙，译. 北京：清华大学出版社，2003.

[11] 贲可荣，何智勇. 软件工程：基于项目的面向对象研究方法［M］. 北京：机械工业出版社，2009.

[12] 胡洁，王青. 一种软件特征模型扩展和演化分析方法［J］. 软件学报，2016（5）：1212-1229.

[13] 聂坤明，张莉，樊志强. 软件产品线可变性建模技术系统综述［J］. 软件学报，2013（9）：2001-2019.

[14] 郑人杰，马素霞，殷人昆. 软件工程概论［M］. 2 版. 北京：机械工业出版社，2014.

[15] 王华，周丽娟. 软件工程学习指导与习题分析［M］. 北京：清华大学出版社，2012.

[16] 胡思康. 软件工程基础［M］. 3 版. 北京：清华大学出版社，2019.

[17] 张海潘，吕云翔. 软件工程［M］. 4 版. 北京：人民邮电出版社，2013.

[18] 张海潘，吕云翔. 软件工程学习辅导与习题解析［M］. 4 版. 北京：人民邮电出版社，2013.

[19] 赖均，陶春梅，刘兆宏，等. 软件工程［M］. 北京：清华大学出版社，2016.

[20] 吕云翔，赵天宇，丛硕. UML 与 Rose 建模实用教程［M］. 北京：人民邮电出版社，2016.

[21] 麻志毅. 面向对象分析与设计［M］. 2 版. 北京：机械工业出版社，2013.

[22] Roger S. Pressmern. 软件工程：实践者的研究方法［M］. 郑人杰，马素霞，译. 北京：机械工业出版社，2017.

[23] 谭云杰. 大象：Thinking in UML［M］. 2 版. 北京：中国水利水电出版社，2012.

[24] 希赛教育软考学院. 系统架构设计师教程［M］. 4 版. 北京：电子工业出版社，2017.